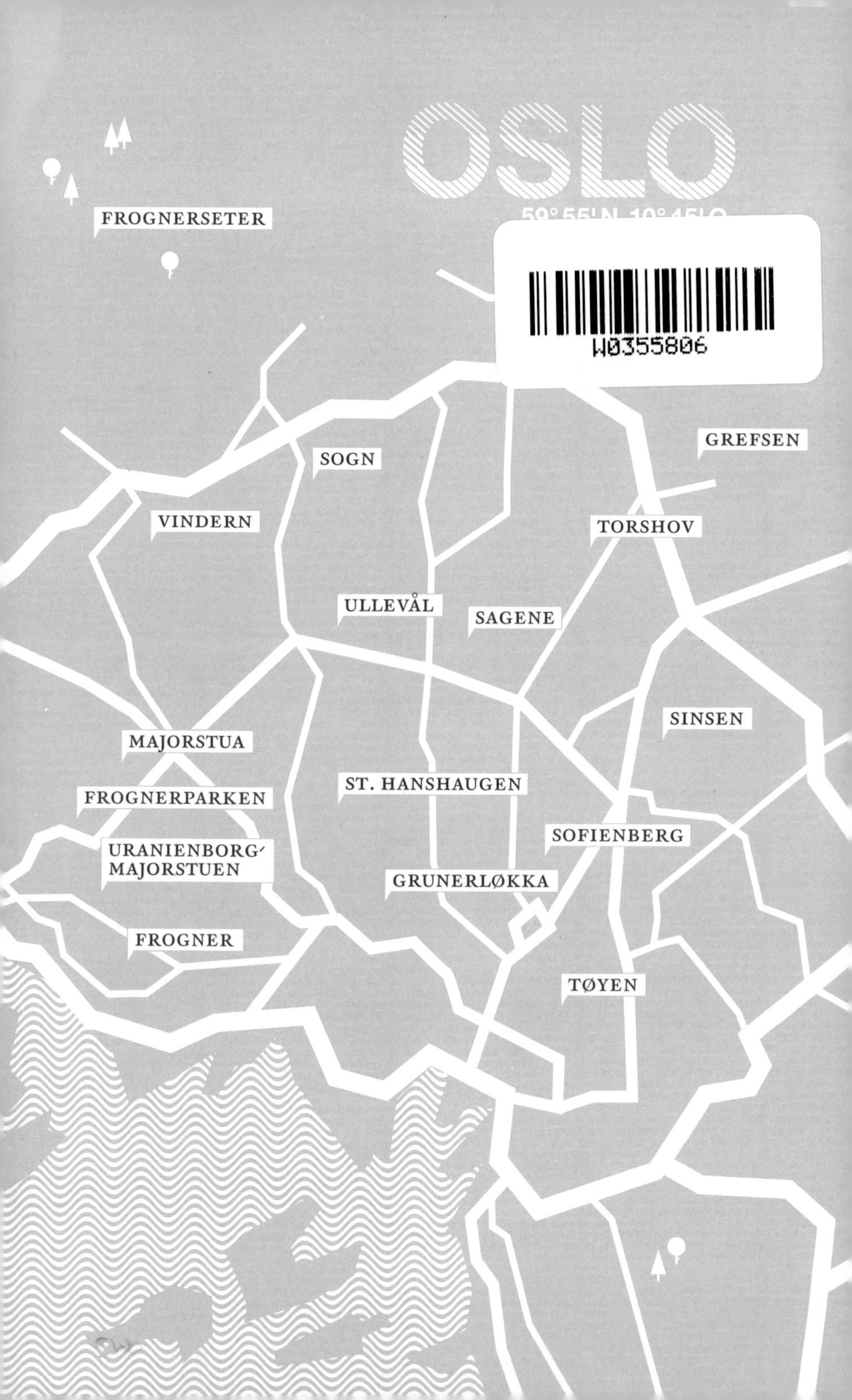
OSLO
FROGNERSETER
SOGN
GREFSEN
VINDERN
TORSHOV
ULLEVÅL
SAGENE
SINSEN
MAJORSTUA
ST. HANSHAUGEN
FROGNERPARKEN
SOFIENBERG
URANIENBORG/
MAJORSTUEN
GRUNERLØKKA
FROGNER
TØYEN

Tor Åge Bringsværd

PUDER

ODER:

SLEEPING BEAUTY IN THE VALLEY OF THE WILD, WILD PIGS

Deutsche Erstausgabe

Titel der norwegischen Originalausgabe: Pudder? Pudder!
eller: Sleeping Beauty in the Valley of the Wild, Wild Pigs

Übersetzung: Volker Oppmann
mit special thanks to Prof. Dr. Heiko Uecker

Lektorat: Marcel Diel und Sandra Gebauer
Korrektorat: Christel Dobenecker

Gestaltung: Alexander Rübsam
unter Verwendung einer Illustration von Tobias Röttger

Gesetzt aus der Custodia

Druck & Bindung: CPI books | Ebner & Spiegel, Ulm
Printed in Germany

ISBN 978-3-940029-15-7

www.onkelundonkel.com

»I just put my feet in the air and move them around.«

FRED ASTAIRE

Wieso sich mit Kleinigkeiten aufhalten?
Wieso sich darüber ärgern?

Die Welt besteht aus Kleinigkeiten.
Es handelt sich einzig und allein um Puder.

BRAUNES LABSKAUS

»Er behauptet, dass nichts Empirisches erkannt werden könne. Ich bat ihn, zumindest einzugestehen, dass sich kein Nashorn im Wohnzimmer befinde, aber er weigerte sich.«

BERTRAND RUSSELL
über Ludwig Wittgenstein
(aus: Ray Monk, Bertrand Russell: The Spirit of Solitude, 1996)

Ich sah sie sofort, als ich in den Speisewagen kam. Sie saß alleine an einem der schmalen Fenstertische. Aber weder ihr langer Hals noch ihr signalrotes Haar erregten meine Aufmerksamkeit – es war das Buch, das sie las. Ich konnte nicht sehen, wie es hieß, aber auf dem Umschlag prangte das altmodische Bild einer nackten Frau, die, von einem Schwarm fettabsaugender Schmetterlinge verfolgt, über eine Blumenwiese lief. Solche Bücher bekommt man hier in der Gegend. Wenn man die richtigen Leute kennt.

Ich bestellte braunes Labskaus.

Wir fuhren am Dom von Oslo und dem Parlament vorbei. Die Bürgersteige an der Karl-Johans-Gate waren voller Kinder, die uns zuwinkten. Es war Frühsommer und die kleinen Mädchen hatten kurze Röcke und nackte Beine. Viele Fahrgäste winkten zurück.

»Machen Sie diese Tour öfter?«, hätte ich beispielsweise zu ihr sagen können.

Ich selbst komme so oft hierher, wie ich Gelegenheit dazu habe. Ich meine: Es ist ja nicht gerade billig.

Zum Labskaus empfehlen wir den Roten, sagte der Kellner. Er war schwarz gekleidet und hatte ein schmutziges Handtuch über dem linken Arm. Er benutzte es, um das Tischtuch abzufegen, das weiß war – bis auf eine Ecke, in die ein für die Zeit typisches braunes Loch hineingesengt war. Der Aschenbecher war voller Zigarettenstummel. Die meisten mit Filter. Aber ich bemerkte auch ein paar Selbstgedrehte. Auf solche Details kommt es an.

Es war ihr Interesse für Bücher – für Literatur –, das mich fesselte. Und ihr langer Hals. Weich und geschmeidig wie der eines Schwans. Eine amüsante Mode. Auf der Arbeit haben wir auch ein paar Mädchen. Aber man braucht Mut, so herumzulaufen.

Ein großer Elch lief ein Stück des Wegs neben uns her.

Ein paar japanische Touristen saßen da und gestikulierten mit einer großen Karte, die sie zwischen sich ausgebreitet hatten. Ich fragte den Kellner, ob die auch dazugehörten, aber er zuckte nur mit den Schultern.

Als wir dreimal am Holmenkollen vorbeigefahren waren, stieg ich aus. Ich meine: Es gibt Grenzen, wie oft man sich eine Skisprungschanze ansehen kann. Und zwar ungeachtet dessen, wie alt sie ist. Natürlich wäre es lustig gewesen, wenn Winter gewesen wäre – jedenfalls einmal –, aber man kann ja nicht alles haben.

Wenn man von Mulla mal absieht, bin ich, soweit ich mich erinnere, nie an jemandem interessiert gewesen (wenn ich das so sagen darf). Aber Mulla und ich … wir kennen uns schon fast ewig – jedenfalls schon lange, bevor sie in der Designabteilung angefangen hat. Jeden Mittwoch kommt sie vorbei und legt sich zu mir auf den Diwan. Manchmal unterhalten wir uns, und manchmal sagen wir kein einziges Wort. Manchmal ziehen wir uns aus. Manchmal kommt das aufs Gleiche raus. Aber jedes Mal essen wir Krabbenbutterbrote. Was ich an Mulla am meisten mag – abgesehen von allem zusammen –, ist ihre linke Brust. Ich glaube, ich könnte niemals müde werden, mit ihr zu spielen. Mullas linke Brust ist wie ein welker Ballon. Alle anderen (abgesehen von den Naturfreaks und den Graulingen, nicht wahr, ich meine: *alle* anderen) hätten etwas damit machen lassen. Sie aufgeblasen. Aufgefüllt. Einen Termin in der ZENTRALE gemacht. Oder sich ein Do-it-yourself-Paket gekauft. Aber nicht Mulla. Sie ist die einzige, die ich kenne, die niemals etwas hat richten lassen. Sie ist zum Beispiel immer ein Mädchen gewesen. Und in der letzten Zeit hat sie sogar Falten bekommen. Es ist schon seltsam, aber in gewisser Weise steht ihr das.

Ich dachte an Mulla. Und ich dachte an unsere Krabbenbutterbrote. Die natürlich keine Krabbenbutterbrote sind. Nur etwas, was danach aussieht.

Jetzt aber starrte ich die andere an. Die struppige rote Mähne. Ihren wahnwitzig langen und schlanken Hals. Ich war mir sicher, dass sie den Kopf einziehen musste, wenn sie aufstand, um sich nicht an der Decke zu stoßen. Und Mulla und ich sind schließlich nur gute Freunde.

Sie stieg am Rathaus aus. Und genau in diesem Moment (siehe oben) verlor ich also (sicher nicht ganz zufällig, das gebe ich zu) mein Interesse an Skisprungschanzen. Ich meine: Eigentlich habe ich das alles ja schon mal gesehen. Also ging ich ihr nach. Ich meine: Es war mein freier Tag, oder etwa nicht? Ich konnte tun und lassen, was ich wollte.

Und ich hatte bereits angefangen, mir auszumalen, dass wir zwei Personen in einem Buch wären.

»Wovon handelt es denn?«, hätte sie mich fragen können.

Das Buch handelt davon, dass wir alle eigentlich eine Herde wilder Schweine sind, die aus ihrem Stall auf dem Planeten BX 314 ausgebüchst ist (– hätte ich geantwortet). Jetzt sind wir also hier gelandet. Auf der Erde. Und die meisten von uns können sich nicht an das Geringste erinnern.

Aber wir wechselten kein einziges Wort. Weder auf der Festung noch im Heimatmuseum. Wir trotteten einfach hintereinander her. Oder saßen ein paar Bänke voneinander entfernt. Und ich glaube, dass sie mich nicht einmal bemerkte.

Wir erinnern uns nicht daran? (– könnte sie gesagt und beide Hände vors Gesicht geschlagen haben.) Gar nicht so verwunderlich (– hätte ich geantwortet). Das war schließlich nicht gerade gestern oder erst neulich, sondern vor ca. drei Millionen Jahren. Und das ist schon eine ganze Weile. Also ist es nur zu verständlich, dass die Menschheit protestiert, wenn die Zik-Zaks auftauchen und versuchen, uns wieder einzufangen.

Sie nahm den Ausgang gleich hinter dem Hauptbahnhof, was ich als gutes Zeichen deutete. Diesen Ausgang mag ich nämlich auch am liebsten. Aber hier verlor ich sie aus den Augen.

ALTE ZEITEN

*»Every day we asked: Who are we and what are
we doing here? And he would say: We're not quite sure,
but let's get through these scenes today,
and we'll let you know tomorrow.«*

INGRID BERGMAN

Nach draußen zu kommen ist jedesmal eine ganz schöne Umstellung. Mal ganz davon abgesehen, dass es Zeit braucht, durch die Kontrollen zu kommen. Einmal wurde ich sogar gebeten, mich komplett auszuziehen. Ich glaube, sie haben eine Heidenangst davor, dass man etwas mitnehmen könnte. An und für sich kann ich das ja gut verstehen. Fair enough. Ich meine: Wenn alle Besucher von ALTE ZEITEN sich ein kleines Stück mitnehmen würden, wäre bald nichts mehr von ALTE ZEITEN übrig.

Fredri lacht mich aus, wenn ich so etwas sage. Er sagt, dass das Ganze eh nur eine Riesenverarsche ist. Gibt nicht ein echtes Ding da drin, sagt er. Nur Kopien. Und noch dazu ziemlich schlechte.

Aber ich will das nicht glauben. Ich habe längst beschlossen, nur das zu glauben, was ich möchte.

Als ich klein war, haben mich meine Eltern nach Huk mitgenommen. Wir haben gebadet und uns gesonnt. Und es war andauernd schönes Wetter.

Wie auch jetzt. An den Badestränden in ALTE ZEITEN ist immer schönes Wetter. Ich meine: Niemand hat Lust, für Regenwetter zu bezahlen.

Fredri fühlt sich vor einem Bildschirm am wohlsten. Groß oder klein. Völlig egal. Solange nur etwas leuchtet oder blinkt. Er gibt es zwar nicht zu, aber ich weiß, dass er auf eine neue Brille spart. Vermutlich würden ihn auch Kontaktlinsen reizen. Du blinzelst einfach zweimal – und schon bist du online. Aber die Operation macht ihm Angst. Und dass sie für nichts garantieren können. Ich meine: Man hat schließlich schon von Leuten gehört, die abgestürzt sind. Ein Kerl, den ich von der Arbeit her kenne, hatte einen Schwager, der danach nur noch menschliches Gemüse war. Also thanks for sharing – mir reicht der alte Helm völlig. Auch wenn er nicht mehr upgedatet wird. Und alle Programme so langsam und ruckelig laufen, dass es oh my god ist. Aber ich meine: Ich verwende immer weniger Zeit auf so etwas. Eigentlich fahre ich total auf Papier ab (wenn ich das so sagen darf). Ich glaube, die besten Träume sind die gedruckten. Auf rechteckigen Seiten, wo immer das Gleiche steht, nichts überschrieben werden kann und es kein Verfallsdatum gibt. Kaum zu überhören, wo du arbeitest, sagt Fredri. Und damit könnte er Recht haben.

Ich erinnere mich, dass Vater mir das Schwimmen beigebracht hat. Und einmal haben wir gemeinsam einen Ameisenhügel in Stücke getreten.

Die Zik-Zaks – ich entschließe mich, den ersten Namen beizubehalten, der mir eingefallen ist, ich meine: Ein Name ist genauso gut wie der andere, denn so, wie sie selbst meinen, dass sie heißen, ist es für uns Menschen ohnehin gänzlich unmöglich auszusprechen. Es hört sich einfach an wie ein Luftzug, gefolgt von zwei kleinen Schnalzern mit der Zunge und einem langen Reibelaut, so wie wenn man mit dem Finger über einen aufgeblasenen Luftballon streicht. Vielleicht können wir es auch schlicht und ergreifend deshalb nicht aussprechen (dieser Gedanke ist mir gerade erst in den Sinn gekommen!), weil wir dieses Geräusch furchtbar finden – denn das tun wir doch, oder? Vielleicht haben wir tatsächlich noch eine kollektive – wenn auch unterbewusste – Erinnerung an die Zeit, als wir noch in unseren Ställen auf BX 314 herumliefen und grunzten?

Läufst du die ganze Zeit durch die Gegend und denkst dir solche Geschichten aus? – hätte sie beispielsweise fragen können. (Ich meine die Dame mit den roten Haaren und dem langen Hals.) Und ich hätte genickt. Aber dort, wo ich arbeite, habe ich keine Verwendung für sie. Sie verkaufen sich nicht. So scheint es zumindest. Und es ist der Markt, der bestimmt.

Die Zik-Zaks sehen auf unsere Städte ungefähr so wie wir Menschen auf Ameisenhügel. Zum Beispiel. Oder Wespennester. Ja. Wespennester sind sicher besser. Ich meine: Vielleicht sind wir gar keine entlaufenen Schweine, sondern eher mit einem Schwarm entflogener Bienen zu vergleichen? Und die armen Zik-Zaks haben die letzten drei Millionen Jahre keinen Honig für ihre Milch gehabt.

In ALTE ZEITEN hätte ich von solchen Geschichten leben können. Dort drinnen mögen sie diese Art von Büchern. Sie verwenden Papier für alles Mögliche. Und auf den Umschlägen sind Standfotos: Nichts verändert sich oder läuft durch die Gegend. Die Bilder springen dir nicht ins Auge und versuchen, dir dieses oder jenes zu verkaufen. Ich habe herausgefunden, dass viele der Umschläge sogar zu erzählen versuchen, um was es in dem Buch geht! So ist das in ALTE ZEITEN.

»Aber du würdest da doch wohl nicht wohnen wollen?« Es ist Fredri, der sich einmischt.
»Wieso nicht?«

Bevor ich mich schlafen lege, denke ich wieder an den langhalsigen Rotschopf. Ich glaube, es ist an der Zeit, ihr einen Namen zu geben. Leda, zum Beispiel. Gute Nacht, Leda, sage ich. Gute Nacht, P, sagt sie. (Ich mag es, so zu tun, als sei ich lediglich ein Buchstabe.)

Das Zimmer, in dem ich wohne, ist vier mal vier Meter groß. Wenn ich den Helm aufsetze, wird es natürlich größer. Mit dem Helm und einem guten Programm (das ich nicht habe) kann ich mein Zimmer so groß machen, wie ich will. Fredri sagt, dass er normalerweise an einem Palmenstrand lebt. Und ich weiß, dass Mulla manchmal in einem Wolkenkratzer und manchmal auf einem Kreuzfahrtschiff wohnt. Ich selbst wohne am liebsten in einem Reihenhaus in Svartskog, gleich am Bunnefjord, und zwar vor langer Zeit. Aber normalerweise sitze ich ohne Helm hier. Ich benutze ihn nur, wenn ich schlecht einschlafen kann.

LIEBES TAGEBUCH

»Es hatte die Wirkung, die gemeiniglich gute Bücher haben. Es machte die Einfältigen einfältiger, die Klugen klüger, und die übrigen Tausende blieben ungeändert.«

GEORG CHRISTOPH LICHTENBERG

Dies ist ein Tagebuch. Ich meine: Von allem, was ich jemals geschrieben habe, ist dies dasjenige, was einem Tagebuch am nächsten kommt. Aber ich schreibe es nicht für mich. Das würde keinen Sinn machen. Nein. Ich schreibe es für Leda. Und ich schreibe es für die Zik-Zaks. Sie glauben, dass wir wilde Schweine (oder Wespen) sind. Nun gut. Vielleicht kann ich sie dazu bringen, ihre Meinung zu ändern? Es ist zumindest einen Versuch wert.

Ich heiße P und arbeite als Handlungsskizzierer bei SYMPOSIUM. Wir stellen »Bücher« her. Die Anführungszeichen machen deutlich, was ich davon halte. Ich werde vom einen zum anderen springen. So wie wir es immer tun, wenn wir den Mund aufmachen. Vom Denken ganz zu schweigen. Und so, wie wir unsere Bücher schreiben sollten. Meiner Meinung nach. Anstelle all dieser krampfhaften Bemühungen um Figuren aus einem Guss mit nachvollziehbaren Beweggründen für jede noch so kleine Sache – und einer wohlgeordneten Handlung von A nach B. Das Leben ist nicht so. Darüber sprechen wir oft, Mulla und ich.

Ich brauche eine Stunde bis zur Arbeit. Im Keller auf der anderen Straßenseite ist eine Haltestelle. Der Selbstbedienungsladen liegt im gleichen Haus. Hier bekommen wir das Allernötigste. Alles von Sojasimulaten bis hin zu Schweineflügeln. (Für speziellere Dinge müssen wir natürlich woandershin.)

Habe ich gesagt, dass ich alleine lebe? Nun gut. Der einzige Nachbar, mit dem ich Kontakt habe, ist Fredri (genau gegenüber). Wir waren einmal ein Liebespaar, sagt er. Aber daran kann ich mich überhaupt nicht erinnern. Thank god.

Im Treppenhaus riecht es nach Fisch. Der Müllwagen kommt nur einmal im Monat. Und der Asphalt auf dem Gehsteig hat lange Risse, aus denen Gras wächst.

Meine anderen Nachbarn sehen nur das, was sie sehen wollen. Und das ist etwas völlig anderes. Ich meine: Sie laufen sozusagen ständig mit Helm und Brille herum. Ich verstehe nicht, wie sie im Verkehr klarkommen. Ich verstehe auch nicht, wie sie sich das leisten können. Aber so ist es eben. Ni hao – murmeln wir, im Aufzug oder auf dem Weg zur Bahn (das ist momentan die übliche Begrüßung). Aber mehr haben wir einander nicht zu sagen.

Vielleicht liegt es am Altersunterschied. Ich glaube nämlich, dass ich älter bin als die meisten hier im Block. Nicht, dass man mir das ansehen würde. In unserer Welt sieht man so etwas nicht. Ich meine: Ich habe das Meiste ausgewechselt. Wenn ich das so sagen kann. Mulla zum Beispiel ist nur halb so alt wie ich. Auch wenn sie Falten und Cellulite an den Beinen hat.

Ich wurde zu einer Zeit geboren, als alle Welt noch in Baseballcaps und Jeans herumlief. Wir müssen immer lachen, wenn wir uns die alten Bilder anschauen. »Stell dir nur mal vor, wie komisch wir ausgesehen haben«, sagt Mama. Auch wenn sie natürlich nicht mehr lebt. Aber ich habe sie in der VR. In einer Datei, die rauscht und springt. Ab und zu sprechen wir auch asynchron miteinander. Trotzdem gehe ich ziemlich oft da rein. Wir sitzen zuhause – nur wir beide – auf einem blaugestreiften Sofa. Mama hat die Haare zu einem schneckenhausähnlichen Dutt hochgesteckt, und ich selbst bin ein kleines Mädchen von zehn, elf Jahren.

Wie viele andere Digis ich habe? Nicht viele. Abgesehen von dem mit dem Reihenhaus in Svartskog habe ich einen kurzen Schnipsel von einer Fähre in Dänemark und ein etwas längeres Stück von einem Klassenfest am Institut. Mulla hat sich angeboten, sie aufzumöbeln und mit anderen Sequenzen zu remixen. Ich meine: So, dass sie eine Weile dauern. Mit ihrer neuen Ausrüstung wäre es beispielsweise ein Leichtes, ein Gespräch bis ins Unendliche zu verlängern. Ich meine: Mamas Stimme ist ja schon da. Mulla sagt, dass sie Mama dazu bringen kann, alles Mögliche zu machen. Und zwar viel besser, als sie es noch vor einem Jahr konnten. Denn es geht immer vorwärts. Ihnen fällt immer etwas Neues ein. Ja, sage ich – und streichle ihre welke Milchbrötchenbrust. Sie denken sich immer wieder was Neues aus. Aber mir reicht es völlig, wenn es einfach nur in Schleife läuft.

Das Haus, in dem wir wohnen, hat viel zu viele Etagen. (So ist das mit allen Blöcken hier in Brandstad.) Und wenn ich versuche, aus dem Fenster zu sehen, sehe ich nur die blauschimmernden Vierecke auf der anderen Straßenseite. Einmal hab ich auch versucht, eine Aussicht einzulegen – hatte sie aber schnell satt. Ich meine: Wenn du weißt, dass dein gesamtes Fenster einfach nur ein Bildschirm ist und du zwischen den Jahreszeiten vor- und zurückspulen kannst, musst du schon ganz schön dämlich sein, um Freude daran zu haben. Außerdem waren die Farben schlecht. Und die Geräusche machten mich wahnsinnig. Vogelgezwitscher und Kühe. Kommt daher, weil du viel zu geizig bist, sagt Fredri. Du musst in was Ordentliches investieren, nicht immer alles nur in Billigläden kaufen. Aber ich meine: Wenn ich etwas anderes will als das Fenster, das ich habe, kann ich doch genauso gut in die VR gehen und alles verändern, oder nicht? Ich meine: In ein Reihenhaus in Svartskog umziehen, zum Beispiel.

Wo BX 314 ist? (Wir waren uns einig darüber, dass die Zik-Zaks – und wir ausgebüchsten Schweine – dort zuhause waren, oder etwa nicht? Siehe oben!) Unter welcher unbekannten Sonne sich dieser schicksalhafte Planet dreht? Wir wissen es nicht. Wo die Raumschiffe sind, mit denen wir damals geflüchtet sind? Das wissen wir auch nicht. Vielleicht findet sich die Antwort in Ägypten … tief im warmen Wüstensand … in einem Schrein unter den Tatzen der großen Sphinx versteckt … oder in einem eingeschneiten Kloster in Tibet – auf dem Dach der Welt? Ich meine: Unsere fernen Vorfahren müssen doch wohl irgendeine heimliche Botschaft oder irgendeinen noch so kleinen Schlüssel hinterlassen haben? Etwas, das uns helfen und trösten kann? Wir wissen es nicht. Wir wissen nur, dass es eilt. Denn die grausamen Zik-Zaks haben uns aufgespürt. Ihre Spione sind mitten unter uns. Und die dunklen Schattenschiffe haben Pluto bereits passiert. Ich nehme Leda in die Arme. Sie lehnt sich an mich, hält mich umschlungen. Don't cry, flüstert sie. Nicht weinen, P. Aber ich kann nichts dafür.

Ihr Kopf und ihr Hals schwanken wie eine Palme hoch über mir. Vielleicht singt sie. Ich meine: Wenn es ein Film und kein Buch wäre.

Lange Hälse, kurze Hälse. Die Jugend folgt allen möglichen biogenetischen Moden. In diesem Jahr ist es offensichtlich hip, groß und dünn zu sein. Letztes Jahr war es Mode, wie ein Picasso auszusehen. Das Problem ist natürlich, dass es oft völlig aussichtslos ist, einander wiederzuerkennen. Alte Freunde laufen auf der Straße direkt aneinander vorbei. So ist das heutzutage. An und für sich ist es also vielleicht gar nicht so verwunderlich, dass es immer mehr Naturfreaks und Graulinge gibt. Mehr davon später.

Andererseits: Ziehen wir die Zik-Zaks mit in Betracht, erscheint der ganze Aufwand mit kosmetischen Operationen, Transplantationen und Ersatzteilen im Gefrierschrank natürlich in einem ganz anderen Licht. Ich meine: Könnte für all das nicht schlicht und ergreifend die uralte und namenlose Furcht davor verantwortlich sein, wiedererkannt zu werden? Wir sind auf der Flucht. Was läge da näher, als sich zu maskieren – ein anderer zu werden? Das Ganze gründet, mit anderen Worten, in einem kollektiven (aber natürlich unterbewussten) Wunsch, sich zu verstecken – aus Angst, in den Stall zurückgezerrt zu werden (wenn wir also am Vergleich mit den Schweinen festhalten, was im Grunde das Einfachste ist).

Hier ist etwas, das bei mir an der Wand hängt. Geschrieben auf gewöhnlichem Papier, in einem Font, der an Plakatschrift erinnert. Festgeklebt am Vinyl. Ich habe es aus einer Zeitung in ALTE ZEITEN herausgescannt. Wäre niemals selbst auf so etwas gekommen. Es ist nämlich so gut, dass mir ganz schwindlig wird. Und hier kommt es:

Die Erzählung dominiert unsere Wirklichkeit. Die Anzahl sekundärer Erfahrungen ist größer denn je – die Erfahrungen, die wir kennen, ohne sie selbst physisch gemacht zu haben, die Erfahrungen, die uns die Fiktion vermittelt. Wir haben das Meiste bereits im Film, Fernsehen oder der vr gesehen, bevor wir es selbst erleben. Das sexuelle Debüt der Pubertät ist wie von einem Drehbuch diktiert. Alle haben zahlreiche »Morde« gesehen, aber die wenigsten einen wirklichen toten Körper. Wenn wir neuen Situationen begegnen, fangen die meisten Menschen unmittelbar an, wie Hauptpersonen eines Buches oder eines Films zu agieren. Diese Fiktionalisierung unseres Lebens ist ein Verteidigungsmechanismus. Wir distanzieren uns von neuen Situationen, die uns verunsichern, indem wir sie in einen bekannten Bezugsrahmen setzen, um so nicht mit der Angst konfrontiert zu werden, die mit ihnen verbunden sein könnte. Indem wir unser Leben zu einer Erzählung machen, wird der Schmerz gemindert – er wird ästhetisiert.

Verstehst du das? sagt Fredri. Nein, antworte ich. Nicht alles. Aber ich mag es. Ich wünschte, ich hätte das geschrieben. Ich glaube, es ist an der Zeit, dass du wieder ein Mädchen wirst, sagt Fredri – und schüttelt den Kopf.

MULLA

»Ungowa!«

JOHNNY WEISSMÜLLER in Tarzans Sohn

Das Schlimmste am Mannsein ist, dass ich mich jeden Tag rasieren muss. Ich mag es nämlich, glatt zu sein. Haarlos und glatt am ganzen Körper. Und Männer haben fast überall Haare. Aber ich meine: Dann habe ich auch das versucht. Genauer gesagt: Ich habe es mehrmals versucht. Aber nie lange. Nicht mehr als ein paar Jahre auf einmal. Manchmal hilft mir Mulla den Kopf zu rasieren. Damit ich sicher sein kann, im Nacken alles wegzubekommen. Und sie schmiert mich mit Creme ein. Ich liege ganz still da und lasse ihre Hände über mich gleiten, vor und zurück. Sie sagt, sie mag es, wenn ich ein Mann bin.

Als was ich mich am ehesten fühle? Was ich am liebsten sein möchte? Das ist es, was zählt. Zum ersten Mal in der Geschichte können wir das sein, was wir sein wollen. Niemand muss mehr Opfer eines zufälligen Chromosomensprunges sein. Denn die Wissenschaft hat uns endlich befreit. Das lernen wir in der Schule. Wir lernen, dass wir, die wir gerade jetzt leben, Glück haben.

Ich schreibe das hier mit Bleistift. HB. So einem, wie sie immer noch in China hergestellt werden. Die aber niemand mehr importiert. Nur, dass dieser hier deutsch ist. Echter STEIFEL. Collector's item. Aber es ist schon seltsam, was man alles auf dem Schwarzmarkt bekommt. Wenn man nur gut genug bezahlt. Wahrscheinlich wurde er herausgeschmuggelt. Das sollte zwar unmöglich sein, aber für Geld machen die Leute alles. Und in ALTE ZEITEN gibt es genügend Bleistifte. Kugelschreiber. Füllfederhalter. Buntstifte. Radiergummis. Ich habe sogar Tintenfässer und Löschpapier gesehen.

Auf der Arbeit verwenden wir Bildschirme und Autopiloten. Ich arbeite bei HANDLUNG. Schlage schnelle Entwürfe und kurze Resümees vor, die von anderen ausgeführt werden. Ich meine: Größtenteils erledigt der Rechner das für mich. Wir sind so eine Art Team. Ich bin der menschliche Faktor. Ich repräsentiere das Impulsive, das Unberechenbare, das gewisse Etwas. Ich bin dafür verantwortlich, dass nicht alles so save und vorhersehbar wird. Eigentlich kann ich mir also ausdenken, was ich will. Solange es sich nur um die Sehnsucht nach Liebe, Geld und Glück handelt, von denen wir glauben, sie im Alltag finden zu können. Aber ich meine: Junge trifft Mädchen. Mädchen trifft Jungen. Wie spannend kann das schon werden? Wie viele mögliche Variationen gibt es? Und genau in diesem Punkt sind die Maschine und ich in der Regel verschiedener Meinung. Und genau deshalb haben sie mich wahrscheinlich eingestellt. Sie mögen es, dass ich unseren Handlungsentwürfen (ich sage »unseren«) diesen kleinen Touch von Irrsinn gebe, der notwendig ist, damit das Ganze erst so richtig flutscht/läuft/das ausbügelt, was nicht passt. Bei SYMPOSIUM gelte ich als äußerst wichtiger Mitarbeiter. Auch wenn ich weiß, dass viele über mich lachen.

Als ich ein kleines Mädchen war. Das ist vielleicht der Satz, den ich am liebsten mag. Als ich ein kleines Mädchen war.

Fredri sagt, dass ich wankelmütig bin. Mulla sagt, ich bin süß.

Lasst uns Folgendes mal klarstellen: SYMPOSIUM ist natürlich nichts Besonderes. Es ist ein Verlag, der Bücher herausgibt, oder etwa nicht? Und Bücher waren noch nie so der Hit. Selbst wenn sie noch so viel von Liebe, Geld und Alltäglichkeiten handeln. Was ich damit sagen will: Es gibt schließlich noch so viel anderes, was das auch tut. Aber wir kommen zurecht. Und allein das ist fast schon unbegreiflich. Denn wir reden hier nicht von all diesen verkappten Computer-Dingern: Live-Bücher, Spielkarten, die dich bitten, eine Person deiner Wahl zu ziehen, oder zeitbegrenzte Hologramme mit spannender Fortsetzung. Wir reden hier von Büchern, die man auf- und wieder zuklappen muss. In denen man herumblättern kann. Und selbst lesen, mind you! Jedes Jahr gibt es jemanden, der prophezeit, dass sie verschwinden werden. Dass das Buch ausstirbt. Man sagt, dass es mit der Lesefähigkeit stetig bergab geht. Und da ist schon was dran: Im Verlag merken wir das ebenfalls. Deshalb kürzen wir in unseren Büchern gelegentlich auch ein paar Prozent des Wortschatzes.

Meiner Meinung nach sägen wir damit an unserem eigenen Ast. Aber diejenigen, die entscheiden, glauben offenbar etwas anderes. Sie nennen es: »notwendige Marktanpassung«. Manche meinen sogar, wir sollten auch eine Soundoption einbauen, wenn wir überleben wollten, so dass die Leute selbst entscheiden können, ob sie sich vorlesen lassen oder lieber selbst lesen möchten. Und dass wir natürlich weitaus mehr Bilder verwenden sollten. Aber das ist ein alter Hut. Und ich glaube: Der entscheidende Punkt, dass wir uns überhaupt über Wasser halten können, ist der, dass wir eben genau so sind, wie wir sind. Wir haben zwar wenige Kunden, dafür aber treue. Wir bieten ein Nischenprodukt an. Wir sollten niemals versuchen, etwas anderes zu machen. Deshalb sollten wir auch nirgendwo sonst Live-Bilder haben als auf dem Umschlag (am besten auch dort nicht!), wir sollten weiterhin Papier verwenden (yesss!) und wir sollten niemals mit Klappseiten aufhören.

Mulla sieht das genauso.

Mit ihr kann ich über alles reden.

Über den Rotschopf zum Beispiel, den ich Leda nenne und noch einmal wiedergesehen habe. Wieder in ALTE ZEITEN. Vielleicht arbeitet sie da, sagt Mulla. Aber das glaube ich nicht. Sie sah nämlich überhaupt nicht rehabilitiert aus. Diesmal habe ich sie in Aker Brygge getroffen. Sie saß einfach nur mit geschlossenen Augen da, ließ ihre nackten Beine von der Sonne bräunen und lauschte dem Möwengeschrei aus den Lautsprechern der Festung Akershus. Den ganzen Frühling und Sommer über. Hat sich bis weit in den Herbst hinein nicht bewegt. Die ganze Zeit stand ich da und verzehrte sie mit meinen Blicken. Aus sicherer Entfernung natürlich. Wo? fragt Mulla. An der alten Telefonzelle, antworte ich. Die, die drüben am Konzerthaus steht. Von der aus du über viertausend Nummern anrufen und lange Gespräche mit Leuten führen kannst, die es nicht gibt. Wieso traust du dich nicht, sie anzusprechen? Keine Ahnung, antworte ich. Ist einfach so. Aber ich bin ihr nachgegangen. Um uns herum wehte nun das Herbstlaub. Und noch bevor wir das Parlament erreichten, fiel der erste Schnee. Ich beobachtete, wie sie in ein Musikgeschäft ging und eine Bluse kaufte, die im Angebot war. Solche Dinge eben, die Mädchen gerne machen, wenn sie hier sind – obwohl sie wissen, dass sie am Ausgang alles wieder abgeben müssen (und dort auch ihr Geld zurückbekommen). Für viele ist aber genau das der einzige Zweck ihres Besuchs in ALTE ZEITEN – Shopping. Für andere sind es Fußballspiele. Wo hast du sie diesmal verloren? fragt Mulla. Am Eingang zur U-Bahn, antworte ich. Außerdem lief meine Zeitkarte gerade ab. Ich glaube, du bist verliebt, sagt Mulla. Ja, sage ich. Ewas in der Art. Wir waren in ihrem Wolkenkratzer. Saßen auf der Terrasse und betrachteten die Lichter Manhattans. Vielleicht war es auch Hong Kong.

Wieso ich nicht glaube, dass sie – ich spreche jetzt von Leda – dort arbeitet, d. h. in ALTE ZEITEN? Zunächst einmal sieht sie nicht rehabilitiert aus (wie gesagt). Und wir wissen ja, dass alle, die dort untergebracht sind, rehabilitiert werden. ALTE ZEITEN ist (etwas,

was mich immer verwundert hat) kein Ort, wohin man sich auf eigene Faust versetzen lassen kann. Fredri sagt, dass er in ALTE ZEITEN einen Blumenverkäufer kennt, der Blumenverkäufer ihn aber nicht wiedererkennt. Ursprünglich war er Biochemiker oder so etwas.

Wie auch immer: Es ist eine gute und humane Art, mit Kriminellen zu verfahren. In ALTE ZEITEN richten sie keinen Schaden mehr an. Ganz im Gegenteil. Sie laufen auch nicht mehr frei herum. Und überhaupt: Nach dem Rehabilitationsprogramm wissen sie sowieso nichts mehr von einem anderen Leben. Das lernen wir in der Schule.

Mulla interessiert sich nicht so für ALTE ZEITEN wie ich. Sie ist nur ab und zu da. Nur wenn dort was Besonderes los ist, sagt sie. Ich weiß, dass sowohl Mulla als auch Fredri den Kopf über mich schütteln. (Fredri – da wir gerade von ihm sprechen – ist sozusagen nie dort. Er habe mit seinem Krempel schon genug zu tun, sagt er. Hier und jetzt – und etwas, woran man herumschrauben kann.) Keiner von beiden versteht, dass ich einen derartigen Drang nach etwas verspüren kann, was für sie lediglich ein nettes Unterhaltungsangebot und ein gewöhnlicher Freizeitpark ist – von einer Art zwar, von der wir hierzulande nichts Vergleichbares haben, von der es in den meisten Ländern Europas jedoch Varianten gibt. Ich glaube aber nicht, dass ich der Einzige bin, dem es so geht. Oft erkenne ich dort Leute wieder. Im Buchladen zum Beispiel. Dort sind meistens dieselben anzutreffen. Und ich weiß, dass sie – genau wie ich – auch nur auf Besuch dort sind, weil ich sie auf dem Weg nach draußen an der Kontrolle getroffen habe. Kurz gesagt: Ich glaube fast, dass Leda eine von ihnen ist. Correction: Eine von uns.

Hast du versucht, sie zu finden? fragt Mulla. Aber das will ich nicht. Ich möchte ihr nur zufällig begegnen. So wie sie es in den

Büchern machen. Zum Beispiel in dem, für das Mulla gerade den Umschlag entwirft. Sie zeigt mir verschiedene Vorschläge. Die meisten sind gelb, weil das bestimmt in diesem Jahr *die* Farbe ist. Ich mag den am liebsten, auf dem zwei Mädchen ein Rüsselauto waschen. Sie haben Badeanzüge an. Und mitunter wirkt es fast so, als ob sie dich mit Wasser bespritzten. Das Buch heißt »Ewige Liebe«, und Mulla sagt, dass es sie zum Weinen gebracht hat. So grottenschlecht und konsequent dämlich sei es. Wo soll das noch alles enden?

Während wir so dasitzen und plaudern – und uns Manhattan ansehen, das langsam erwacht –, schnüffelt ihr kleiner Welpe eifrig um unsere Beine. Seit fünf Jahren hat sie ihn jetzt. Eigentlich verstößt das gegen alles, woran sie glaubt. Mulla, die nichts Künstliches will, wenn es um sie selbst geht. Nicht einmal die Brust reparieren. Und dann zieht sie los und kauft so etwas.

Einen kleinen Dalmatiner, der immer klein bleibt. Der niemals erwachsen wird. »Sie sind am niedlichsten, wenn sie klein sind«, sagt die Werbung. Alle Zoohandlungen führen sie. Hunde und Katzen liegen natürlich voll im Trend (wie man früher sagte). Wünscht man jedoch exotischere Knirpse, lässt sich auch das einrichten. Es deutet auch nichts darauf hin, dass die Tiere daran Schaden nähmen. Ich habe gehört, dass (in vollem Ernst) ein Vorschlag diskutiert wurde, wonach Eltern, die sich das wünschen, das Recht bekommen sollen, ihre Kinder auf die gleiche Weise genbehandeln zu lassen. So dass sie fortwährend zwei oder drei Jahre alt sein können. Denn in diesem Alter sind sie ja auch einfach nur zum Fressen. Oder leben wir etwa nicht in einer freien Gesellschaft?

Heute hieß es, dass Norwegen einige dreizehn Milliarden mehr Gewinn gemacht hat als erwartet (oder so etwas in dem Dreh). Letztes Jahr. Oder vielleicht auch im letzten Monat. Aber deshalb fällt man einander nicht gleich um den Hals. Wir wissen nämlich nur allzu gut, was das heißt. Jedes Mal, wenn Norwegen reicher wird, kommt es für die einfachen Leute ein wenig härter. Das ist schon immer so gewesen. Und wenn Norwegen jetzt noch reicher wird, wage ich fast nicht daran zu denken, wo das noch enden soll. Ich meine: Dann reicht's bald nicht mehr für die Butter aufs Brot. Das ist ein alter Ausdruck, der immer noch in Umlauf ist. Wenn auch etwas missverständlich. Wir essen ja keine Butter mehr.

Eigentlich verstehe ich nicht, wie sich Mulla Sullik leisten kann. (So nennt sie ihren kleinen Dalmatiner.) Wahrscheinlich macht sie Überstunden. Damit haben die in der Designabteilung einen Vorteil.

ZIK-ZAK

»History is the fiction we invent to persuade ourselves that events are knowable and that life has order and direction. That's why events are always reinterpreted when values change. We need new versions of history to allow for our current prejudices.«

BILL WATTERSON: Calvin and Hobbes

Wir waren frei. Frei wie die Steine. Wir lagen einfach da und warteten darauf, aufgelesen zu werden.

Es waren natürlich nicht die Menschen, die die Erde zerstört haben. Nur, damit das mal gesagt ist. Das wäre ja auch der absolute Irrsinn, wasn't it? Es waren die Zik-Zaks, die die Welt komplett auf den Kopf gestellt haben. Mit ihren Todesstrahlen. Einfach drauflosgeballert. Aus großer Distanz. Und aufs Geratewohl.

Großflächig über die gesamte Milchstraße. Ohne zu wissen, worauf sie hätten zielen sollen. Aber so haben sie uns gefunden. Denn wir schrien zum Himmel, als die Zerstörung über uns hinwegwalzte, als alles, was wir kannten, zusammenbrach. Wir quiekten wie abgestochene Schweine, die wir ihrer Meinung nach ja auch sind.

Oder: Sie haben es bereits lange vorher gewusst. Denn die Zik-Zaks haben uns viele Zik-Zak-Zeitalter hindurch gerufen und gelockt: Gutzi, gutzi, gutzi (– haben sie gerufen. Natürlich in ihrer eigenen seltsamen Sprache). Das Verwunderliche aber ist, dass wir eigentlich … eigentlich wollten wir gefunden werden. Ich sehe, dass Leda zusammenzuckt. »Das wollten wir?«, flüstert sie. »Na klar«, antworte ich. »Sonst hätten wir doch nicht diese ganzen riesigen Satellitenschüsseln gebaut, jede Nacht mit einem Ohr am Weltraum wachgelegen und endlose Wiederholungen von Radiosignalen mit Kuckuck-hier-sind-wir und Hallo-hallo-ist-da-draußen-jemand ins All gesendet? Als ob wir Angst gehabt hätten, alleine zu sein, und eine unterbewusste Sehnsucht danach, gefunden und in Schutz genommen zu werden. Leda sieht mich an. Rümpft die Nase. »Go fuck yourself!«, sagt sie. Und kauert sich hinter dem Schrotthaufen zusammen.

Später – als das Schlimmste vorüber war – haben wir die Welt wieder zusammengesetzt. Ungefähr so, wie wir sie in Erinnerung hatten. Wir sind nämlich nicht nur wilde Schweine. Wir sind auch fleißige Bienen. Und was ist mit Oslo? Schwierig. Sehr schwierig. Wir haben beschlossen aufzuräumen. So gut es sich eben machen ließ. Danach den ganzen Krempel eingezäunt und gleich daneben eine neue Stadt gebaut. Und die alte zu einem Vergnügungspark gemacht.

Oder (wenn wir es etwas drastischer ausdrücken wollen): Unsere neuen Städte sind eigentlich nichts anderes als riesige Schweineställe. In denen uns die Zik-Zaks untergebracht haben. Vorübergehend, versteht sich.

Leda und ich halten uns versteckt. Wir leben von Würmern, Mäusen und Fallobst. Und wir vertrauen niemandem. Ab und zu sehen wir Herden von anderen Schweinen, die unter Geheul und Spektakel abgeführt werden. Manchmal sehen wir große Scheiterhaufen auflodern. Oder aber es regnet tagelang Asche. Und dennoch: Wenn sie ihren langen, schlanken Hals beugt und ihre signalroten Haare wie einen Vorhang über mein Gesicht fallen lässt, bin ich so glücklich wie noch nie zuvor.

Cool, sagt Fredri, als ich ihm erzähle, was ich da zusammenbraue. Aber er bringt es nicht über sich, es auch zu lesen. Sachen auf Papier interessieren ihn einfach nicht.

Übrigens habe ich angefangen zu zerreißen. Eine Angewohnheit, die ich seit Kurzem habe. Ich weiß auch nicht, warum.

Aber in a strange way fühlt sich das richtig an. Ich meine: Es ist schwierig, an ordentliches Papier für den Privatgebrauch heranzukommen. Also bin ich gezwungen, das wenige, das ich habe, zu recyceln. Schon allein deshalb fühlt es sich ganz natürlich an, manchmal etwas zu zerreißen …

ROTSCHÖPFE UND GRAULINGE

»Man kann ein ganzes Leben / in Gesellschaft von Worten verbringen, / ohne das richtige / zu finden. // Gleich einem armen Fisch / in ungarische Zeitungen verpackt: / Zum einen ist er tot / und zum anderen versteht er / kein Ungarisch.«

NIELS HAV

Ehrlich gesagt, mag ich keine Hunde. Aber ich sage Mulla nichts davon. Es gibt einfach zu viele in letzter Zeit. Im Treppenhaus kommt man vor lauter Hundescheiße ja kaum noch vorwärts. Und es stinkt im Aufzug. Am schlimmsten sind diese ganzen genmanipulierten Wachköter mit ihren hundert Stielaugen. Das Einzige, was an ihnen natürlich wirkt, ist ihr unaufhörliches Sabbern.

Die Bahn hatte heute Verspätung. Wir saßen mit Rüsseln in der Nase da und mussten über eine halbe Stunde warten. Bestimmt waren ein paar Steine auf die Gleise gefallen. In solchen Situationen überlege sogar ich, mir eine Brille zu kaufen. Oder immer etwas dabeizuhaben, worauf man herumkauen kann.

Mulla möchte wissen, wie die Zik-Zaks aussehen. Sie würde sie gerne für mich zeichnen, sagt sie. Sie sind entsetzlich, antworte ich. Einfach grauenhaft. Und weil gerade Mittwoch ist, frage ich sie, ob sie gerne noch ein Krabbenbutterbrot hätte.

Eigentlich ist Mulla ein wenig eifersüchtig auf Leda. Sie versucht, so zu tun, als wäre nichts. Ich kann es aber deutlich spüren. Wir liegen nebeneinander auf dem Diwan. Aber es ist nicht so wie sonst.

Ich muss mich einfach entscheiden, ob die Zik-Zaks immer noch da sind, sage ich nach einer Weile. Oder ob sie ihrer Wege gegangen sind. Trotzdem können sie zurückkommen. Aber sind sie *jetzt* hier?

Ich habe heute nicht einmal Freude an ihrer Milchbrötchenbrust.

Es gibt fast keine Realtime, sage ich traurig zu mir selbst.
Es gibt fast keine Realtime mehr.

Thank god! hätte Fredri gesagt (wenn wir uns zum Beispiel gleich, nachdem ich Mulla und Sullik zum Aufzug gebracht habe, getroffen hätten). So müssen wir wenigstens nicht die ganze Zeit in dieser Scheiße rumschwimmen! Jetzt kannst du genau die Wirklichkeit abonnieren, die du gerne magst. Und in so vielen Parallelwelten leben, wie du dir leisten kannst.

In gewisser Weise hat er Recht. Es ist überhaupt nicht lustig, die ganze Zeit mit offenen Augen herumzulaufen. Und trotzdem tue ich das? Ich rede mir ein, dass es für meinen Job erforderlich ist. Oder vielleicht doch nicht erforderlich. In jedem Fall aber ein Vorteil. Wir sollen uns unser eigenes Bild machen, nicht wahr? Das ist zu so einer Art fixen Idee für mich geworden. Falsch. Eigentlich nehme ich es ziemlich locker. Ich würde eher sagen, dass es etwas ist, an das ich irgendwie glauben kann. Eine Art Geländer, in gewisser Weise. Weil jeder etwas braucht, woran er sich festhalten kann (– sagt Mama andauernd). Auch wenn man sich oft täuschen kann.

Es war also nur verständlich, dass ich noch am gleichen Nachmittag in ALTE ZEITEN ging. Obwohl ich wusste, dass ich mir nur ein paar Stunden leisten konnte.

Es tut gut. Man merkt es fast augenblicklich an der Atmung. Die CO_2-Regulation klappt hier drinnen einfach besser. Sogar im Kirkeveien und in der Majorstua kommen wir den Großteil des Jahres ohne Masken aus. Ich hielt überall nach ihr Ausschau. Ich meine: Ich bin überall hingegangen, wo ich sie früher schon einmal gesehen hatte. Das war natürlich far out, aber wenn man das Herz klopfen fühlt, hat man keine andere Wahl (wie es in den Büchern heißt). Vor dem Grandhotel stand eine lange Schlange von Menschen, die alle Zimmer für die Nacht gebucht hatten. Manche Leute haben einfach unvorstellbar viel Geld! Aber warum bleibe ich nicht auch über Nacht – ich meine: Mal ganz davon abgesehen, dass ich es mir nicht leisten kann – könnte man sich nicht irgendwo einschleichen und in irgendeiner Ecke oder Toreinfahrt übernachten (wenn es in dieser Nacht nicht gerade Winter ist)? So etwas könnte man fragen, wenn man zum Beispiel ein verkleideter Zik-Zak wäre – ein Agent, der nach ALTE ZEITEN geschickt wurde, um zu spionieren. Aber die Antwort ist natürlich ganz einfach: Bringt nichts. Warum nicht? fragt der Zik-Zak. Wegen des Chips, antworte ich. Welcher Chip? Der, der uns in den Kopf implantiert wurde, sage ich. Ach so, sagt der Zik-Zak und fasst sich an die Stirn, den hätte ich fast vergessen. Du bist ein verdammter Spion, sage ich, ziehe eine Strahlenpistole und flashe ihn zu grünem Schleim. Denn wer vergisst schon den Chip? Die ganze Gesellschaft ist schließlich auf ihm aufgebaut. Er sagt uns, wer wir sind. Jeder kann den Namen benutzen, den er möchte. Oder überhaupt keinen Namen benutzen. (Ich selbst mag den Buchstaben P am liebsten.) Spielt keine Rolle. Wir können den Wohnsitz, den Arbeitsplatz, die Nase und das Geschlecht wechseln. Der Chip kontrolliert unsere Personalnummer und weiß zu jeder Zeit, wo wir sind. Spürt uns in null Komma nichts auf. Sorgt dafür, dass es kein Durcheinander gibt. Und dass zum Beispiel niemand länger in ALTE ZEITEN bleibt, als er dafür bezahlt hat.

Wenn ich gewusst hätte, wie sie sich selbst nannte, hätte ich ihren Namen an die Wände sprayen können, hätte schreiben können, dass ich sie liebte, hätte sie bitten können, mich an der Telefonzelle neben dem Konzerthaus anzurufen, mich zu treffen und you name it. Der Name »Leda« aber ist meine eigene Erfindung, er würde ihr überhaupt nichts sagen. Im Buch (von dem ich weiß, dass es SYMPOSIUM niemals herausgeben wird) reden wir oft genau davon. Wir stehen oben auf Grefsen – an einer Stelle, die die Zik-Zaks nicht kennen –, ihre Haare sind rot, so rot, und wir erzählen einander von all den Namen, die wir früher verwendet haben. Ja, wir sind so verliebt, dass wir einander sogar den vertraulichsten Namen verraten, den Namen, den uns unsere Eltern bei unserer Geburt zugeflüstert haben, den Namen, der allein uns gehört und von dem kein Chip der Welt etwas weiß. (Und den ich auch hier nicht verrate.)

In Norlis Buchhandlung habe ich sie dann plötzlich wiederentdeckt. Ja, ich gebe zu, dass das nicht gerade sehr wahrscheinlich ist. Auf der Arbeit hätte mein Rechner gezögert, das zu schreiben. Er ist darauf programmiert, lediglich einen Zufall pro Geschichte zu akzeptieren. Besonders, wenn es eine Kriminalgeschichte ist. (Was diese hier hoffentlich nicht ist!) Aber so etwas passiert nun mal. Thank god. Sie stand da und blätterte in einem großen Atlas. Ich lief zu ihr hinüber. Und just in diesem Moment fing meine Zeitkarte an zu piepen. Ich fühlte mich wie der letzte Trottel, der ich Fredris Meinung nach auch bin. Ich fühlte mich genauso dumm wie ein entlaufenes Schwein. Arbeitest du hier? fragte sie. Aber ich stand nur mit offenem Mund da. Ich stand direkt vor ihr und mir fiel nicht das Geringste ein. (Ich bekam nicht mal ein Ni hao heraus.)

Und das Piepen meiner Zeitkarte wurde lauter und lauter. Die Leute blieben stehen und sahen uns an. Und dann fing sie an zu lachen. Sie neigte ihren langen Hals zur Seite, lehnte ihren Kopf gegen ein Bücherregal und lachte. Das war sicher nicht böse gemeint (denn so ist sie nicht), aber es verwirrte mich nur noch mehr. Also verbeugte ich mich vor ihr, murmelte etwas von Wetter und Jahreszeit (was man in ALTE ZEITEN eben gerne so sagt, nur dass es jetzt dafür ganz klar zu spät war), wartete nicht auf Antwort, sondern ging einfach schnell weiter, eilte an ihr vorbei aus dem Geschäft – und entschloss mich, ab Freitag wieder ein Mädchen zu sein. (Solche Dinge regelt man am besten am Wochenende.)

Als Mann mag ich dich am liebsten, sagte Mulla, als ich es ihr am nächsten Abend erzählte. Es bleibt dabei, sagte ich. Wir aßen Krabbenbutterbrote, obwohl es nicht Mittwoch war. Und wir weinten beide ein wenig. Ohne zu wissen, warum.

Das ist natürlich nicht nur eine Laune, sondern etwas, was sich über lange Zeit aufgebaut hat. Vielleicht weil es April ist. Es gibt viele, die im Frühling solche Anwandlungen bekommnen. (Ich rede von Realtime.) Außerdem bin ich Experte für unglückliche Liebe, nicht wahr? Und es ist besser, das Geschlecht zu wechseln, als sich vor einen Zug zu werfen – wie sie es früher getan haben.

Ich dachte an damals, als mich Mulla zu einem Besuch bei einer Familie von Graulingen mitgenommen hatte. Sie kennt viele von der Sorte. Diese hatten sechs Kinder und wohnten in Kolbotn. Ich erinnere mich daran, wie wir vor ihrem Campingwagen saßen und Würstchen grillten. Es war ziemlich nett und überhaupt nicht schwierig, mit ihnen ins Gespräch zu kommen. Es hatte mir ein wenig davor gegraut, man hört schließlich eine ganze Menge über solche Freaks, aber es dauerte nicht lange und wir unterhielten uns wie alte Bekannte. Und ich muss ihnen ja auch in vielem Recht geben. Ich meine: Die Welt ist ein Müllhaufen. Und natürlich sind wir selbst daran schuld. Wir Menschen haben den Karren in den Dreck gefahren. Keine Zik-Zaks to blame. Nicht in Realtime. Wir saßen also da – es war ein warmer Sommerabend –, aßen Sojawürstchen und lösten große Probleme. Und plötzlich habe ich begriffen, dass Mulla … dass sie ja auch so eine Art Grauling ist. Nur, dass sie sich eben noch nicht völlig abgemeldet hat. Denn Mulla möchte nichts an ihrem Körper gerichtet oder repariert bekommen, sie möchte ihr echtes Alter haben, sagt sie. Aber sie möchte weiterhin im Block wohnen. Und sie möchte weiterhin arbeiten, Steuern zahlen und alles andere, was so dazugehört. Ich erinnere mich, dass ich dasaß und sie ansah. Sie war schön an diesem Abend. Wenn sie lächelte, bekam sie viele klitzekleine Falten um die Augenwinkel, und einige davon blieben noch lange, nachdem das Lächeln verschwunden war.

Wie alt Mulla ist, und wie alt ich selbst bin? Über so etwas reden wir nie. Ich glaube, dass Mulla 54 – oder vielleicht 55 ist. Und ich selbst? Das geht niemanden etwas an. Aber ich bin älter. Viel älter. Es ist nur so, dass ich mich mit einem Aussehen von ungefähr Mitte 30 am wohlsten fühle.

FLUXUMWANDLER UND WILDE SCHWEINE

»Das Leben kann nur rückwärts verstanden werden,
muss aber vorwärts gelebt werden – den Blick auf etwas gerichtet,
das nicht existiert.«

SØREN KIERKEGAARD

Ich träumte, dass ich einen Rüssel und einen Schwanz hätte. Ich träumte, dass ich eines der armen Schweine wäre, die Jesus verflucht und in die er die bösen Geister gejagt hatte. Ich habe diese Geschichte nie so richtig verstanden. Ich meine: Schön und gut, dass er die zweitausend Dämonen aus dem armen, besessenen Mann vertrieben hat, aber warum musste er sie gleich weitersenden – mitten in einen Haufen unschuldiger Schweine hinein, die sich ganz friedlich zufällig in der Nähe herumtrieben – eine Herde, die (plötzlich heimgesucht von diesen entsetzlichen Plagegeistern) nun in wilder Panik keinen anderen Ausweg sah, als sich mit einem Kopfsprung, den Rüssel voran, in den See zu stürzen – so dass sie sich das Genick brachen und ertranken, und zwar jedes Einzelne? Anders ausgedrückt: Warum mochte Jesus keine Schweine? So, wie Markus die Geschichte überliefert, könnte sie genauso gut von einem Zik-Zak stammen.

So etwas träumt man, wenn man die große Fluxumwandlung macht – wenn man in die Röhre hineinkriecht und sich flach wie eine Larve hinlegt, sich in einen Kokon aus unzähligen Kabeln einwickeln lässt, um ein oder zwei Tage später dann in den prächtigsten Farben und Formen daraus hervorzubrechen. So gesagt, hört sich das total klasse an. Aber in Realtime ist das nicht ganz so einfach. Zum einen tut es weh. Völlig egal, wie viel Dope sie dir reinpumpen. Und dann schwebst du in einem merkwürdigen Zustand. Weder wach noch weg. Und die Gedanken kommen und gehen, wie sie möchten.

Wie oft ich das gemacht habe? Nicht mehr als elf Mal. Das sollte reichen. Diejenigen, die es sich leisten können, machen es natürlich öfter. Ich hingegen muss jedes Mal einen Kredit aufnehmen. Aber das ist es wert. Das Gefühl, neu zu sein. Wieder von vorne anzufangen. Klar ist es das wert.

Ich habe auch einen Laden gefunden, wo es nicht allzu teuer ist. Der Betreiber ist Schwede. Sunne heißt er. Er hat normalerweise nicht das Allerneuste, aber er ist gut. Außerdem hat mich dieser ganze fancy stuff nie sonderlich interessiert.

Ni hao – hereinspaziert, P, sagt Sunne und lässt mich in den Katalogen blättern. Er ist überschäumend herzlich, und nachdem er mich in der Datenbank gefunden hat, tut er so, als kenne er mich schon ewig. Zusammen mit einem warmen Getränk trägt das wahrscheinlich dazu bei, meinen Blutdruck zu senken. Wenn man nur etwas richten oder reparieren lassen möchte, macht das nicht viel aus, aber es ist wichtig, dass der Blutdruck okay ist, wenn man eine Fluxumwandlung macht. Wir haben Zeit, zwinkert Sunne. In unserem Alter sollte man nichts überstürzen. Die Bilder in den Katalogen sind von Models und Filmstars. Sunne selbst sieht aus wie ein junger Scheich, aber ich weiß, dass die zwei Beulen auf seinem Rücken Frauenbrüste sind. Er möchte von allem etwas sein. Den meisten in der Branche fällt es schwer, sich zu entscheiden.

»Stell dir nur mal vor, wie weit wir es gebracht haben«, sagt Mama immer – auf dem kleinen Digi, das ich von uns beiden habe. Nicht wahr – der, auf dem wir auf dem blaugestreiften Sofa sitzen und ich ein kleines Mädchen von zehn, elf Jahren bin. »Stell dir nur mal vor, wie weit wir es gebracht haben«, sagt sie. Und weil ich es in Schleife laufen lasse, sagt sie es immer und immer wieder. Oder etwas genauer: Sie sagt es alle vier Minuten.

Ob wir etwas finden, das uns gefällt? Ja. Ich deute. Erkläre. Nehme hier ein Kinn. Dort eine Nase. Und Sunne nickt. Tippt und nickt. Baby, sagt er, du wirst absolutely gorgeous.

Diesmal träumte ich (wie gesagt) von Schweinen. Und ich träumte von Mulla. Ich träumte von damals, als wir meinen neuen Namen ausgewählt haben. Mulla schnaubt für gewöhnlich, wenn jemand (ich zum Beispiel) etwas Dummes sagt oder tut. P, sagt sie. Es ist wie ein zu einem P-Laut geformtes kurzes Pusten. Und damals beschlossen wir, dass ich genauso gut so heißen könnte – einfach so zum Spaß. Wir hatten gerade miteinander geschlafen. P, pustete sie mir ins Ohr. P. Und dann lachten wir alle beide.

Lachten, dass es wehtat. Und danach drang ich noch einmal in sie ein. (Ich war damals natürlich auch ein Mann. Für Mulla ist es undenkbar, etwas anderes auszuprobieren.)

Nur mal so to put it straight: Ich bin als Junge geboren. Aber Mama wünschte sich ein kleines Mädchen. Also habe ich meine erste Fluxumwandlung sozusagen stehenden Fußes gemacht. Danach war ich bis ungefähr zwanzig ein Mädchen. Mama war da schon einige Jahre tot. Und dann hatte ich Spaß daran, das auszuprobieren, als was ich eigentlich zur Welt gekommen war. Seitdem ist es ein wenig durcheinandergeraten. So wie bei den meisten, würde ich sagen.

Schon seltsam, wenn man bedenkt, dass die überschäumende Vielfalt des Lebens ihren Ursprung in vier einfachen Basen hat, die zu zwanzig Aminosäuren zusammengesetzt werden können, die dann all jene Proteinbausteine bilden, aus denen Bakterien, Pilze, Ratten, Menschen, Giraffen und alles andere sogenannte lebende Gewebe aufgebaut ist. Das haben wir zumindest in der Schule gelernt. Und mögen deine Moleküle mit dir sein, wie Sunne immer zu sagen pflegt, bevor er den Deckel zuschraubt.

Was habe ich noch geträumt? Ich träumte von der Welt – die ich zu verdrängen gelernt habe – die es aber gibt – groß und hässlich in Realtime – all das, weswegen wir uns Brillen und Helme aufsetzen, um ihm zu entkommen – all das, wofür wir Steuern zahlen, um es nicht sehen zu müssen – und die, die sich nicht updaten wollen, kauen stattdessen Shangri – auch das ist cool – aber man bekommt davon gelbe Zähne. Die Zik-Zaks musste ich nicht treffen. Und Leda mit dem Schwanenhals habe ich nirgends gefunden. Aber von Mulla habe ich noch einen flüchtigen Blick mitbekommen: Wir liegen nebeneinander. Und der ganze Boden ist voller Krabbenbutterbrote. Also ist es anscheinend Mittwoch. Sie streichelt mir über die Haare und flüstert meinen Namen. Aber jetzt pustet sie ihn nicht, sie sagt ihn mit offenem Mund: Pe, sagt sie. So, als hätte ich zwei Buchstaben anstelle von einem. Ein seltsamer Traum.

Jedes Mal, wenn ich aufwache, bin ich genauso gespannt. Nicht wegen dem, was ich zu sehen bekomme – denn das sind normalerweise nur Bandagen und Mullbinden, und so wird es bis einschließlich Montag bleiben –, sondern wegen dem, was ich fühlen werde. Ob ich einfach nur ein Mann ohne Penis bin, zum Beispiel. Sunne wirkt ziemlich zufrieden. Er sagt, dass alles wie geplant verlaufen ist.

Aber ich warte damit, ihm zu danken. Jedes Mal, wenn ich ein Mädchen bin, pflege ich mich nämlich als schlechte Mutter zu fühlen. Und erst, wenn ich diesen kleinen Stich im Gewissen spüre, weiß ich, dass alles andere auch funktioniert. Diesen Kniff habe ich von meiner Mutter gelernt.

Aber sprichst du nie über deinen Vater? fragte Mulla einmal. Nein, sagte ich. Über ihn spreche ich nicht.

Was müssen wir tun, um glücklich zu sein, in der Bedeutung von »uns wohlfühlen«, d. h. also im Großen und Ganzen betrachtet »gute Laune« zu haben? Ich meine ohne Hilfsmittel. Und in Realtime. Die meisten glauben sicher, dass diese Frage sinnlos ist. Denn wieso sollten wir keine Hilfsmittel benutzen, wenn es sie nun mal gibt? Ich habe mich selbst oft darüber lustig gemacht. Ich sage zum Beispiel: »Sei froh, solange du nur gesund bist!«

Aber ich wäre gerne auch etwas schlauer. Es gibt sicher jemanden, der schon mal an seinem IQ herumgefummelt hat. Illegal natürlich. Und vielleicht nicht einmal hierzulande. Oh my god, sagte Sunne, als ich es ihm gegenüber erwähnte. Unsere Intelligenz ist von viel mehr dies-und-das abhängig, als du dir träumen lässt,

Baby – in deinem kleinen Hirn arbeiten mehr als 30.000 Gene fulltime. Wo sollen wir da anfangen zu schnipseln und zu leimen? Was ist mit dem Zusammenspiel und den Übergängen? Schön und gut, wenn du dir wünschst, jemand anderes zu sein – und am liebsten vergessen möchtest, wer du gewesen bist. Denn selbst wenn wir zu dem, was du bist, gute Nacht sagen, who knows, wem oder was wir einen guten Morgen wünschen? Und dann redeten wir ein wenig über Rehabilitierungsprogramme (wie sie es mit Kriminellen machen).

Ich glaube, ich habe größere Brüste bekommen, als ich wollte. Sunne zuckt nur mit den Schultern. Und ich bin zu schwach, um mich zu streiten. Aber ich mochte sie noch nie groß und hüpfend. So sind sie einem die ganze Zeit nur im Weg. Und jetzt, da ich endlich einen baumelnden Auswuchs losgeworden bin, ärgert es mich, dass ich stattdessen gleich zwei neue bekommen habe. Ich erinnere mich, dass ich eigens darum gebeten hatte, dass sie klein und fest werden.

Ja, ja – und dann muss man wieder das Gehen üben! Die Hüfte nach vorne schieben und von einer Seite zur anderen wiegen. Aber ich weiß, dass das bald wieder da ist. Ich meine: Es ist wie Schwimmen. Wenn du es einmal gelernt hast, vergisst du es nie mehr.

AUF DER ANDEREN SEITE

»Vielen kommt Gedankenlosigkeit völlig natürlich vor.«

SØREN KIERKEGAARD (schon wieder)

Aber, god in heaven – ich habe ja gar nichts anzuziehen! Ich meine: Nur das, was noch vom letzten Mal im Schrank ist und ich noch nicht weggeworfen habe (was in aller Welt habe ich mir nur dabei gedacht?) ... Erstens ist es grauenvoll, alles miteinander, einfach zum Wegschmeißen ... und zweitens passt es überhaupt nicht, besonders über der Brust. Ich muss mir neue Sachen kaufen. Komplett alles. Das wird nicht gerade billig. Aber ich möchte auch nicht dafür bekannt sein, wie ein Museumsstück herumzulaufen. Die Rocklänge zum Beispiel. Der Schnitt. Everything. Und Nähmaschinen waren irgendwie noch nie so mein Fall.

Es wurde ein schöner Vormittag. Und alle waren freundlich und zuvorkommend. Anscheinend sah man mir mehr als deutlich an, dass ich frisch aus dem Kokon geschlüpft war.

Ich weiß nicht, ob mir Gelb noch steht. Das grüne Kleid ist genau richtig. Das bin ich. Aber bei dem gelben bin ich mir ziemlich unsicher. Ich glaube, ich werde es umtauschen. Man muss plötzlich an so vieles denken.

Im Park haben mir zwei junge Kerle hinterhergepfiffen. Ich glaube, das hier ist absolut richtig. Es tut niemandem gut, andauernd derselbe zu sein.

Ich ging kurz zu einem Kiosk, lieferte meine Meldebescheinigung ab und zog eine Marke für die Chipkontrolle. Jeder, der eine Fluxumwandlung macht, muss durchgecheckt werden. Falls da ein paar Schaltkreise durcheinandergeraten sein sollten. Es heißt, dass die Kontrolle innerhalb von zwei Wochen zu erfolgen hat. Aber man kann es auch gleich so schnell wie möglich hinter sich bringen. Ich meine: Wem liegt schon daran, Trouble mit seinem Chip zu kriegen – wie etwa seine Personenkennziffer, die Kreditkarte oder you name it zu verlieren?

Weder im Wohnblock noch auf der Arbeit hat mich jemand wiedererkannt. Cool. Mein Chef hatte anfänglich zwar ein paar Bedenken hinsichtlich meiner Handlungsskizzen – dass sie sich vielleicht verändern könnten, jetzt, da ich und so weiter …

Er gab aber schnell nach. Auch das – cool. Mulla wollte nicht aufmachen, als ich in der Designabteilung an ihre Bürotür klopfte. Obwohl ich weiß, dass ich wie ihre kleine Schwester aussehe. Das ist es jedenfalls, was ich versuche. Fredri von gegenüber überschlug sich fast. Und das ist das Komische daran. Auf einmal erschien mir Fredri gar nicht mehr so übel!

Die Königin hat sich heute Abend überall direkt eingeklinkt – ohne Rücksicht darauf, womit man gerade beschäftigt war. Sie hat über Solidarität und die Umwelt gesprochen. Und über Verantwortung. Wahrscheinlich bedeutet das, dass der Zinssatz wieder steigt.

Was die Zik-Zaks anbelangt, bin ich zu dem Schluss gekommen, dass ich vielleicht auch ein Zik-Zak bin. Dass es beinahe absolut sicher so ist. (Ich brauche also überhaupt keine Angst mehr vor ihnen zu haben. Ich bin ja selbst einer!) Und dass ich völlig unverschuldet (weil meinem Schiff der Treibstoff ausging) hier gelandet bin und ich plötzlich kapiere, dass dieser Planet ein einziger Schweinestall ist, aber weil ich immer ein Freund von Tieren (besonders von Schweinen) war, habe ich nicht vor, es jemandem zu verraten. Weshalb ich mich – ein einsamer Zik-Zak – auf eine derart gewaltige Reise begeben habe (denn wir sprechen hier von großen Distanzen, nicht wahr)? Entweder weil mich meine sieben Mütter verleugneten. (Sie haben meine Schale ins Feuer geworfen. Wollen sich nicht länger an mich erinnern. Und wenn deine Mütter nicht mehr an dich erinnert werden wollen, kannst du nicht viel anderes machen, als deiner Wege zu ziehen.) Oder – und das ist wohl weitaus besser – ich bin hierher gekommen, weil ich unglücklich verliebt bin. Ich bin auf der Suche nach einem Zik-Zak-Mann namens Y. Ich begreife nun, dass das Leben ohne ihn keinen Sinn hat. Und ich spüre, dass er sich hier – unter diesen Milliarden getürmter Schweine – versteckt hat. Versteckt hat? fragt Fredri. Wieso hat er sich vor dir versteckt? Weil er Angst davor hat, glücklich zu sein, sage ich ernst. Ist das nicht genau das, wovor ihr Schweine die ganze Zeit Angst habt? Lauft ihr nicht deshalb durch die Gegend und wühlt mit euren Rüsseln in allen möglichen Bildschirmen herum? Aber hast du nicht gesagt, er sei ein Zik-Zak? fragt Fredri. Er ist schon so lange hier, dass er selbst schon fast ein Schwein geworden ist, antworte ich. Und dann versuche ich Fredri zu erklären, was eigentlich passiert ist und was tatsächlich vor sich geht. Er will jetzt aber nicht mehr. Glücklich? ruft er verärgert und rollt sich vom Diwan. Zieht sich die Hosen an und tippelt barfuß über den Gang zu seiner Wohnung. Ich hätte wissen müssen, dass wir nicht so gut zusammenpassen.

Als ich noch jung war, hatten alle diese kleinen Amulette, die jedes Mal piepsten, wenn man jemanden traf, der die gleichen Interessen hatte. Sie sind allerdings schnell aus der Mode gekommen. Es konnte ja niemand wissen, ob sie ehrlich oder bloß zum Spaß programmiert waren. Und es war die Hölle, damit Straßenbahn zu fahren. So war das damals, als alles noch relativ unschuldig war.

Das war auch die Zeit, als ich bei SYMPOSIUM anfing. Hab den Job bekommen, weil mich eine der Herausgeberinnen mochte. Sie hieß Sasch, und es war das einzige Mal, dass ich eine lesbische

Beziehung hatte. Von etwas längerer Dauer, meine ich. Mama war gerade gestorben. Und wir waren vier oder fünf Jahre zusammen. Bis zu meiner ersten Fluxumwandlung als Erwachsene. Wollte ausprobieren, wie das ist, nicht wahr. Den Job durfte ich aber trotzdem behalten.

Handlungen zu entwerfen ist mir schon immer leichtgefallen. Woher hast du nur all diese Ideen? werde ich gefragt. Darüber möchte ich lieber nicht allzu viel nachdenken, antworte ich. Du hast Glück, dass du Phantasie hast, sagen sie. Ja, sage ich. Vermutlich bin ich ein ziemlich ergiebiges Bohrloch für Rotz und Wasser. Man muss die ganze Plörre einfach nur hochpumpen. Aber so etwas sage ich natürlich nicht laut. Denn ohne diesen Job wüsste ich wirklich nicht, wovon ich leben sollte. Ansonsten bin ich nämlich ein hoffnungsloser Tollpatsch. Aber lasst mich eine Handlung entwerfen, die sich verkauft! Mein geliebter Rechner und ich – wir sind ein nahezu unschlagbares Duo. Junge trifft Mädchen, sagt der Rechner. Er ist Model und elternlos, sage ich, und das Mädchen ist Schlagzeugerin, die zwei jüngere Geschwister zu versorgen hat. Und schon sind wir in Gang. Glücklicherweise erledigt die Maschine einen Großteil der Schreibarbeit. Wählt die richtige Schablone und schmückt aus. Aber sie braucht jemanden, mit dem sie sich Pässe zuspielen kann. Jemanden, der weiterhilft, wenn die Arbeit ins Stocken gerät. Mädchen trifft einen anderen Jungen, sagt der Rechner. Er gibt sich als armer Kinderarzt aus, sage ich. Und er rettet die kleine Schwester des Mädchens vor einem unheimlichen Virus. Aber eigentlich ist er ein weißer Sklavenhändler. Denn es darf gerne etwas Spannung und Action sein, solange im Mittelpunkt der Geschichte nur immer eine glückliche oder unglückliche Liebe steht, gerne in Verbindung mit dem Traum eines armen Jungen oder eines armen Mädchens, die entgegen aller Wahrscheinlichkeit großen Erfolg haben und es weit bringen, dann jedoch entdecken, dass Reichtum und Ansehen und selbst das allerschönste Blubberbad sie nicht glücklich machen können, wenn sie nicht den bekommen, den sie lieben. Das läuft in der Regel wie geschmiert. Und wenn wir zwischen 90 und 100 Seiten beisammenhaben, schicken wir es weiter an die Designabteilung, eine Etage unter uns. Dort packen sie es in einen hübschen Umschlag ein und verstecken ein wenig Werbung am Rand. Und jedes Mal verkauft es sich. Wenn nicht, wäre ich schon längst gefeuert worden. Ob es etwas gibt, worüber wir nicht schreiben dürfen? Ja. Eine ganze Menge. Wir dürfen zum Beispiel nicht über den Chip schreiben. Und wir müssen alles umgehen, was als politisch oder als anstößig verstanden werden könnte. (Das ist in der Tat eine ganz schön lange Liste.) Und wir müssen besonders deutlich unterstreichen, dass wir einen freien Willen haben und ein jeder seines eigenen Glückes Schmied ist. Hört sich komplizierter an, als es ist. Wenn man erst einmal so lange dabei ist wie ich, ist das Ganze eigentlich nur piece of cake. Was ich für eine Kindheit hatte? Mulla fragt mich das immer. Tastet behutsam herum und zieht an jedem noch so kleinen Faden. Hofft wohl, das ein oder andere zu finden. Jetzt antwortet sie nicht einmal, wenn ich sie anrufe. Ich weiß wohl, dass sie meine letzte Fluxumwandlung doof findet. Aber ich werde mit meinem Körper doch wohl machen dürfen, was ich will? Eigentlich – wenn ich mal darüber nachdenke – ist Mulla der einzige Freund, den ich habe. In Realtime, meine ich. Und morgen ist Mittwoch. Wenn sie da nicht kommt, bin ich wirklich traurig (und ich sollte in den ersten Wochen tunlichst vermeiden zu weinen, sagt Sunne).

MITTWOCH

»The Mandolin Theory of Creative Writing comes out of ›Pogo‹ and is very useful. One Sunday, ›Pogo‹ in the '50s ended with Pogo and Alexander walking through the swamp, talking to each other. The next Sunday, it picked up there they were, still in the swamp, still talking, only now Albert was holding a mandolin. And Pogo looks down and says, ›That's funny. I don't remember no mandolin last week.‹ Albert said grandly, ›Don't be ridiculous, son. Didn't need no mandolin last week.‹ So if you need a mandolin, put it in.«

PETER BEAGLE
(aus einem Interview im Locus Magazine, Juli 1993)

Da saß ich nun und wartete. Stundenlang. Ich hatte mir die Haare gewaschen und mir viel Mühe mit dem Make-up gegeben. Ein ganzes Tablett mit Krabbenbutterbroten gemacht. Aber sie kam nicht. Als es endlich an der Tür klingelte, war es jemand völlig anderes. Es war Beo. Von dem ich seit Jahren nichts gehört oder gesehen hatte. Hi, Mama, sagte er. Ni hao. Darf ich kurz reinkommen? Oder erwartest du gerade Besuch?

Wie ich sofort sehen konnte, dass es Beo war? Das konnte ich überhaupt nicht. Aber eine Mutter erkennt die Stimme ihres Kindes. Besonders wenn sie nur dieses eine, dämliche Exemplar hat. Tigerstreifen stehen dir, sagte ich. Das war das Erste, was mir einfiel. Und weshalb war sich Beo so sicher, dass ich es war – mal völlig davon abgesehen, dass die Adresse stimmte? Antwort: Das arme Kind hatte mich seit der letzten Fluxumwandlung nicht mehr gesehen. So einfach war das. (In unserer kleinen Familie – er und ich – verschwenden wir keine Zeit damit, uns zu verhätscheln.) Und auch wenn ich diesmal (zum Beispiel) eine völlig andere Nase hatte, musste es etwas an mir geben, das es bei ihm hatte klingeln lassen.

Aber natürlich hätte es Mulla sein sollen, die dort stand – oder Y, mein Zik-Zak-Gegenstück, nach dem ich so unermüdlich suche. Er, wegen dem ich mich so gründlich verkleidet habe, dass ich mir sogar ein Menschenkind, d. h. ein Schwein zugelegt habe. Komm rein, sagte ich. Was geht ab? Wie geht's dir, mein Junge?

Ich lese deine Bücher ab und zu, sagte er vorsichtig. Wie viel willst du dir diesmal pumpen? dachte ich. Lust auf 'ne Tasse Soja? Ich bleib nicht lang, sagte Beo. Aber eine kleine Tasse können wir doch wohl zusammen trinken? fragte ich (und fühlte mich cool, weil ich ganz instinktiv dem Verhaltenskodex zwischen Mutter und Kind folgte).

Ich wusste, dass es eine Zeit lang dauern würde, bis er zur Sache käme. Aber Zeit haben wir Zik-Zaks genügend. Zum einen können wir nämlich unglaublich viel älter als (zum Beispiel) Schweine werden, und zum anderen leben wir auf zwei parallelen Zeitspuren. Das ist etwas schwierig zu erklären, denn dazu bedarf es einer Rechenweise, die es nirgendwo anders als auf BX 314 gibt (wo wir herkommen, nicht wahr). Kurz gesagt läuft es aber darauf hinaus, dass wir an zwei Orten gleichzeitig sein können. Wir können zum Beispiel ruhig dasitzen und zuhören, wie uns jemand eine Menge langweiliges Zeug erzählt, während wir gleichzeitig – auf der parallelen Zeitspur – etwas völlig anderes und weitaus unterhaltsameres tun. Wir können ganz einfach mental vor- und zurückspringen. Und zwar ohne dass es jemand merkt! Auf der Zeitspur, auf der gerade gefaselt wird, wird also der, der faselt, lediglich mitbekommen, dass wir höflich dasitzen und zuhören. Er hat keine Ahnung, dass das, was er vor sich hat, lediglich eine Art lächelnder, teilnahmsloser und geduldiger Schatten ist und wir selbst längst über alle Berge sind. Aber wir können blitzschnell zurückkommen. Schneller als ein Blinzeln haben wir die Spur gewechselt und sind wieder eins mit unserem Schatten. Und weil der Schatten alles, was während unserer Abwesenheit passiert ist, gespeichert hat, sind wir sofort upgedatet und können uns ohne Zögern mit einer x-beliebigen Floskel, die sich gerade anbietet, in das Gespräch einklinken.

So war es also möglich, dass ich, während Beo fortfuhr, mir, d. h. meinem Schatten, eine Menge Dinge zu erzählen, um die ich nicht gebeten hatte, in Ruhe und Frieden an einem völlig anderen Ort sitzen und darüber nachdenken konnte, was in den letzten paar hunderttausend Jahren mit dem armen Planeten Erde passiert war. Ein Planet, zu dem ich mit der Zeit (wie gesagt) eine gewisse Zuneigung entwickelt habe. (Besonders, seitdem ich glaube, dass mein geliebter Y hier in Deckung gegangen ist.) Drei Mal hat die Erde einen Besuch (lies: eine Invasion) aus dem Weltall überlebt. Drei Mal! (Das liegt in der Tat weit über dem Durchschnitt, verglichen mit Planeten ähnlicher Größe.) Und die Ironie besteht darin, dass keines dieser Male geplant war. Es ist einfach passiert. Aber das erste Mal war das gefährlichste, ohne Zweifel. Es war ein Schiff von Lyra, dessen Bewohner ziemlich arrogant und blasiert sind (– finden wir Zik-Zaks –). Sie halten sich für eine Art intergalaktische Putzkolonne – mit großen Besenschiffen, die andauernd alles aufräumen und wegfegen, was sie nicht mögen. Als ein solches Schiff (zufällig) die Erde passierte, war der erste Eindruck von den dortigen Verhältnissen weit davon entfernt, vorteilhaft zu sein. Die lyrischen Putzteufel empfanden den Planeten als so verwahrlost, dass es fast schon kriminell war. Und dies war ihrer Meinung nach in erster Linie den Menschen zuzuschreiben (und wer wird ihnen wohl ausgerechnet in diesem Punkt widersprechen?). Sie schätzten die Menschen als unmoralische und nichtswürdige Kreaturen ein, die man lieber ausrotten sollte. Dem Planeten würde es ohne die Einmischung der Zweibeiner zweifellos besser gehen. Andere Lebewesen würden dadurch mehr Möglichkeiten erhalten, sich ihrer Art gemäß zu entwickeln. Die Pflanzenwelt würde gedeihen. Das Meer würde sich erholen. Mit anderen Worten: Her mit der Kehrschaufel! Aber weshalb wurden die Menschen dennoch verschont? Warum wurde der Besen im letzten Augenblick vom Stiel gerissen? Antwort: Sie wurden verschont, weil die Hunde für sie um Gnade gebeten hatten. Habt ihr nicht gehört? Ich habe gesagt: Die Menschen wurden verschont, weil die Hunde für sie um Gnade gebeten hatten. Als die Putzkolonne ein letztes Mal (und um ganz sicherzugehen) die Erde mit ihren sämtlichen Antennen abtastete, stellten sie sie auch auf die Wellenlänge der Hunde ein (etwas, was sie bis dahin offenbar versäumt hatten) und empfingen plötzlich unerwartete, jedoch völlig unzweideutige Signale. Ich meine: Alle anderen hielten die Schnauze. Pferde und Katzen und Kühe und Elefanten. Niemand hatte auch nur im Geringsten etwas dagegen, die Zweibeiner loszuwerden. Die Hunde aber ... ein verzweifeltes, winselndes Spektakel! Habt ihr sie wirklich so lieb? fragte die Putzkolonne ungläubig. Ja! Ja! kläfften die Hunde. Sehr lieb! Auch wenn ihr wisst, dass sie wirklich genau so dumm und gemein sind, wie ihr glaubt? Wuff! antworteten alle Hunde der Welt und wedelten mit dem Schwanz. Und die Putzkolonne zollte ihnen Respekt. Sie ließ die Menschen (unverdientermaßen) am Leben und zog (voller Verwunderung) weiter in Richtung anderer Planeten und Galaxien. Reine Liebe der uneigennützigen Art zählt nämlich zu den seltenen und edlen Erscheinungen im Universum – lediglich bekannt von zehn bis zwölf anderen Orten. (Ein Punkt an Sullik.)

Beo ist etwa um die vierzig. Er ist ein großer, starker und hübscher Junge. Nur möchte ich am liebsten einfach nichts mit ihm zu tun haben.

Das zweite Mal wurden wir von einer Armee kosmischer Bienen überfallen. (Ich sage »wir«, weil es so am einfachsten ist.) Ein riesiger Schwarm, der Bienenstöcke mit mehreren dutzend Kilometern Umfang bildete. Eigentlich verlief dieser Besuch relativ schmerzfrei (wenn wir von all den Stichen in der ersten Zeit absehen, die meist auf reinen Missverständnissen beruhten) – Bienen und Menschen lebten im Großen und Ganzen in friedlicher Koexistenz, und keiner belästigte den anderen mehr als nötig. So ging das genau 97.142 Jahre lang. Dann kamen die Bären. Das war Invasion Nummer drei. Sechs Meter große, honigschleckende Bären aus einer Ecke knapp links von Andromeda. Normalerweise, so sagten sie, waren sie immer dicht an den Bienen dran. So lebten sie. Aber diesmal hatten sich ihre Süßsuchmaschinen länger als gewöhnlich damit zu tun, den Schwarm aufzuspüren. Die Bären hielten in ihren großen, dunklen Höhlenschiffen zwar die meiste Zeit Winterschlaf, aber es war nicht zu verleugnen, dass sie, als sie sich endlich die Augen reiben und nach draußen trotten konnten, heißer auf Honig waren denn je. Selbstverständlich gab es ein Chaos. Der Himmel war mehrere Wochen lang schwarz vor wütend umherschwirrenden Bienen. Und die Bären tapsten durch die Gegend und setzten sich rücksichtslos überallhin. Als der Schwarm endlich weitergezogen und die Teddys ihm brummend gefolgt waren, atmete alles erleichtert auf. Und dann kam die Eiszeit.

Beo, sagte ich. Komm zur Sache. Was kann ich für dich tun – vorausgesetzt, ich habe Lust dazu? Ich habe angefangen, an all die Tiere zu denken, sagte das Kind. An all die Arten, die es nicht mehr gibt. Das ist ganz normal in deinem Alter, sagte ich. Du bist um die vierzig, nicht wahr? Ich hab damals genauso gedacht. Das geht vorüber, glaub mir. (Ich war kurz davor, ihm über die Wange zu streicheln.) Ich will aber nicht, dass das vorübergeht, sagte Beo. Ich will etwas daran ändern! Ja, wollen wir das nicht alle? sagte ich (während ich uns Soja nachschenkte). Und was, denkst du, würde es mich kosten, dass du lieb zu all den armen Geschöpfen sein kannst, die es nicht mehr gibt? (Denn natürlich ging es um Geld. Das tut es jedes Mal, wenn ich ihn treffe.)

Ich wusste gar nicht, dass du Kinder hast, sagte Fredri beeindruckt. Wer ist der Vater? Ein Scheißkerl, antwortete ich. Nimm mich in den Arm. (Zur Orientierung: Das hier passierte auf keiner parallelen Zeitspur, sondern einfach ein paar Stunden später.)

In was war Beo diesmal nur wieder hineingeraten? Ich hätte es an den Tigerstreifen erkennen müssen. Mit so etwas schmücken sie sich gerne. Manche auch mit Leopardenflecken. Oder sie frisieren sich die Haare zu einer Löwenmähne. Die Absicht ist aber immer dieselbe. Wir nennen sie Naturfreaks. Sie wollen demonstrieren, dass sie sich engagieren. Zum Beispiel, indem sie sich an einen Baum binden oder eine Genbank überfallen, um an altes Erbmaterial zu gelangen. Letzteres passiert nicht allzu oft, das gebe ich zu. Die meisten sind ziemlich harmlos. Jedenfalls sind sie Freaks. Viele sogar Graulinge. Das eine folgt oft auf das andere.

Die Gruppe, der sich Beo angeschlossen hatte, hieß JAFET. Der Name sagte mir nicht viel.

Aber wozu brauchte er das Geld? wollte Fredri wissen. Um zwei Krokodile wiederauferstehen zu lassen, antwortete ich. Wer zur Hölle braucht denn Krokodile? fragte Fredri. JAFET, sagte ich. Hörst du nicht zu oder was?

Wenn man so alt ist wie ich, verliert man manchmal etwas die Geduld.

Als Fredri wieder nach Hause gegangen war, lag ich da und dachte an Krokodile. In einem Film habe ich mal gesehen, wie gut sie auf ihre Jungen aufpassen. Sie lagen mit offenen Mäulern am Flussufer, und wenn die Jungen von etwas erschreckt wurden, konnten sie einfach blitzschnell in ein riesiges Maul hineinhuschen und sich hinter den scharfen Zähnen von Mama oder Papa verstecken. Besonders von Papa.

Beo schimpfte mich aus. So wie Kinder eben stets gegen ihre Eltern wüten. Was habt ihr getan? schrie er. Du und deine Generation? Wir waren fast dreißig Mal auf dem Mond, sagte ich. Ist mir einfach so rausgerutscht.

Hat er das Geld bekommen, das er haben wollte? Natürlich hat er es bekommen. Da ich ohnehin Schulden machen muss, um die Fluxumwandlung zu bezahlen, kann ich genauso gut einen etwas größeren Kredit aufnehmen. Weil ich eine gute Mutter bin, nicht wahr? Und ich vertrage keinen Krach.

Um kurz vor elf bin ich wieder aufgestanden. Hab zwei Aspirin genommen und einen langen Spaziergang gemacht. Bis dahin, wo Mulla wohnt. Und das sind fast drei Stationen mit der Bahn. (Die ist am Abend nicht sicher.) Hab unten geklingelt. Niemand antwortete. Bin aber trotzdem ins Treppenhaus gekommen. Hab den Fahrstuhl genommen. Stand vor ihrer Tür. Lange. Ich konnte Sullik drinnen fiepen und winseln hören. Wieder draußen auf dem Gehsteig zählte ich die Fenster bis zu ihrem hoch. Es war dunkel. Kein flimmerndes blaues Licht wie in den anderen Wohnungen. Aber ich bildete mir ein, immer noch Sulliks Gewinsel hören zu können. Ich habe es auch den ganzen Weg nach Hause gehört. Wie lange kommt der kleine Knirps wohl alleine klar? Ich bin jedenfalls nicht dafür verantwortlich.

Ich zerreiße. Immer öfter. Das, was ich geschrieben habe. Beinahe jeden Abend.

ABER VOR ALLEM

»… der war so vornehm, dass, wenn jemand, der geringer war als er, mit ihm zu sprechen oder ihn um etwas zu fragen wagte, er weiter nichts erwiderte als: ›P!‹ Und das hat nichts zu bedeuten.«

H. C. ANDERSEN: Die Nachtigall

Ich unterzog mich der Chipkontrolle während der Arbeitszeit. Darauf habe ich Anspruch. Saß in einer kleinen blauen Zelle und sprach mit einem Spiegel. Die Fragen waren genauso leicht, wie ich sie in Erinnerung hatte. Zum Schluss ging ich noch durch eine Trommel. Und das war alles.

Auf der Arbeit hatte ich heute Probleme mit einer Handlung. Ich nannte sie Abendstunde der Erde. Und es war beabsichtigt, dass sie ein wenig bitter und sonderbar sein sollte. Aber der Rechner protestierte. Fand keine passende Schablone. Und wollte eine neue anlegen. Aber ich machte einfach weiter. Ich sagte, dass alles in einer Welt spielen sollte, in der akuter Mangel an Nahrung und anderen Ressourcen herrschte. Deshalb hatte man die Städte mobilisiert. Riesige Metropolen, die wie gigantische Gürteltiere langsam durch die Gegend rollten. Sie sammelten Nahrung, pumpten das Grundwasser ab, förderten Metalle – und zogen weiter. Immer in Bewegung. Und hinterließen eine Spur notwendiger Gewalt und sorgfältig berechneter Zerstörung. Die Hauptfigur ist eine Frau, die eine Ausbildung zur Pilotin für eine solche Stadt macht. Sie kommt aus einer guten Familie und hat alle Möglichkeiten, ein reiches und sinnerfülltes Leben zu führen. Dann aber verliebt sie sich Hals über Kopf in einen Wilden, der außerhalb wohnt – in einer primitiven Gemeinschaft, die die Stadt gerade im Begriff ist zu überrollen. Er ist Jäger und Fischer und ähnelt keinem von denen, die sie gewöhnlich um sich herum sieht. Gemeinsam verlassen sie alles, was sie kennen, und reiten (auf echten Pferden) in den Sonnenuntergang, um nach der letzten Stadt der Welt zu suchen, die noch vollkommen stillsteht – eine Märchenstadt, die sich irgendwo weit, weit im Westen hinter einer himmelhohen Dornenhecke verbergen soll – und über die wunderliche Reimlieder gesungen werden. Wir waren bis genau zu dieser Stelle der Handlung gekommen, als der Rechner Alarm schlug und es der Redaktion meldete. Zum Glück war es Sasch, die kam. P, sagte sie und schüttelte den Kopf. Was hast du dir da nur wieder ausgedacht? Du weißt genau, dass sich so etwas nicht verkauft. Wieso nicht? fragte ich. Jedenfalls nicht hier bei uns, sagte Sasch. Aber du hast gerade erst eine Fluxumwandlung hinter dir. Vielleicht ist es deshalb. Sie sah mich an. Außerdem solltest du einen dezenteren Lippenstift benutzen. Das würde dir besser stehen. Ich versuchte, sie anzulächeln. Ist sonst noch etwas passiert? fragte sie plötzlich. Etwas, das du mir gerne erzählen möchtest? Und dann brach einfach alles aus mir heraus. Über Mulla und Sullik und Beo und überhaupt und sowieso. Dass ich mich einsam und dumm fühlte, ich bald auch keinen Bleistift mehr hatte und dass es nahezu unmöglich war, einen neuen zu bekommen, denn das hatte ich schon probiert. Und Sasch hielt mich vorsichtig im Arm und streichelte mir sanft übers Haar. Genau wie damals. Denk an deine Augen, flüsterte sie. Aber ich schaffte es nicht, die Tränen zurückzuhalten. Ich verstehe nicht, wie ich in letzter Zeit so weinerlich werden konnte. Wahrscheinlich nehme ich einfach zu wenig Vitamine.

Genau neben meiner Arbeitsstelle ist heute ein Unfall passiert. Zwei Jugendliche sind aus der Bahn gefallen. Siebzig Meter tief. Jemand hat gesagt, sie seien gesprungen. Nicht mehr viel übrig von den beiden. Aber die Sanitäter haben sich natürlich um das gekümmert, was noch zu gebrauchen war.

Es war ein herrlicher Frühlingstag, eine grüne Fahne in der Luft, also legte ich einen Großteil meines Nachhauseweges zu Fuß zurück. Ich brauchte Bewegung. Die Oberschenkel fühlten sich schlapp an. Und dem Bauch würde ein wenig Kräftigung auch nicht schaden.

Fredri wurde natürlich stinksauer, als ich ihm von Sasch erzählte. Ich zog ihn damit auf, dass er eifersüchtig sei, was ihn beinahe zur Weißglut brachte. Eine Zeit lang war das richtig amüsant. Allmählich wurde er aber persönlicher (und lauter), als mir lieb war. Du hast keine Augen im Kopf, schrie er. Du bist blind für alles, was um dich herum passiert. Das sagt genau der Richtige, antwortete ich – denn mal ehrlich, Fredri, du mit all deinen Bildschirmen und Digis! Er verstand die Anspielung aber nicht. Ganz im Gegenteil. Jetzt wurde er erst recht ungenießbar. P, sagte er und atmete schwer. Die meisten flüchten sich in irgendetwas. Ich mache das selbst oft. Aber bei dir ist es geradezu umgekehrt. Du lebst ja dort – in deiner Traumwelt! Und nur ganz selten kommst du – allergnädigst – heraus und sagst uns anderen für ein paar Minuten hallo. Bevor du wieder verschwindest. Du gibst immer so damit an, dass du so gut wie nie einen Schirm oder eine Brille benutzt. Aber die brauchst du ja auch gar nicht! Du bist ja so entrückt, dass du nicht einmal mehr fähig bist, zu erkennen, wer deine wahren Freunde sind und vor wem du dich lieber in Acht nehmen solltest. Harter Tobak, nicht wahr? Und nicht gerade der schnellste Weg zum Unterleib einer Frau. Fredri, sagte ich. Go fuck yourself! Subtext: Bei mir ist nichts mehr zu holen. Und ich beschloss, Sunne anzurufen und einen Termin zu vereinbaren. In einem Anfall zärtlicher Albernheit hatte ich das mit meinen Brüsten ein wenig aufgeschoben – weil Fredri so begeistert von ihnen war. Aber jetzt ist Schluss. Morgen werde ich Sunne bitten, sie zu richten.

Danach fuhr ich direkt zu ALTE ZEITEN. Konnte mir nicht mehr als zwei Stunden leisten. Brauchte aber einen Ort, an dem ich atmen konnte.

Im Schlosspark war es still und friedlich. Ich saß auf Abelhaug und blickte über Ring 3. Schaffte es sogar, einen ganzen Sommer und ein bisschen Herbst mitzubekommen, bevor meine Karte zu piepsen anfing. Merkwürdig – aber ich war diesmal in keinem einzigen Geschäft (man muss am Ausgang zwar ohnehin alles wieder abgeben, nicht wahr, aber ich hielt es dennoch immer für ein unterhaltsames Spiel, alte Kleider anzuprobieren und so etwas). Und Leda mit dem Schwanenhals? Ich konnte mich einfach nicht dazu aufraffen, herumzulaufen und sie zu suchen.

Ungefähr auf Höhe des Parlaments (auf dem Weg zum Ausgang) spielten zwei sieben- oder achtjährige Kinder Kästchenhüpften (eines dieser Spiele, die man hier so spielt). Ich blieb stehen und schaute eine Weile zu. Man merkte überhaupt nicht, dass es keine Menschen waren. Ich sprach einen der beiden an. Fragte, wie er heißt. Als ich ihm über die Wange strich, war sie genauso weich und warm wie richtige Haut. Alles ist so perfekt hier drin. Alles in ALTE ZEITEN ist haargenau, wie es damals war. Ich erinnere mich noch gut an den Moment, als ich plötzlich begriff, dass hier alle unter zwölf Maschinen sind. Wir rehabilitieren keine Kinder, sagte Vater.

Schon seltsam, wie sich einzelne Sätze einprägen. Und einzelne Bilder. Aber das ist auch alles, was ich habe. Ich frage mich oft, wie sich andere nach so vielen Jahren an sich selbst erinnern.

In der Bahn nach Hause war ein Kerl, der die ganze Zeit versuchte, sich an mich zu drücken. Ich ließ mir nichts anmerken. Der Wagen war schließlich zum Bersten voll, nicht wahr. Und es roch nach Schweiß und Pisse. Jetzt hätte ich eine Brille brauchen können. Stattdessen stieg ich eine Station früher aus.

Es ist jemand Neues in den Häuserblock eingezogen. Ein kleiner glatzköpfiger Mann. Um die vierzig. Oder tut zumindest so. Ein Grauling, soweit ich weiß. Oder vielleicht mag er es einfach, so herumzulaufen. Einer von der höflichen Sorte, der den Damen die Tür aufhält und sie zuerst in den Aufzug steigen lässt. Ich merke, dass er versucht, Augenkontakt mit mir herzustellen. Aber vielleicht ist er zu allen so.

Ich machte Abendessen. Eine Dose Nudeln mit Kraftperlen. Und Erbsenkaffee. An der Wand sang eine Boygroup von einem Pärchen, das sich einst geliebt hatte und dann getrennter Wege gegangen war und sich deshalb nun ganz fürchterlich vermisste. Das Übliche. Das einzig Originelle war, dass sie auf Englisch sangen.

Ich weiß nicht, was mich damit verlinkt hat, aber plötzlich musste ich an das Digi aus Svartskog denken, das, in dem Mama sagt: Stell dir nur mal vor, wie weit wir es gebracht haben. Ich habe das immer als positiv empfunden – dass sie es voller Bewunderung über den Fortschritt sagt, über alles, was seit ihrer Jugend passiert ist, usw. (Denn so reden ja viele.) Jetzt aber ging mir auf, dass sie es eher traurig und enttäuscht sagt. Und da wirkt das Digi doch gleich ganz anders, nicht wahr? Und außerdem … all die alten, flachen Stillbilder (kleine pixelige Plastikplättchen), über die wir auf dem Sofa sitzend lachen … was zeigen die eigentlich? (Ich meine: Abgesehen von dem einen, über das wir sprechen, auf dem ich ein Cap und Jeans trage und die Zunge herausstrecke.) Seltsam, dass ich noch nie auf den Gedanken gekommen bin, sie mir genauer anzuschauen, obwohl ich dieses Digi doch schon so oft habe laufen lassen. Aber mir hat es immer völlig ausgereicht, Mama anzusehen – und ich selbst zu sein. Zur Entschuldigung könnte auch gesagt werden, dass wir die Plättchen ziemlich schnell durchblättern (wir drehen den Stapel mehrmals um) und dass die Schleife nur etwas über vier Minuten dauert. Und dennoch: Weshalb unterhalten wir uns lediglich über dieses eine? (Um die Wahrheit zu sagen, wirkte der Rest immer nur wie ein grauer, flimmernder Nebel. Bis jetzt.) Mulla hätte sofort gewusst, wie man sich heran- und wieder wegzoomt. Sie hätte jeden einzelnen Frame für mich aufgemöbelt und in was auch immer konvertiert. In Notime. (Es sind, alles in allem, acht Bilder – ich habe sie jetzt gezählt.) Aber Mulla ist nicht hier. Und Fredri möchte ich nicht fragen.

Vielleicht sollte ich wieder einen meiner alten Namen annehmen. Irgendwie fühle ich mich nicht mehr wie P.

NAMENSTAG

»Wenn wir schon nicht selbst denken können,
können wir zumindest zitieren.«

LUDWIG WITTGENSTEIN

Ich ließ Sasch entscheiden. Das schmeichelte ihr. (Und das war ja auch der Sinn der Sache.) Sie sagte, dass sie heute Abend darüber nachdenken wolle – und dann könnten wir vielleicht gemeinsam zu Abend essen? (Sasch verdient eine Menge und kann es sich leisten, einen auszugeben. Das weiß ich noch sehr genau.)

Ich brauchte mehrere Stunden, bis ich mich entschieden hatte, was ich anziehen wollte. Fand endlich eine weiße Bluse mit Spitzenkragen und einen grauen, knielangen Faltenrock. Sasch hatte immer schon eine Schwäche für nostalgische Kleider. Ich schminkte mir die Augen groß und grün. Legte eine doppelte Jadekette um den

Hals. Und malte einen schwarzen Maori-Kringel auf meinen linken Nasenflügel, so wie ich es früher bei den jungen Mädchen gesehen habe.

Ich nahm ein Taxi, damit meine Haare nicht zerzausten.

Das Restaurant, das sie ausgesucht hatte, lag in einer Gegend, in der ich nur sehr selten bin. Weil die Geschäfte hier ganz einfach zu teuer sind. Schon ein Glas Soja in einer der kleinen Eckbars kostet so viel wie eine komplette kleine Mahlzeit in einem der Lokale, die ich normalerweise besuche (mal ganz davon abgesehen, dass ich kaum noch ausgehe). Aber ich weiß sehr wohl: Man muss hier verkehren, wenn man etwas zählen will.

Sasch hatte einen Tisch im BLAUEN TURM für uns bestellt. Das ist ein rotierendes Restaurant auf der Spitze eines dreißigstöckigen Gebäudes, in dem sich die Aussicht stetig verändert. Wir begrüßten uns mit Wangenkuss, und ich ließ Sasch das Menü aussuchen. Auf dem Tisch standen echte Blumen. Und das Tischtuch war so weiß, dass ich an Beerdigungen denken musste. Während der Vorspeise (Avocado mit japanischem Rogen) sprachen wir hauptsächlich über die Arbeit – über nicht-elektronisches Papier, für das wir beide eine Schwäche haben, aber wie lange werden wir das noch benutzen dürfen? – und sie lachte über mich, weil ich zugab, dass ich so romantisch war, in unbeobachteten Momenten einen Bleistift zu benutzen. Wir sind schon zwei alte Schachteln geworden, wieherte sie vor Lachen. Aber ich beeilte mich natürlich, ihr zu widersprechen. Du siehst keinen Tag älter als dreißig aus, sagte ich. Und dabei habe ich nicht einmal gelogen. Denn Sasch hält sich wirklich unglaublich gut. Besonders, wenn man bedenkt, dass sie wahrscheinlich auf die hundertfünfzig zugeht. Groß, schlank und blond. Ihr kurzgeschnittener Bubikopf betont den Hals und die Form ihres Kopfes. Ihre Haut ist weich und glatt, von ein paar sorgfältig platzierten Lachfalten abgesehen, die ihre Mandelaugen nur noch aufregender erscheinen lassen. Kurz vor dem Hauptgericht (Calamares Romana) lehnte sie sich plötzlich nach vorn und fasste mir an die Brüste. Du hast Recht, sagte sie. Sie sind viel zu groß. Dann lächelte sie eines ihrer Wolfslächeln und bot mir an, mich gratis von ihrem eigenen Kosmetologen behandeln zu lassen. Um uns beiden eine Freude zu machen, wie sie sagte. Und darauf stießen wir an (mit trockenem Weißwein). Ich versuchte zu erröten, bekam es aber nicht so ganz hin. Gleich darauf gab sie mir meinen neuen Namen. Pi, sagte sie. Ich glaube, das steht dir. Und wir entfernen uns damit auch nicht allzu weit von dem, was du gewohnt bist. Danach stießen wir auf meinen Namenstag an, der es ja jetzt quasi war. Und nach dem Hauptgericht stießen wir so oft miteinander an, dass wir eine neue Flasche bestellen mussten. Die ganze Zeit über drehte sich das Restaurant langsam um sich selbst. Wir konnten die große, sternenübersäte Kuppel von ALTE ZEITEN sehen, konnten Teile des Zentrums und manchmal sogar den Holmenkollen erkennen. Es war unglaublich schön. Ich wusste, das Sasch dort Aktien besaß. Sie war von Anfang an dabei gewesen. Und dann stießen wir auch darauf an. Unsere größte Sehenswürdigkeit, sagte Sasch. Eine Geldmaschine ohnegleichen. Und stell dir nur mal vor, wie es auch hätte laufen können. Die Stadt war ja kaputt. Verschmutzt und verpestet. Genau wie viele andere Großstädte auch. Unmöglich, sie verantwortungsvoll und wirtschaftlich zu betreiben. Völlig sinnlos, weiter daran herumzuflicken. Was haben wir also gemacht? Sasch lachte so sehr, dass sie beinahe das Glas umwarf. Nichts haben wir gemacht! War sie nicht auch eben erst bombardiert worden? fragte ich vorsichtig. Ja, antwortete Sasch. Der fünfte europäische Fernkrieg. Das hat uns ja überhaupt erst auf die Idee gebracht und alles möglich gemacht. Genau wie in Kassel oder York. Stell dir nur mal vor, wie es hier ausgesehen hat – inzwischen war es ja sogar gefährlich, draußen überhaupt nur zu atmen. Als wir also den neuen langfristigen Kommunalplan vorlegten, hat sich niemand getraut aufzumucken. Wir haben das

Zentrum ganz einfach entvölkert. Alle umgesiedelt. Natürlich haben wir ihnen geholfen. Aber weg mussten sie. Und dann – nach einer Weile – es hat einige Jahre gedauert, daran erinnerst du dich sicherlich – haben wir frisches Kapital gesammelt und die Stadt umgebaut, das Zentrum und ein paar ausgesuchte Ecken wiedererrichtet und zu dem gemacht, was du heute siehst: einem Erlebnispark der Sonderklasse. Eine Attraktion sowohl für Norweger als auch für zugereiste Besucher. Nein, sagte ich … (und dachte angestrengt nach) … eigentlich kann ich mich an nichts dergleichen erinnern. Ich weiß, dass es so gewesen ist, wie du sagst. Und ich weiß, dass ich dabei war. Denn ich muss ja mindestens neun, zehn Jahre alt gewesen sein, als wir nach Svartskog gezogen sind. Aber ich habe keinerlei Erinnerung an die Zeit davor. Nicht die leiseste Ahnung, wo wir gewohnt haben. Und wir haben auch nie davon gesprochen. Mama und Papa haben unsere alte Adresse kein einziges Mal erwähnt. Ziemlich merkwürdig, oder? Ich warf den Kopf vor und zurück und hielt mir die Stirn. Denn ich fühlte, wie es dahinter zu vereisen begann. Ungefähr so, wie wenn man etwas Kaltes viel zu schnell gegessen hat. Aber Sasch lehnte sich über den Tisch und küsste mich. Entspann dich, Pi, sagte sie. Denk an etwas anderes. Es war mein Fehler, Liebes. Komm, wir reden über etwas anderes. Aber das half auch nicht, und ich kam nicht umhin, mich etwas unwohl zu fühlen. Nicht einmal das Dessert schaffte ich, obwohl es Erdbeeren aus Italien gab. (Das Allermerkwürdigste aber erwähnte ich nicht. Denn plötzlich war ich mir nahezu sicher, dass Sasch und ich genau diese Unterhaltung schon einmal geführt hatten. Das wäre ja auch völlig natürlich gewesen, oder nicht? Nur dass ich es total vergessen hatte – bis gerade eben. Und das war ganz und gar nicht natürlich …)

Ich ging mit zu ihr nach Hause. Die Übelkeit legte sich schnell wieder, als wir erst einmal draußen waren. Ihre Wohnung sah ungefähr genauso aus, wie ich sie in Erinnerung hatte. Wie lange war das her? Bald siebzig Jahre? Wir lachten ein wenig darüber.

Aber ich konnte sehen, dass es ihr tatsächlich etwas peinlich war. Sie wollte, dass ich für sie tanzte. Und mehr passierte nicht. Sasch hat Stil, das muss man ihr lassen. Du bist jederzeit herzlich willkommen, sagte sie, als ich ging. Aber ich glaube, es ist zu früh, dich zu bitten, hier zu bleiben, nicht wahr? Ich nickte und versuchte, schüchtern auszusehen. So, wie es das Rollenspiel von mir verlangte. Aber kurz bevor sich die Tür schloss, rief sie mich plötzlich zurück. Meine Liebe, sagte Sasch, da hätte ich doch glatt dein Geschenk vergessen. Aus einem Kämmerchen in der Diele holte sie einen grauen Plastikkorb hervor. Bitte schön, sagte Sasch und lächelte wieder ihr Wolfslächeln. Alle meine Mädchen bekommen Geschenke. Und das hier ist für dich. Du hast dir doch solche Sorgen gemacht, wie es mit dir weitergehen soll, wenn ich dich recht verstanden habe … Wuff, machte das jämmerliche kleine Geschöpf in dem Korb. Und noch bevor ich eigentlich richtig verstand, wie mir geschah, saß ich im Taxi – mit Sullik auf dem Schoß.

Je näher wir meiner Wohnung kamen, desto dunkler wurden die Straßen. Am Ende gab es nicht einmal mehr eine einzige Laterne. Ich versuchte, mich ein wenig mit dem Fahrer zu unterhalten (wie man es eben so macht), begriff aber schnell, dass er mich nicht mochte, und gab es auf. Stattdessen dachte ich an Mulla. Sie arbeitet nicht mehr bei uns, hatte Sasch gesagt. Ja, aber was ist mit ihrer Wohnung? fragte ich. Gehört dem Betrieb, antwortete Sasch. Und der Welpe? fragte ich. Den hat sie dagelassen, sagte Sasch. Zu mehr hatte es nicht gereicht, bevor das Taxi draußen hupte. Morgen aber werde ich noch mal nachhaken.

Welche Angst hat die schärferen Klauen: die vor dem Unbekannten oder die Angst davor, zu viel zu wissen?

Fredri war noch wach, als ich nach Hause kam. Er kam auf den Gang hinausgenuschelt. Völlig besoffen und unzurechnungsfähig.

Mit dreckigem Hemd und offenem Hosenstall. Zwei alte Weiber seid ihr, schrie er. So alt, dass es fast schon zum Kotzen ist. (Er erriet, wo ich gewesen war.) Und wer passt auf, dass ihr nicht von Onkel Alzheimer geholt und euer Hirn in Gemüse verwandelt wird? Wem habt ihr euer funktionierendes Kurzzeitgedächtnis zu verdanken und dass immer noch Licht im Oberstübchen brennt? Er schlug sich an die Brust und rollte mit den Augen. Und unser täglich Enzym gib uns heute, grölte er. Und wurde auf einmal völlig ernst. Weißt du, wo wir das herbekommen? flüsterte er. (Er kam ganz nah an mich heran, und ich bemerkte den sauren Geruch von billigem Shangri.) Wir extrahieren es aus der Milch von Säugetieren, die gerade erst Junge bekommen haben. Das gibt einem doch zu denken, oder? Der einzige Grund, dass ihr Greise und Fossile einen klaren Kopf bewahren könnt, ist der, dass ihr eure Gedanken jeden Tag in Muttermilch baden dürft!

Ich habe Fredri eigentlich nie gefragt, wovon er so lebt. Wusste lediglich, dass er zuhause sitzt und online arbeitet. Wer hätte geahnt, dass er für so etwas Wichtiges wie die Zufuhr von Colostrinin ins lokale Trinkwasser verantwortlich sein könnte?

Aber er wurde fast schlagartig nüchtern, als er – endlich – den Korb mit Sullik entdeckte. Mullas Hund? fragte er und versuchte, seine Hand zu ihm hineinzustrecken. Es schien, als würden sich die beiden wiedererkennen. Manche Menschen verschwinden ganz einfach, sagte Fredri traurig, während er dahockte und den Welpen seine Finger abschlecken ließ. Das passiert andauernd … Dann seufzte er schwer und richtete sich wieder auf. Am besten, du überlässt ihn mir, sagte Fredri und stopfte den Hemdzipfel in die Hose. Ich war völlig baff. Aber er meinte es ernst. So'n Kleiner braucht jemanden, der ihn liebhat, sagte Fredri ernst. Und als er die Hände ausstreckte … war etwas in seinen Augen, das … ja, ich konnte gar nicht anders, als ihm den Korb zu geben. Ich meine: Eigentlich mache ich mir ja nichts aus Hunden. Und wenn Fredri doch so gerne wollte, oder etwa nicht? Das Erste, was er tat, war, den Korb zu öffnen. Der kleine Knirps tapste heraus, sah uns an und wedelte mit dem Schwanz. Schnüffelte ein wenig an unseren Beinen. Hockte sich an die Wand und tat das, was ich nicht leiden kann, wenn es Hunde hier im Treppenhaus tun. Das schien mir der geeignete Augenblick zu sein, mich in meine Wohnung zurückzuziehen.

Morgen werde ich Fredri fragen, woran er sich erinnert – und ob es etwas gibt, das er vergessen zu haben glaubt.

Heute Nacht hatte ich einen merkwürdigen Traum. Ich träumte von damals, als Vater und ich den Ameisenhügel zertreten haben. Aber plötzlich waren wir nicht mehr wir selbst. Wir waren Riesen – gewaltige Wesen, die mit ihren Köpfen an die Wolken stießen. Wir betrachteten die winzig kleinen Menschen unter uns wie eine primitive Art von instinktgeleiteten »Stockbauern« – auf einer Ebene mit Bienen, Ameisen und Korallen. Und weil wir uns an diesem Tag langweilten und nichts Besseres zu tun hatten, liefen wir durch die Gegend und zertraten so viele Städte, wie wir finden konnten.

WER WEISS, OB SIE NICHT Y IST?

»There is a crack in everything / That's how the light gets in.«

LEONARD COHEN: Anthem

Bevor ich die Bahn zur Arbeit nahm, schaute ich noch schnell in einem kleinen Laden vorbei, wo man sich mit Digis und solchen Sachen auskennt. Dort im Hinterzimmer sitzen zwei alte Hacker, die das

Meiste wieder hinbekommen. Ich bestellte einen Ausdruck von jedem Bild (– ich meine von der Digi aus Svatskog, nicht wahr).

Ich hab's mir anders überlegt. Will im Verlag doch niemanden wegen Mulla fragen. Besser, sich in nichts hineinziehen zu lassen. Ich meine … ich habe mich immer aus allem, was auch nur im Entferntesten nach Politik aussieht, herausgehalten. Und da war etwas in Saschs Stimme, das nichts Gutes verhieß. Für Mulla, meine ich.

An der Rezeption wurde ich besonders freundlich begrüßt. Hatten sicher schon von gestern gehört. Bei SYMPOSIUM wissen wir alles übereinander. Und das, was wir nicht wissen, dichten wir uns zusammen. Gehört gewissermaßen zum Job.

Mein Rechner wurde überholt. Jedenfalls standen da zwei Mädchen in blauen Overalls und schraubten daran herum. Was kaputt? fragte ich. Reine Routine, antworteten sie. Nur der übliche Check. Üblich? sagte ich. Hier war schon seit Jahren keiner mehr! Dann war es wohl höchste Zeit, dass wir vorbeigeschaut haben, sagte die eine – und machte leise Knallgeräusche. Und wenn du uns nicht weiter störst, sind wir auch gleich wieder weg, sagte die andere. Auch sie kaute Kaugummi.

Tatsächlich dauerte es jedoch fast den ganzen Tag. Ich hatte gehofft, eine Handlungsskizze aus dem 3v-Milieu fertig zu bekommen, schaffte es aber nicht. Jetzt liege ich schon zwei Tage hinter dem Plan. Normalerweise bedeutet das eine Gehaltskürzung. Rechne aber damit, dass Sasch das regeln wird. Und für heute kann ich ja nichts. Ich habe mich nach ihr umgesehen, als ich in der Kantine war. Vielleicht arbeitet sie von zuhause aus. Ich weiß, dass sie oft Heimarbeitstage einlegt, wenn sie etwas zügig erledigen möchte.

Jedenfalls hatte ich genug Zeit, um zu METHUSALEM zu gehen. Das ist immer noch das beste Reformhaus (ich bin oft zusammen mit ein paar Kollegen dort). Manche versuchen es auch bei HOLGER, aber METHUSALEM hat tausendmal mehr. (Tomasinen zum Beispiel – eine Kreuzung aus Tomaten und Apfelsinen, der letzte Schrei.) Schon viel zu lange her, dass ich etwas gekauft habe, was laut meinem Chip »Persönliche Individualkost« ist. Eigentlich sollte man damit nicht zu nachlässig sein. Ich meine: Es ist phantastisch – sie müssen einfach nur eine Blutprobe von dir nehmen und können dir sofort sagen, was du gerade essen oder besser nicht essen solltest. Ich meine: Natürlich erst, nachdem sie Rücksprache mit deinem Chip genommen haben, um Erbkrankheiten und den ganzen Kram abzuchecken. Ich meine: Mal ganz abgesehen davon, dass Ärzte sowieso alles Mögliche wieder hinbekommen, kann es bestimmt nicht schaden, selbst ein wenig nachzuhelfen.

Ich saß gerade in der Bahn, als sich die Königin direkt einklinkte. (Schon wieder!) Ich meine: Es wird doch nicht schon wieder Wahl sein? Hatten wir nicht gerade erst eine? Glaube nicht, dass jemand Lust hatte, zuzuhören. Jedenfalls weiß ich, dass Y nicht zugehört hat. Y ist zu sehr damit beschäftigt, dem leisesten Gezwitscher zu lauschen (– um einen lustigen Ausdruck aus der Zeit zu gebrauchen, als es überall noch Vögel gab). Er antwortet auf keines meiner Signale und Rufzeichen. Und ich verwende nicht nur die übliche Zik-Zak-Ausrüstung. Ich habe sämtliche Peilgeräte der Welt ausgeliehen. Sowohl kalte als auch warme Suchläufe durchgeführt, aber es ist vollkommen unmöglich, Kontakt mit ihm aufzunehmen. Warum also sollte es die Königin leichter haben? Und wenn wir gerade schon von Gezwitscher reden – es sind genau solche Ausdrücke, die die Maschine beseitigen will und die ich in den Büchern fast überhaupt nicht mehr wiederfinde. Aber mein Name steht ja auch nicht drauf. Da steht einfach Stella Shu oder Maia Kuno. Oder irgendetwas anderes, von dem die Marketingabteilung glaubt, dass es sich verkaufen wird. (Sie führen jeden

Monat große Leserumfragen durch, welche Namen sich »am besten« anhören.) Eigentlich wissen nur die, die mich kennen, dass ich auch an der Produktion beteiligt bin. Schon seltsam, das mit diesen alten Worten und Redewendungen. Hab mich mit Mulla manchmal darüber unterhalten. Sie verschwinden, nicht wahr? Sieht so aus, als ob sie alle einfach vergessen würden. Und das ist schade. Ja, sagte Mulla, das ist schade. Sie war völlig meiner Meinung. Räumte allerdings ein, dass sie auch vieles vergäße. Erinnerte sich jedenfalls nicht mal an halb so viele Redensarten wie ich. Kam aber wieder drauf, wenn ich sie ihr laut vorsagte. Wir hatten bei unseren Mittwochstreffen oft eine Menge Spaß damit – auf dem Diwan liegen, Krabbenbutterbrote essen und versuchen, uns an alte, merkwürdige Worte zu erinnern.

Fredri war nicht zuhause. Zumindest antwortete niemand, als ich klingelte. Ging wahrscheinlich gerade mit Sullik Gassi. Wäre aber schön gewesen, ihn dabeizuhaben. Dann wären wir zumindest zu zweit gewesen. Es ist nämlich das eine, auf der Arbeit die Klappe zu halten, aber ich hatte natürlich nicht im Traum daran gedacht, Mulla so ohne weiteres aufzugeben. Und wenn man's genau nimmt, so sagte ich zum Spiegel im Aufzug, wer sagt denn, dass Mulla nicht Y ist – ich meine: tatsächlich? Ich meine: Vielleicht ist es ja wirklich so einfach? Ich, die ich schließlich jeden Tag über Liebe schreibe, sollte doch nun wirklich ein bisschen Ahnung davon haben. (Und trotzdem bin ich früher nie auf den Gedanken gekommen.)

In der Wohnung lebte jemand anderes. Genau wie Sasch gesagt hatte. Ich brauchte nicht einmal nach oben zu gehen. Ein Blick aufs Klingelschild hatte gereicht.

Danach fuhr ich nach Kolbotn. Es war weit und unwegsam, aber ich tat es – weil mir nämlich plötzlich eingefallen war, dass … ja, nicht wahr? Und auch wenn sich dort draußen viel verändert hatte (und nicht zum Besten), fand ich erstaunlicherweise ohne Probleme zu dem kleinen, ungepflegten Lagerplatz. Aber ihr Wagen war nicht mehr da. Stattdessen standen dort an die zehn, zwölf andere Wohnwagen (keiner davon in fahrbereitem Zustand, glaube ich) – im Halbkreis um eine Feuerstelle herum. Aber nicht der, nach dem ich suchte. Ich fragte ein paar dieser Graulinge. Aber keiner wollte mit mir sprechen. Wenn sie überhaupt etwas antworteten, war es lediglich ein Ja oder Nein, ein Nicken oder Schulterzucken. Wahrscheinlich roch ich schon von Weitem nach Fluxumwandlung. Es war jedenfalls deutlich, dass ich keiner von ihnen war. Und alle kümmerten sich um ihre eigenen Angelegenheiten und taten so, als wäre nichts. Hackten Holz, passten auf das Feuer auf, rührten Brei, backten Brot, wuschen Kleider – und lauter so Sachen, wie sie Graulinge und Naturfreaks auf ihre eigene, unbegreiflich umständliche Art und Weise eben machen. (Sie trinken nicht mal normales Wasser, ohne es vorher zu kochen und zu filtern. Wundert mich nicht im Geringsten, dass ihnen nie langweilig wird!) Nach einer Weile bemerkte ich jedoch einen kleinen Jungen, der mir folgte – vorsichtig und mit Abstand. Also setzte ich mich auf einen Stein (bedeckt mit Moos und Müll) und tat so, als ob ich etwas in meiner Handtasche suchte … und beobachtete, wie er sich immer etwas näher heranwagte. Schließlich stand er nur noch fünf Meter von mir entfernt, schlenkerte mit den Armen und wusste nicht so recht. Ich tu dir nichts, sagte ich. Er antwortete nicht. Auch wenn man ihm deutlich anmerkte, dass er so neugierig war, dass er fast geplatzt wäre. Ich beiße nicht, sagte ich und lächelte ihn an. Er gab immer noch keinen Laut von sich. Und als ich ihn fragte, wie er hieß, drehte er sich mit einem Mal um und rannte weg. Er darf nicht mit Fremden sprechen, sagte eine Stimme hinter mir. Ein Mann tauchte aus den Büschen auf. Ein breitschultriger Kerl mit Tränensäcken unter den Augen und einem gewaltigen Schnurrbart. Bist du sein Vater? fragte ich. Und wenn's so wäre? antwortete der Grauling. (Normalerweise machen mich Väter, die sich um ihre Kinder kümmern, total an.

Aber dieses Exemplar hier war irgendwie nicht so ganz mein Typ.) Ich bin hier, weil ich nach einem Freund suche, sagte ich. Der Grauling nickte und zwirbelte nachdenklich seinen Schnurrbart. Was, glaubst du, bezahlen sie den Amerikanern, damit sie die ganze Zeit ein Auge auf uns haben? sagte er und deutete mit dem Finger in die Luft. Ich mach mir nichts aus Politik, antwortete ich – völlig automatisch und fast wie der Köter von wie-auch-immer-er-heißen-mag. Ich mir auch nicht, sagte der Grauling. Und das Gleiche gilt auch für den Satelliten da oben. Der interessiert sich auch nicht für Politik. Er sieht nur das, was er sieht, und hört das, was er hört. So hab ich noch nie darüber nachgedacht, sagte ich zahm (denn das hatte ich wirklich nicht). Also, auch wenn weder du noch ich etwas zu verbergen haben, hat keiner von uns beiden sonderlich große Freude daran, zusammen gesehen zu werden, sagte der Grauling. Sind hier alle so freundlich und hilfsbereit? fragte ich. Ich hatte jetzt wirklich genug von ihm. Ich stand auf, klopfte mein Kleid ab, machte mich bereit zu gehen. Wie sieht sie denn aus, deine Freundin? fragte er auf einmal. Wer sagt denn, dass es eine »Sie« ist, knurrte ich zurück. Sie ist jedenfalls nicht mehr da, sagte der Mann. Danke, sagte ich, ich glaube, das hab ich auch schon mitbekommen. Und dann wollte er mir – diese Graulinge sind schon echt was komisch, dachte ich – zum Abschied plötzlich die Hand geben. Lebewohl, Lebewohl, sagte ich, als er mir die Finger zusammenquetschte. Dann aber fühlte ich, dass er versuchte, mir gleichzeitig einen kleinen Stoffetzen zu geben. Und instinktiv verstand ich, dass das Absicht war und ich mir nichts anmerken lassen und ihn mir erst dann ansehen sollte, wenn ich schon ganz weit weg war. Erst als ich wieder in der Bahn saß, wagte ich, ihn hervorzuholen. Auf dem kleinen, gelben Stück Stoff stand etwas mit schwarzer Tinte geschrieben. Da stand: ARARAT. Nur dieses eine Wort. Nichts weiter.

Fredri sah mich überrascht an, als er hörte, wo ich gewesen war und weshalb. Seine Augen sprachen aber davon, dass er auf eine angenehme Weise überrascht war ... wenn man das so sagen kann. Sullik und er waren den ganzen Nachmittag und Abend draußen gewesen und hatten gespielt. Ich weiß nicht, wer von beiden zufriedener aussah. Den Stoffetzen allerdings erwähnte ich mit keiner Silbe. Kein Grund, da noch mehr Leute mit hineinzuziehen. Ich log. Sagte, dass niemand etwas gewusst habe und dass ich auch nur ganz kurz dort gewesen sei.

WIE SOLLTE ES AUCH SONST LAUFEN?

»Whenever I watch TV and see those starving kids all over the world, I can't help but cry. I mean I'd love to be skinny like that, but not with all those flies and death and stuff.«

MARIAH CAREY im Independent, 31. Januar 2000

Aber wovor hatte ich eigentlich Angst? Die halbe Nacht dachte ich darüber nach. Wälzte mich hin und her und wachte schließlich mit einem Gesicht auf, so müde und gerädert, dass god in heaven. Und habe ich eine Antwort gefunden? Nein. Wenn ich mich aber so umsehe ... dann scheint es ja nicht gerade so zu sein, als wäre ich die Einzige, der es so geht, oder? Frag nicht so viel. Es ist Mamas Stimme. Frag nicht so viel, Kind. Sei zufrieden mit dem, was du hast. Irgendjemand muss schließlich sagen, wo's langgeht – wie sollte es auch sonst laufen? Tja ... auf BX 314 läuft's zur Zeit jedenfalls echt klasse. (Klasse 7 auf einer Skala von 1 bis 10.) Kein Zik-Zak hat mehr zu sagen als die anderen. Also, wieso sollte das nicht auch auf der Erde funktionieren – genauer gesagt: Wieso hat es nicht funktioniert? Denn jetzt ist es ja zu spät, nicht wahr, jetzt treiben wir sie zusammen und sammeln alle unsere geflüchteten Schweine wieder ein, pferchen sie in riesige Ställe, beurteilen ihre Qualität, schlachten die meisten und schicken sie in großen, grauen Kühlschiffen nach BX 314 zurück – die besten Zuchttiere lassen wir natürlich am Leben, die müssen eben anders und nicht ganz so zik-zak-mäßig nach Hause verfrachtet werden. Genug davon. Wieso haben es die Schweine nie fertig gebracht, eine einigermaßen friedliche und gerechte Welt zu schaffen? frage ich meinen Nebenmann an der Schlachtbank – einen Zik-Zak mit einem so komplizierten Namen, dass er sich nicht einmal buchstabieren lässt. Weil sie nicht so sind wie wir, natürlich! antwortet er – und steckt einem zappelnden Schwein die Elektroden in den Kopf. Du hast von so etwas wie denen doch wohl nichts anderes als Durcheinander und Elend erwartet, oder? Und vielleicht ist es ja wirklich so einfach – und die Erklärung für sowohl das eine als auch das andere. Ich meine ... dass sich Europa aufgelöst hat, war wohl wirklich zu erwarten – eine so schwerfällige und disparate Einheit hätten wir zuhause auf BX 314 niemals versucht zusammenzuleimen. Und ansonsten – ich meine – im Großen und Ganzen betrachtet: Wie schaut die Welt der Schweine denn aus, jetzt, wo wir ihr das Licht ausknipsen? China ist die führende Großmacht (Ni hǎo!). Die USA haben sich isoliert. Afrika ist verhungert – und diejenigen, die immer noch durch die Einöden stolpern, werden bald an Aids sterben. Im Mittleren Osten und rund um den Ural existieren (auf beiden Seiten) Gruppen, denen unaufhörlich neue (und ziemlich verworrene) Gründe einfallen, einander umzubringen. Europa hatte ich bereits erwähnt: Nichts als Kummer. (Alles wird billiger und besser woanders produziert, z. B. in Burma.) Und fünf europäische Fernkriege haben die Konkurrenzfähigkeit nicht gerade verbessert. Wieso heißen die eigentlich Fernkriege? frage ich meinen Nebenmann mit dem komplizierten Namen. Weil man beschlossen hatte, weit von den eigenen Wohnstätten entfernt zu kämpfen. Aber die Kriegsführung wurde dadurch auch nicht gerade billiger. Er singt bei der Arbeit. Ein kleines, fröhliches Lied darüber, dass die Bäume nun bald in voller Bläue stehen und dass das Meer vor Sirikokken kocht. Hattest du nie Heimweh? fragt er auf einmal – ich hatte ihm erzählt, dass ich etwa hundert Jahre lang als Geheimagent im Schweinekostüm gelebt hatte. Oft, antworte ich. Es war in vielerlei Hinsicht ein hartes Leben – aber es diente dem Gemeinwohl. Dem Gemeinwohl, nickt er und steckt die Elektroden in einen quiekenden Polizisten. (Über die, die Uniform tragen, lässt sich wenigstens etwas sagen. Der Rest ist freilich nur eine anonyme Masse. Ganz egal, was sie anhaben. Außerdem kommen sie so schnell – auf dem Fließband und am Haken zappelnd –, dass es müßig wäre, über jeden Einzelnen nachzudenken Wir haben mehr als genug damit zu tun, sie uns vom Leib zu halten. Und ich bin ein echter Zik-Zak, also macht es mir nicht das Geringste aus, sie zu schocken.) Wie war es denn da, wo du die gelebt hast? fragt er. In Norwegen ging es uns besser als in den meisten anderen Ländern. Zuerst verkauften wir Öl, dann Gas und letzten Endes Wasser. Das Land wurde nach wirtschaftlichen Prinzipien gesteuert, und es war der Markt, der bestimmte. (Dies führte dazu, dass wir ziemlich früh alles, was nördlich von Nidaros lag, verpachteten.) Au! rief mein Nebenmann. Du glaubst es nicht, das Schwein hat mich getreten! Ich ließ mich aber nicht ablenken und setzte meine Ausführungen fort. Ich erzählte, wie wir die Parteien abgeschafft hatten (sie glichen einander ohnehin viel zu sehr, und zwar alle miteinander) und stattdessen dazu übergegangen waren, Personen zu wählen – direkt, indem wir einfach auf einen Knopf drückten oder eine Nummer wählten. Ich erzählte ihm, wie froh wir waren, dass es jemanden gab, der alles für uns regelte, weil die Welt so kompliziert geworden war, dass sie keiner außer jenen, die sich berufsmäßig mit ihr beschäftigten, verstehen konnte. Ich erzählte, dass wir dankbare Schweine waren. Dass wir in einer freien Gesellschaft lebten, in der auf alle bestens aufgepasst wurde – in einer Zeit, in der die Wissenschaft nahezu alles möglich gemacht hatte. Nicht allen Schweinen ging es gleich gut (tatsächlich ging es einigen sogar unvorstellbar viel besser), aber alle hatten die Chance, hoch- und weiterzukommen (wurde behauptet) – und keiner sollte einen anderen Slash eine andere beneiden, nur weil er Slash sie reich war. Ich erzählte, dass wir die Königin gern hatten. Und dass ihr Bild an hohen Feiertagen durch die Straßen getragen wurde. All das erzählte ich meinem Nebenmann in der Schlachterei. Unsere Saugnäpfchen arbeiteten währenddessen fast schon von alleine. Im Laufe des Nachmittags mussten wir wegen des ganzen Spektakels um uns herum allerdings um einen Gehörschutz bitten. Ich erzählte ihm aber nicht, wie oft ich mich in diesen Jahren dennoch ängstlich, dumm und unsicher gefühlt hatte. Ich erwähnte nicht, dass ich jedes Mal furchtbare Kopfschmerzen davon bekam, wenn ich zu viel über all das nachdachte oder sprach, wovon ich ihm gerade erzählt hatte – ungefähr so, wie wenn mir jemand zwei Elektroden an die Schläfen halten würde – d. h.: So weh hätte es tun können, wenn ich nur ein armes, gewöhnliches Schwein gewesen wäre und kein Zik-Zak mit zwei Gedankenspuren (thank god), auf denen ich blitzschnell vor- und zurückspringen konnte. All das behielt ich für mich. Frag nicht so viel, sagt Mamas Stimme auf der ersten Gedankenspur (ich habe mich nämlich so extrem gut verkleidet, dass ich sogar eine eigene Mama habe). Daraus entsteht nie etwas Gutes, sagt sie – und sogar ohne Helm kann ich sie lächelnd auf dem gestreiften Sofa sitzen sehen. Mach's lieber so wie ich, mein Schätzchen. Leb in deiner eigenen Welt. Das ist eine besondere Gabe, die wir beide haben – und niemand kann sie uns nehmen. Denn wenn wir mit offenen Augen träumen, können die anderen unsere Bilder nicht überspielen, sagte sie. Und dann spielten wir alles Mögliche. Waren wo und wer immer wir sein wollten. Und das ist wirklich eine sehr gute Gabe Slash Fähigkeit. Ohne sie hätte ich zum Beispiel keine Lebensgrundlage. Und ich hätte mit absoluter Sicherheit andauernd Schmerzen zwischen den Ohren. So denkt das Schwein in mir. Und der Zik-Zak auf der anderen Gedankenspur winkt mit beiden Tentakeln (ein untrügliches Zeichen dafür, dass ich mit mir selbst einer Meinung bin). Welches

Jahr wir schreiben? Auf der einen Spur das Jahr 2149 nach Bethlehem. Und auf der anderen? Auf der anderen Spur schreiben wir gar nichts. Die Zik-Zaks haben etwas gegen Zeitrechnung. Sie hätten am liebsten gar nichts damit zu tun.

Hast du's schon gehört? riefen sie in der Rezeption, als ich heute Morgen zur Arbeit kam. Heute Nacht sind so'n paar verrückte Freaks in den Zoo eingebrochen und haben Tiere freigelassen. Der Verkehr war hier draußen stundenlang total lahmgelegt, und die Polizei hat im Parkhaus nebenan drei Löwen erschossen! Waren da zufällig auch ein paar Krokodile dabei? unterbrach ich sie. Hä? antworteten die Rezeptionisten. Die Tiere, die abgehauen sind – sagte ich gereizt –, waren da auch ein paar Krokodile dabei? Keine Ahnung, sagten die beiden Beaus (wir bei SYMPOSIUM glauben, es ist wichtig, dass die Firma einen attraktiven ersten Eindruck hinterlässt). Sie sahen mich mitleidig an. Menstruation, sagten ihre Augen. Sie konnten ja nicht wissen, dass ich mir plötzlich Sorgen um Beo machte.

Kinderkriegen ist alles andere als ein Vergnügen, erinnere ich mich. (Völlig überbewertet, wenn ihr mich fragt.) Und lustiger ist es seitdem auch nicht geworden. Besonders nicht, seit sein Vater abgehauen ist. Wie es Väter oft machen. An meinen eigenen (Vater) kann ich mich kaum erinnern. (Kann ich nicht – oder will ich nicht?) Mama hat nie ein böses Wort über ihn verloren, sie sagte, dass ich auch versuchen sollte, etwas Nettes über ihn zu denken. Aber ich schaffte es nicht. Er tut nur das, was er tun muss, pflegte sie zu sagen. Mama hatte viele solcher Floskeln auf Lager. (Vielleicht ist er ja auf einem der Bilder?) Keine Ahnung, was zur Zeit mit mir los ist. Nach den anderen Fluxumwandlungen war ich nie so.

Jedenfalls bekam ich heute meine Brüste gerichtet. Dort, wo Sasch mich hingeschickt hat, ist es so posh, dass es fast schon zu viel des

Guten ist. Dunkle Wandpanele und breite Eichendielen. Nirgends auch nur ein Fitzelchen Plastik. Die Decke (und an die schaut man ja zumeist, wenn man so daliegt) ist ein blauer und beruhigender Sommerhimmel (so einer, wie es ihn in Realtime gar nicht mehr gibt) mit weißen, langsam dahintreibenden Wattewölkchen. (Was ganz anderes als die grauen Gipsplatten bei Sunne.) Die, die mich aufgeschnippelt und wieder zusammengeflickt hat, war typisch Hong Kong und hat in alles, was sie erklärt hat, eine Menge Mandarin-Worte eingestreut. (Hätte ich in der Schule besser aufgepasst, hätte ich bestimmt mehr verstanden. So lief das Meiste über Nicken und Lächeln.) Immerhin habe ich so viel mitbekommen, dass ich die Bandagen schon morgen früh abnehmen darf. (Unglaublich, was inzwischen machbar ist und wie schnell das alles geht. Es gibt nichts, wovor man sich noch fürchten müsste.)

Der Neue – der Glatzköpfige aus dem fünften Stock – saß auf der Bank vor dem Wohnblock, als ich nach Hause kam. Saß einfach nur da. So, als ob er auf schönes Wetter warten würde oder so etwas. Ni hao, begrüßten wir uns. Er lächelte breit und wollte Platz neben sich machen. Wieso habe ich nur immer bei den falschen Männern Glück?

Hab Fredri und Sullik im Aufzug getroffen. Sieht nicht so aus, als würde er zur Zeit etwas großartig anderes machen, als mit dem Vieh aufs Klo zu gehen. Ich fragte ihn (das hatte ich nämlich schon vorgestern beschlossen), ob er auch Dinge zu vergessen pflegte. Nicht, dass ich mich erinnern könnte, sagte Fredri und hielt sich offensichtlich für furchtbar witzig. Ich mein's ernst, sagte ich. Gibt es etwas ... etwas Wichtiges in deinem Leben ... von dem du glaubst, dass du es völlig vergessen hast? Etwas, von dem du weißt, dass es da sein müsste, an das du dich aber überhaupt nicht mehr erinnern kannst? (Wäre Fredri älter gewesen, hätte ich ihn gefragt, ob er wüsste, wo er vor der Umsiedlung gelebt hat. Er ist aber nur ein kleiner Junge. Genauso alt, wie er aussieht, d. h. um die dreißig.) Hab ich vergessen, sagte Fredri, ebenso albern wie zuvor. Dann war der Aufzug oben. Fredri und Sullik wollten sofort in die Wohnung gehen. Ich aber packte ihn am Arm und hielt ihn fest. Antworte gescheit! fauchte ich. Und wie auf Kommando sprang mir der kleine Welpe ans Bein. Dafür könnte ich ihn erschießen lassen, sagte ich später, als Fredri die Wunde ausgewaschen und verpflastert hatte. Knurrr, sagte das kleine, niederträchtige Genprodukt und grinste mich mit seinen kleinen, spitzen Zähnen an. Um es kurz zu machen: Ist etwas dabei herausgekommen – von dem Biss ins Bein mal abgesehen? Nicht viel. Fredri fand, dass sein Gedächtnis ganz okay war, auch wenn er einräumte, dass ihm manche Dinge (ganz selten einmal) Kopfschmerzen bereiteten, aber das ginge wohl allen so, meinte er – und damit hatte er sicherlich Recht. Also ließ ich es darauf beruhen und erklärte nicht, worauf ich eigentlich hinaus wollte. Fredri aber kam mit seinen halbgaren Vertraulichkeiten voll in Fahrt und vergaß auch nicht, mich – wieder einmal – vor Sasch zu warnen. Sie ist nicht ganz koscher, sagte er einfach. Mit mehr wollte er nicht herausrücken. Auch in Ordnung. Aber nichts Ernstzunehmendes. Er fragte, ob ich etwas Neues von Mulla gehört hätte. Er selbst hatte im Netz vergeblich nach ihr gesucht. Anscheinend hatte sie uns beiden viel bedeutet. Aber mir fiel auf, dass er manchmal von ihr sprach, als ob sie tot wäre. Kurz bevor ich ging, fragte ich ihn, ob er mir mit einem Wort helfen könnte. Du und deine Computer, sagte ich. Was für ein Wort? fragte Fredri. ARARAT, sagte ich. Was ist damit? fragte Fredri. Ich frage mich bloß, was es bedeutet, sagte ich. Das brauche ich nicht mal irgendwo nachzuschlagen, sagte Fredri. Ararat ist ein Berg in der Türkei. Der, an dem die ARCHE NOAH gestrandet ist, als die Sintflut vorbei war und die Wasser wieder zu sinken begannen. Wusste gar nicht, dass du so religiös bist, sagte ich, aber bedeutet es sonst noch was? Und dann mussten wir seinen Rechner doch noch anwerfen. Der gesuchte Begriff ist gesperrt, sagte die Maschine. Erzähl doch keinen Schwachsinn, sagte Fredri. Der Rechner gab nicht nach. Fredri auch nicht. Schließlich aber erschien eine Bombe auf dem Bildschirm und alles fror ein. Fuck you, Pi, sagte Fredri. In was versuchst du mich da eigentlich reinzuziehen? Aber das konnte ich ja nicht wissen.

Kurz vor Ladenschluss hinkte ich nochmal runter zu den Hackern. Die Prints waren immer noch nicht fertig. War anscheinend doch nicht so einfach, wie es ausgesehen hatte. Meiner Erfahrung nach gilt das für alles Mögliche. (Wenn wir von Brustoperationen mal absehen. Siehe oben!)

Es war ein Scheißabend. Weil ich Trost brauchte und vielleicht, weil Fredri gesagt hatte, dass ich es nicht tun sollte, bekam ich unerklärliche Lust darauf, Sasch zu sehen. Also fuhr ich hin. Zu ihr nach Hause. Aufs Geratewohl. Ohne vorher anzurufen. Ich wollte sie überraschen. Und sie hatte ja selbst gesagt, dass ich – jederzeit – herzlich willkommen sei. Es war aber nicht Sasch, die mir die Tür öffnete. Es war Leda. Leda mit den roten Haaren und dem langen Hals. Ni hao, lächelte sie, während ihr Kopf von einer auf die andere Seite schwankte. Ich wusste nicht so recht, ob ich hineingehen oder mich einfach umdrehen und weglaufen sollte. Also blieb ich stehen. Nein, so etwas, Pi! hörte ich Sasch direkt hinter ihr. Bist du das? Sasch hatte ihren hellblauen Morgenrock an, und ihre Augen sahen schmal und verschlafen aus. Sie legte die eine Hand auf Ledas Schulter (ich sollte bald erfahren, dass sie in Realtime natürlich ganz anders hieß) und zog mich mit der anderen resolut in den Flur hinein. Komm schon, meine Liebe. Steh da nicht so herum. Und sag hallo zu Fro, sagte sie. Fro ist eines meiner Mädchen. Sie küsste uns beide auf die Wange. Wir haben gerade über dich gesprochen. Ich glaube, dass ihr vieles gemeinsam habt, sagte Sasch. Fro ist nämlich auch so fasziniert von ALTE ZEITEN. Nicht wahr, Fro? Und Leda Slash Fro nickte, sah mich an und nickte – langsam und würdevoll wie ein Schwan.

DER WEG NACH HAUSE

Van Thomassen: Möchtest du Eier?
Suzanne: Nein.
Van Thomassen: Wie viele denn?

KAJ FOGG: Der Liebe wilde Waffeln

Wenn man frühmorgens ganz alleine quer durch die Stadt läuft, hat man viel Zeit zum Nachdenken. Über alles Mögliche. Es war feuchtkalt, aber ich drehte die Heizung in meinem Kleid auf und hielt mir die Hand vor den Hals. Mit den Füßen hingegen sah es nicht ganz so gut aus. Sandalen, für den Hausgebrauch ausgelegt und ohne Thermosohlen.

Der Himmel war grau wie immer. Seltsam, dass sie nicht schon längst etwas dagegen unternommen haben. Aber das letzte Mal gab es im Nachhinein wohl Schwierigkeiten mit irgendeinem Gleichgewicht. Keine Ahnung. Ich weiß bloß, dass wir schönes Wetter – und damit meine ich wirklich schönes Wetter – nur noch in ALTE ZEITEN haben (aber dort müssen wir vorher dafür bezahlen).

Ich hatte nicht genug Streifen für ein Taxi. Weil Sasch nicht nachfragte, hatte ich es auch nicht über mich gebracht, etwas zu sagen. An diesem Abend war alles irgendwie ein wenig anders, weil wir zu dritt waren. (Und ich fühlte mich die ganze Zeit über wie Nummer drei.) Ich meine: Wir haben wirklich alles miteinander geteilt. Aber trotzdem.

Das Geräusch der eigenen Füße. Und manchmal aus der Ferne eine Sirene.

Komisch, dass sie vorher überhaupt nichts erwähnt hat. Sie kennt meine Träume. Weiß alles über Zik-Zaks und entflohene Schweine. Ich habe keine Geheimnisse vor Sasch.

Es war natürlich verdammt optimistisch (lies: gedankenlos) von mir, zu Fuß zu gehen. Von Saschs Wohnung bis zu mir nach Brandstad braucht die Bahn ungefähr eine Stunde. Sie fährt allerdings nicht gerade auf dem direktesten Weg. Während du hingegen (sagte ich zu mir selbst) geradeaus latschen kannst – einfach stur Kurs nach Süden halten. Außerdem hast du morgen frei. (Es war, mit anderen Worten, offensichtlich, dass ich getrunken hatte.)

Es hätte ihr doch auffallen müssen, dass Fro vielleicht die Gleiche war wie meine Leda. Reiner Zufall? (In einem Buch hätte ich das gestrichen.)

Nicht mehr viele unterwegs zu der Zeit (wie spät es auch immer sein mochte) – und niemand, den ich unbedingt näher hätte kennenlernen wollen (um es mal so zu sagen).

Was ich fühlte? Ein herzzerreißendes Gefühl der Überraschung. (Der Satz ist so to the point, wie es mir möglich ist.)

Zweimal fuhren Autos langsam neben mir her. Ich spürte den warmen Luftzug an den Beinen. Aber da ich weder reagierte noch aufsah, gaben sie es schnell auf.

Und sie hätte mir das wirklich ersparen sollen.

Die Hochhäuser verdeckten das bleiche Morgenlicht. Und da die meisten Leuchtreklamen ausgeschaltet waren, war es immer noch ziemlich dunkel in den Straßen. Hier und da sah man kleine Feuer und Gruppen von Obdachlosen. (Mir war gar nicht klar, dass es so etwas überhaupt noch gibt.) Ich versuchte, meinen Handschirm anzuschalten. (Nur, um etwas zu tun zu haben.) Ließ die Bilder ein paar Meter vor mir herflimmern. Es ist aber ziemlich anstrengend, so zu gehen. Man stolpert leicht. Außerdem kam nichts. Nur Nachrichten. Bald das Einzige, was wir auf TV3 noch haben: Nachrichten und Soaps. Und es ist beinahe unmöglich, einen Unterschied zu erkennen. Wie war das heute? Ein hübscher junger Mann (mit Hahnenkamm, wie ich bemerkte, wusste gar nicht, dass die wieder in sind) saß vor einer Wand aus lauter kleinen Bildschirmen und redete. Und es war beinahe verlockender, sie anzuschauen als ihn, weil dort eine endlose Serie cooler Actionszenen lief: Autos, die in die Luft flogen, Häuser, die zusammenstürzten, Flugzeuge, die abstürzten, und you name it. Ab und zu – in unregelmäßigen Abständen – verwandelte sich die ganze Wand in ein einziges blinkendes Schlagwort: FORM IST ALLES. Was in doppelter Hinsicht raffiniert ist, da man es, natürlich, auf verschiedene Weisen verstehen kann, aber auch deshalb, weil die Initialen des Senders F.O.R.M. lauten. Einmal habe ich Mulla gefragt, ob sie wisse, wofür das stehe, und sie sagte: »Freie Oberdeutlich Recycelte Meinungen« – worüber wir beide schallend lachen mussten. Aber zurück zu dem jungen Mann mit dem Hahnenkamm, was versuchte er der Welt eigentlich mitten in der Nacht Slash am frühen Morgen zu erzählen? Etwas über Wartegarantien bei neuen Klonen (hab ich das nicht schon mal gehört?), zweihundert Kündigungen bei der Bahn (bleiben da überhaupt noch welche übrig?) und dass die Polizei glaubt, dass die Freaks, die kürzlich den Zoo überfallen haben, einer Gruppe namens SEM angehören. (Thank god, dachte ich, dann hat Beo wenigstens nichts damit zu tun. Und dann Gedanke Nummer zwei: Aber wenn sie die Tiere einfach freilassen … so wie sie es anscheinend mit den drei Löwen gemacht haben, die zum Schluss im Parkhaus gelandet sind … glauben die wirklich, dass die Tiere durchkommen?) FORM IST ALLES, sagte der Bildschirm, und ich schaltete ab.

Es gibt überraschend viele, die glauben, dass ich nicht nachdenke. Nur weil ich so bin, wie ich bin (d. h. zerstreut). Weder Mulla noch Fredri finden mich sonderlich clever (das weiß ich). Und Sasch? Sie behandelt mich andauernd, als müsste man mich vor etwas Großem und Gefährlichem beschützen. Es war vielleicht das (oder die plötzliche Abwesenheit einer solchen Fürsorge), was mich in dieser Nacht etwas aus dem Gleichgewicht gebracht hatte (auch wenn ich nicht glaube, dass die beiden etwas davon bemerkt haben. Hoffe ich zumindest). Aber ich denke mehr nach, als den meisten bewusst ist. Das tue ich wirklich.

Als ich eine halbe Ewigkeit gegangen war, fühlte ich mich irgendwie lost – und beschloss, ganz einfach zur nächsten U-Bahnstation zu gehen, mich auf eine Bank zu setzen und auf die erste Bahn zu warten (konnte ja nicht mehr so lange dauern, außerdem hatte ich eine gültige Monatskarte).

Worüber wir uns bei Sasch unterhalten haben? Das Übliche. Sie wollte, dass ich ihr alles erzählte, woran ich mich aus meiner Kindheit erinnerte. Wirkte nicht halb so interessiert daran, dasselbe von Leda (Entschuldigung: Fro) zu hören. Irgendwie haben die beiden die ganze Zeit über nichts anderes gemacht als … ja, mir Fragen über Fragen zu stellen. Ich fühlte mich dabei fast wie eine Büchse, die sie vorsichtig öffnen wollten. Unglaublich, wie sehr manche an der Kindheit anderer Leute interessiert sind. (Mulla und Fredri eingeschlossen.) Wo ich mich doch an so gut wie nichts erinnern kann! Und trotzdem fragen und graben sie – nach lauter Dingen, von denen ich unmöglich etwas wissen kann.

Es fing an zu regnen. Zuerst nur leicht und farblos. Dann mehr und mehr grün. Es schien mir daher das Beste zu sein, mich bei der großen Freitagsmoschee unterzustellen (als es anfing zu regnen, war ich gerade am Eingang zu den beiden Bazarstraßen angekommen). Viele Menschen finden Trost in der Religion. Ich habe das auch mal versucht. Hat aber nicht so recht geklappt. Nicht so, wie es angeblich sollte. (Mulla hat sich ihren Namen natürlich aus purem Ulk ausgesucht – und ich weiß, dass sich viele daran stoßen. Glaubst du denn an gar nichts? habe ich sie einmal gefragt.)

In letzter Zeit habe ich viel über die Dornenhecke nachgedacht (die, über die ich nicht schreiben durfte). Ich glaube immer noch, dass es ein schönes Buch werden könnte. Und ich sehe andauernd die Bilder der beiden vor mir, wie sie – jeder auf einem weißen Pferd – auf der Suche nach der letzten noch stillstehenden Stadt durch die Welt reiten. Weit entfernt am Horizont sehen sie die mächtige Dornenhecke. Der Sonnenuntergang lässt die Rosen erglühen (die Stadt liegt ja schließlich im Westen), und wenn wir 3V anstelle von Papier hätten, könnten wir noch eine Menge Streicher und Klimbim hinzufügen. Als sie näher kommen, sehen sie, dass in der Hecke lauter Totenschädel und ausgebleichte Skelette hängen. Denn viele hatten schon versucht, durch sie hindurchzukommen, aber die Dornen sind giftig und spitz. Wieso ist es denn so wichtig hindurchzukommen? fragte Fredri eines Abends, als ich versuchte, ihn für die Handlung zu begeistern. Fredri war der Meinung, wenn alle anderen Städte der Welt umherrollten und diese hier die einzige sei, die stillstehe, dann käme das vielleicht daher, dass dort alles eingerostet und stehengeblieben sei. Kaputt, alles miteinander, nichts, was es aufzuheben lohnt! sagte Fredri. Nein, ich glaube, dass es mehr wie in einem Märchen ist, entgegnete ich. Und wie ist es da so? fragte Fredri (der manchmal ziemlich viel und dann wieder überhaupt keine Ahnung hat). Aber nachdem wir eine Weile hin und her diskutiert hatten, erkannte auch ich einige Probleme in der Handlungsskizze. Die Geschichte konnte sich zum Beispiel (wenn in dieser Stadt tatsächlich eine schlafende Prinzessin Slash ein schlafender Prinz lag) allzu schnell in ein Dreiecksdrama verwandeln, statt ein Happy End zu nehmen – und die Skizze ist so, wie sie ist, eigentlich schon lang genug. (Keines unserer Bücher hat mehr als 120 Seiten.)

Ich habe übrigens auch heute Nacht ein Geschenk bekommen. Einen Bleistift. Keinen von den teuren, gewiss (also keinen, den man mit einem Messer anspitzen muss), aber dennoch: Das war wirklich süß von ihr. Es steckt eine Menge Überlegung hinter einem solchen Geschenk. Ich holte ihn heraus und sah ihn mir an. Ein SUPER GRIP 0,5 zum Draufdrücken. Ich presste mich an die Porzellanmauer, die rund um die Moschee verläuft, ich fror und meine Füße waren inzwischen auch nass (andauernd spritzte grüner Schleim über meine Sandalen), aber ich stand da mit meinem SUPER GRIP – Spitze raus, Spitze rein – und versuchte, mich über das wenige, über das man sich freuen konnte, zu freuen. (Was Fro von ihr bekommen hat, weiß ich nicht.)

Als ich so im Regen stand und mich freute, tauchte plötzlich ein Auto neben mir auf. Spring rein, sagte Fredri. Ich wusste gar nicht, dass du ein Auto hast, sagte ich. Ist nicht meins, sagte Fredri. Kommst du jetzt oder nicht? Ich kletterte auf den Rücksitz. Ohne zu überlegen. Als wäre es ein Taxi. Und ich merkte, dass ich schrecklich müde war. Wie alt bist du? fragte Fredri. Bald siebenundneunzig, antwortete ich. Zeit, erwachsen zu werden, sagte Fredri. Und dann fuhr er uns nach Hause.

WHAT THE HACK

»Sturm kann besänftigt werden, indem man den Wind in einen wasserdichten Stiefel blasen lässt, der dann unter eine Holzbank geworfen und mit Tierhaut abgedeckt wird. Auf diese Weise zwingt man einen Teil des Windes, sich zu legen, und der Rest folgt bald nach.«

KNUD RASMUSSEN: Mythen und Sagen aus Grönland

Aber ich durfte mich nicht hinlegen. / Hör mal zu, sagte Fredri. Und du musst mir versprechen, mich nicht zu unterbrechen, ganz egal wie scheiße es wird. / Geht klar, sagte ich. (Wenn nämlich etwas ziemlich scheiße wird, kann man es genauso gut gleich hinter sich bringen.) Wir waren in seinem Zimmer. Sullik lag im Körbchen und produzierte leise Schnarch- und Furzgeräusche. Die Welt war immer noch nicht richtig aufgewacht. Ich verstand nur nicht, warum Fredri sich damit abmühte, einen riesigen Koffer von seinem Garderobenschrank herunterzuhieven. Willst du verreisen? fragte ich. / Wir waren uns doch einig, dass du mich nicht unterbrichst, knurrte er mich an. Aber der Koffer hat doch wohl kaum was damit zu tun? fragte ich (und versuchte, schlagfertig zu sein). / Doch, genau das hat er, antwortete Fredri. Und während er hastig Hemden und Unterwäsche in denselbigen warf, erzählte er mir alles, von dem ich versprochen hatte, nicht hineinzureden. (Ein Versprechen, das ich natürlich nicht halten konnte – und ich würde denjenigen wirklich gerne sehen, der das geschafft hätte.) Zuerst wurde ich dafür bezahlt, dich im Auge zu behalten, sagte Fredri. Du fragst dich vielleicht, wie ich wissen konnte, wo du heute Nacht gewesen bist, und hier hast du die Erklärung. (Und ich glaubte schon, du wärest eifersüchtig, dachte ich.) Wie lange kennen wir uns jetzt? / Seit du hier eingezogen bist, antwortete ich. Ungefähr fünf Jahre. / Genauso lange wurde ich auch dafür bezahlt, sagte Fredri. / Aber Fredri, sagte ich, warum sollte jemand daran interessiert sein, dich dafür zu bezahlen, dass du eine ganz normale Person wie mich überwachst? / Das weiß ich nicht, antwortete Fredri. Ich weiß nur, dass ich jeden Samstag einen Bericht abliefere und dafür jeden Montag ein hübsches Sümmchen auf mein Konto überwiesen bekomme. Was glaubst du denn, wie ich mir das alles sonst leisten könnte? (Er meinte seine Computer.) / Mir fiel es immer noch schwer, ihn ernst zu nehmen. Aber Fredri, sagte ich, sind wir denn keine Freunde? / Doch, leider, sagte er. Das war aber nicht geplant. Und genau deshalb kann ich das hier auch nicht mehr machen. / Ich versuchte, das Ganze mit einem Lachen zu überspielen. Jetzt hör aber auf, sagte ich. Du hättest mich fast drangekriegt, aber mal Scherz beiseite. / Es ist mir todernst, sagte Fredri und fing an, die Kabel aus den Regalen zu räumen. Ich wollte, es wäre ein Scherz, sagte er. Jetzt geht es mir nämlich genauso wie Mulla. / Mulla? rief ich. Was hat sie damit zu tun? Einen Augenblick hielt er inne, wischte sich über den Mund und sah mich an. Sie wurde auch bezahlt, sagte er. Wir wurden beide bezahlt. Nicht so viel, dass es der Rede wert gewesen wäre, aber genug, um javielendankauch zu sagen. Und dann beeilte er sich weiterzupacken. / Fredri, sagte ich. Please! Weißt du etwas? Lebt sie? Und wenn ja, wo? Ich habe sie gefragt, aber niemand hat mir etwas verraten, antwortete Fredri. / Sie? fragte ich. / Aber Fredri tat so, als ob er es nicht hörte. Sie hatte angefangen, dich viel zu sehr zu mögen, und deshalb um Ablösung gebeten. Mehr weiß ich nicht. / Ablösung? fragte ich. / Der kleine Glatzkopf aus dem fünften Stock, antwortete Fredri. Ich dürfte das eigentlich nicht verraten. Aber what the hack – ich hör ja eh auf! / Du willst also damit sagen, dass ich in den letzten Jahren keine wirklichen Freunde gehabt habe? fragte ich. (Es hatte angefangen, sich langsam in mich hineinzufressen – hart und unbequem – alles miteinander.) / Nur uns beide, was nicht hätte sein dürfen, sagte Fredri und ließ das Kofferschloss zuschnappen. Sullik blinzelte kurz und wedelte im Halbschlaf mit dem Schwanz. / Und du meinst, dass es früher auch schon andere gegeben hat … solche wie euch? / Die ganze Zeit, sagte Fredri. Be sure! / Vielleicht habe ich von einem sogar noch ein Kind bekommen, sagte ich bitter. / Wer weiß? sagte Fredri. Hilflos sah er zu seinen ganzen Computern hinüber. / Fredri, sagte ich. Du bist ein Scheißkerl. / Ja, antwortete Fredri, wie sollte es auch anders sein? / Hätte ich ihm – hier und jetzt – eine kleben sollen? Es hätte nichts geändert. Und ich sah ihn an. Das Ganze war irgendwie unwirklich. Unbegreiflich. Aber er war immer noch Fredri. Kein komisches Wesen aus irgendeinem abgespaceten Computerspiel. Wenn das alles hier einen Sinn ergibt, sagte ich (und benutzte absichtlich einen alten und feierlichen Ausdruck). / Ergibt es, sagte Fredri traurig. Aber hör mal, sagte ich noch einmal, ich bin doch wirklich nur ein ganz normaler – / So normal, dass du vier Mal im Jahr zu einem Extra-Check abgeholt wirst, warf Fredri ein (es hörte sich so an, als wollte er sich verteidigen). / Du verarschst mich doch, sagte ich (noch so eine archaische Redensart – ich benutze gern solche Ausdrücke, wenn ich mich ereifere oder über etwas empört bin). Davon weiß ich ja gar nichts! / Das glaub ich gerne, sagte Fredri – und band einen dicken Riemen um den Koffer. / Aber wie ist es möglich, dass man so etwas vergisst? / Der Chip, antwortete Fredri. Er sah mich an und schüttelte den Kopf. Ich verstehe auch nicht, wieso das nötig sein sollte, sagte er. Aber sie kommen jedes Mal nachts. Mit dem Krankenwagen. Ich helfe normalerweise mit – manchmal war Mulla auch dabei. Du siehst immer ziemlich müde aus, wenn sie dich wieder nach Hause schicken. / Danke, dass ihr euch in all den Jahren so gut um mich gekümmert habt, sagte ich (sarkastisch until the bitter end). / Eines noch, sagte er (und bugsierte Sullik vorsichtig in den kleinen, grauen Plastikkorb). Das mit ARARAT hat sie wirklich aufgescheucht. Sie fragen sich ernsthaft, wo du das herhast. / Go fuck yourself, sagte ich./ Ich habe übrigens deine Prints genommen. Aber natürlich nur die Kopien weitergeschickt. / Natürlich, sagte ich. / Hier, sagte Fredri. Er fischte eine kleine, blaue Plastikmappe aus seiner Jackentasche. Hoffe, du freust dich darüber.

Das Gespräch war zu Ende. Aber ich glaube, ich hatte das Wichtigste begriffen.

Eine halbe Stunde später fuhr Fredri los – mit dem Auto, das immer noch nicht ihm gehörte. Wahrscheinlich mit Kurs auf den ein oder anderen fernen Palmenstrand, wo er und Sullik herumrennen und sich Stöckchen zuwerfen können. So etwas in der Art.

Was ich gemacht habe? Ich bin nach Svartskog gegangen. Habe mich ein paar Minuten neben Mama aufs Sofa gesetzt. Danach habe ich den Helm abgesetzt, mir ein großes Glas spanischen Branntwein eingegossen, die Prints auf dem Boden ausgebreitet und sie mir genau angesehen – einen nach dem anderen. Was hätte ich schon großartig machen können?

PUZZLESPIEL

»Auch wenn ich wüsste, dass morgen die Welt untergeht, ich würde heute noch ein Apfelbäumchen pflanzen.«

MARTIN LUTHER

Natürlich war ich aufgebracht. Aber das versteht sich ja von selbst. Damit müssen wir uns nicht herumquälen. Lasst uns lieber über die acht Prints reden. (Und lasst uns darüber reden, was eigentlich mein Problem ist.)

BILD NR. 1: Mama und ich vor einem großen Rosenbusch. (Ich sitze auf ihren Schultern, lehne mich nach vorn und strecke dem Fotografen die Zunge raus.) Die Sonne scheint und es ist Sommer (was bedeutet, dass es in ALTE ZEITEN aufgenommen worden ist). Wir haben beide Baseballcaps und Jeans an – und Mama hat ihr Cap verkehrt herum auf. (Das ist das Bild, über das wir so gerne lachen.) Sie hält mich an den Beinen fest, hat ihren Kopf zur Seite geneigt und lacht. (Ich bin ungefähr zwei Jahre alt.)

BILD NR. 2: Mama und ich auf einer Brücke. Das Bild ist aus weiter Entfernung aufgenommen. Und es wirkt, als ob Papa (wenn er es war, der es aufgenommen hat) mehr an der Brücke als an uns interessiert gewesen ist. Ich erkenne die Stelle nicht wieder, aber sie muss leicht zu finden sein. (Unmöglich zu sagen, wie alt ich bin, aber wahrscheinlich auch zwischen zwei und drei Jahre.)

BILD NR. 3: Vier Kinder, die sich als die drei kleinen Schweinchen und der big bad wolf verkleidet haben (Pappmasken mit Gummibändern um den Kopf). Bestimmt Geburtstag oder Karneval. Ich glaube, ich stehe ganz links (das kleinste Schweinchen, das mit Stroh baut). Hier bin ich vielleicht sieben oder acht? Wir haben auch einen großen Korb mit Äpfeln (einen Zusammenhang mit dem Märchen sehe ich allerdings nicht). Der Busch im Hintergrund erinnert mich an BILD NR. 1. (Aber das kann Zufall sein.)

BILD NR. 4: Hier bin ich wieder jünger. (Vier?) Ich sitze in einer Badewanne und spritze wild um mich, plansche mit beiden Händen und lache. Der ganze Boden ist nass. Mit in der Wanne habe ich eine ganze Reihe kleiner Badetiere: eine Ente, einen Bären, ein Nilpferd und einen Elefanten. Ich lache mit geschlossenen Augen. Lehne mich zurück und lache. Ein Arm mit einem großen Handtuch kommt in der rechten oberen Ecke gerade ins Bild. Wahrscheinlich Mama.

BILD NR. 5: Ein parkendes Auto mit einer Katze auf dem Dach. Die Katze ist schwarz, und ihr Schwanz steht senkrecht nach oben. Sie sieht zufrieden aus. Das Auto steht vor einer grauen Hauswand. Das Bild sagt mir nichts.

BILD NR. 6: Dieses Bild muss ich aufgenommen haben! Hier sind nämlich sowohl Mama als auch Papa zu sehen. Sie stehen hintereinander auf dem grünen Rasen (sicher der gleiche wie zuvor?) und versuchen, in die Kamera zu lächeln. (Das Lächeln wirkt aber steif, bestimmt weil ich lange herumfummeln musste, bis es geklappt hat.) Das Einzige, was man sieht, sind die beiden – und der Rasen. Mama ist barfuß. Sie hat ein grünes Kleid an, ihre Lieblingsfarbe (meine auch). Papa trägt Jeans und T-Shirt. Auf dem T-Shirt ist die Zahl 709 zu lesen. Er ist groß und blond und hat die Haare zu einem Pferdeschwanz zusammengebunden. (Das ist das erste Bild, das ich jemals von ihm gesehen habe, und ich merke, dass ich gerührt bin.)

BILD NR. 7: Auch hier Papa. Aber jetzt liegt er auf dem Bauch und versteckt das Gesicht in den Händen. Und ich sitze auf seinem Rücken, benutze ihn als Bank – hebe den Kopf und tue so, als würde ich mich sonnen. Wie alt werde ich auf diesem Bild sein? Bald elf?

BILD NR. 8: Fast das gleiche wie BILD NR. 7. Nur dass Papa hier den Kopf gedreht hat, damit man sein Gesicht sieht. Er lächelt in die Kamera, als wollte er sagen: »Sie ist gar nicht so schwer. Uns geht's einfach prima.«

Das tat es aber nie. Nicht, so weit ich mich erinnern kann. Und damit sind wir genau an dem Punkt angelangt, der schon immer mein fucking Problem war: dass ich mich an so gut wie nichts erinnern kann. Was meine Kindheit anbelangt, erinnere ich mich zum Beispiel an nicht das Geringste. Jedenfalls kann ich nicht zwischen meinen Erinnerungen und dem unterscheiden, an was ich mich lediglich zu erinnern glaube, nur weil Mama es mir (vielleicht) erzählt hat – ich kann also nicht ausschließen, dass es sich um ihre Erinnerungen handelt, die ich übernommen habe. Ab der Zeit, wo ich ungefähr 16 war, ist das Meiste dann deutlich.

D. h. das ist es eigentlich auch nicht, aber hier verläuft auf jeden Fall eine deutliche Trennlinie. Vorher … klar kann ich es faken, wie ich es in der Regel auch mache, aber es ist doch seltsam, dass mir sogar die Jahre in Svartskog neblig und unklar erscheinen. In gewisser Weise ist das Digi das Wirklichste, was ich habe. Und das habe ich zumindest schon sehr, sehr lange (das weiß ich).

Sunne flachst immer, dass die Moleküle in meinem Gedächtnis zu viel miteinander streiten würden. Sagt, dass die schnellen CREB beschlossen hätten, den langsamen CAM'K II den Rücken zuzukehren. (So reden Ärzte, wenn sie versuchen, etwas zu erklären, von dem sie selbst keine Ahnung haben.)

Ich habe auch viel mit Sasch geredet. Sie sagt, dass ich wegen des Verlusts von Mama vielleicht eine Blockade hätte. Viele kämen mit solchen Dingen nicht zurecht. Sie sagt, dass es wahrscheinlich wiederkomme. Das gibt sich, meine Liebe, sagt sie. Mach dir deshalb nur keinen Stress. Eines Tages ist alles wieder da. (Und dennoch fragt sie mich immer wieder nach Papa. Tut es weh, wenn du an ihn denkst? fragt sie dann.)

Thank god, dass ich sie damals getroffen habe. Als ich 16 Jahre alt war und plötzlich allein dastand – wie ein Neugeborenes in der Welt. Mama war gerade gestorben. Papa vor langer Zeit abgehauen. Ich hatte niemanden, zu dem ich gehen konnte. Und so fanden wir zueinander.

Vier Jahre lang war sie meine große Schwester, Mutter, Freundin und Liebhaberin. Ganz schön viel auf einmal. Und es wurde noch mehr, als ich mit ihr als Chefin bei SYMPOSIUM anfing. Aber Sasch hat nie Probleme mit Rollenspielen gehabt. Ich auch nicht, was das anbelangt. Und sie sah, dass ich Talent hatte. Dass ich gut darin war, mir etwas auszudenken. Wenn man selbst keine eigene Geschichte hat, ist man froh, wenn man sich Geschichten über andere ausdenken darf. Seit fast achtzig Jahren verdiene ich jetzt meine Brötchen damit, mir Schnulzen aus den Fingern zu saugen. (Zur Unterhaltung von über zweihunderttausend Lesern pro Woche, wie ich nicht ganz ohne Stolz betonen möchte.)

Ein ehrgeiziges Projekt: Das Existierende niederzureißen und es durch eine wortreiche Unwirklichkeit zu ersetzen.

Ich habe oft Komplimente bekommen, weil ich die Dinge so locker nehme. Ich meine: die größeren Dinge. Wenn es um Bagatellen geht, irre ich kopflos durch die Gegend und stresse mehr als zehn wilde Kaninchen. In dieser Beziehung ist bei mir Hopfen und Malz verloren. Wenn es aber wirklich darauf ankommt … spüre ich irgendwie überhaupt nichts … lediglich eine leichte, nüchterne Ruhe – ungefähr so, als hätte endlich jemand ein Fenster geöffnet und frische, unverbrauchte Luft hereingelassen. Das ist einfach so. Schließlich kann sich niemand aussuchen, was er ist (sagte ich mir selbst immer und immer wieder, jedes Mal, wenn ich an Mulla und Fredri dachte).

Später am Abend kam dann der Krankenwagen. Und Sasch war mit dabei. (Vielleicht ist sie jedes Mal dabei gewesen?) Man stelle sich bloß vor … dass ich drauf und dran war, wieder bei ihr einzuziehen.

In solchen Momenten ist es gut, wenn man eine doppelte Gedankenspur hat – was wir Zik-Zaks ja bekanntermaßen haben. Auf der einen gehe ich ruhig die Treppe hinunter. Auf der anderen tue ich etwas völlig anderes. Und flashe beispielsweise Köter. Es werden ja immer mehr. Man kann bald nirgendwo mehr in Ruhe herumlaufen. Ich sage es rundheraus: Ich kann sie nicht ausstehen. Irgendwie war ich schon immer mehr ein Katzenmensch. (Wenn ich mich schon unbedingt entscheiden muss.)

Auf dem Weg nach draußen winke ich dem Glatzkopf. Er hängt am Fenster und wirkt von uns allen am verwirrtesten.

Keiner im Auto sagt etwas. Weder Sasch. Noch der Fahrer. Noch die zwei Schwestern in ihren weißen Uniformen. Und auch ich habe nicht unbedingt das Bedürfnis zu reden, nicht einmal über das Wetter. (Ich flashe stattdessen Köter.)

FRAG MICH, WAS DU WILLST

»Das Leben ist ein Zirkus: Man kommt in die Manege und verbeugt sich, rennt herum, verbeugt sich noch einmal und geht ab.«

STORM P

Diesmal schicken sie mich nicht wieder nach Hause, dachte ich. War nur so ein Feeling. Weiß auch nicht warum. Kam ganz von selbst. Nachdem ich einige Tage allein in einem weißen Zimmer gelegen hatte.

Wenn ich wach war, sah ich niemanden. Aber ich glaube, dass sie ganz schön mit mir beschäftigt waren, wenn ich schlief. (Und ich schlief die meiste Zeit.) Im Halbschlaf merkte ich einmal, dass sie mein Bett hinausschoben. Irgendwohin, wo es unheimlich hell war. (Ich bin aber trotzdem eingeschlafen. An solchen Orten schläft man irgendwie immer sofort ein.)

Pi, sagte eine Stimme. Es war Sasch. Sie saß an meinem Bett und hielt meine Hand. Es tut mir leid, dass wir das alles mit dir machen müssen, sagte sie. Du hast sicher kein leichtes Leben gehabt, meine Liebe. / Nein, sagte ich. Du warst eine ganz schöne

Hexe (archaischer Ausdruck für einen primären Erwerbszweig). Und dann schlief ich wieder ein. (Oder vielleicht habe ich das Ganze ja auch nur geträumt.)

Manchmal hörte ich jemanden heulen und schreien. Und einmal kam eine Frau zu mir hereingestürmt. Ihr ganzer Kopf war in Mullbinden eingewickelt, die Augen nur dunkle Löcher. Ni hao, sagte ich (weil ich zufälligerweise gerade wach war). Sie aber heulte nur. So lange, bis zwei Schwestern kamen (eigentlich ziemlich schnell) und sie wieder hinausführten.

Was ich die ganze Zeit gedacht habe? Ich dachte, dass ich ein Zik-Zak war, von wilden Schweinen gefangen, die alles Mögliche mit mir anstellen würden, nur um mich zu entlarven.

Pi, meine Liebe, sagte Sasch wieder. Und diesmal war es kein Traum. Sie half mir aus dem Bett hinüber zu einem Stuhl. Merkwürdigerweise konnte ich fast alleine gehen. Wir sind bald fertig mit dir, sagte sie. Aber erst müssen wir beide uns noch ein wenig miteinander unterhalten. / Ich saß da und schaute aus dem Fenster. Versuchte zu antworten, aber meine Zunge rollte sich nur. / Schau mal, sagte Sasch. Trink ein bisschen Saft. / Das half. / Anscheinend haben wir dieses Gespräch schon früher einmal geführt? fragte ich. / Viele Male, sagte Sasch müde. Wir machen das hier schon fast 80 Jahre, du und ich. / Das ist lange, sagte ich. / Das ist sehr lange, sagte Sasch. Sie stand auf und richtete die Gardinen. (Obwohl die meiner Meinung nach völlig in Ordnung waren.) / Aber jedes Mal sorgst du dafür, dass ich danach alles wieder vergesse? / Das war das Beste für dich, sagte Sasch. Glaub mir. Es war nur zu deinem eigenen Besten. / Dir glauben? sagte ich und hätte gerne ein leises, höhnisches Lachen hinbekommen, brachte aber nur ein Räuspern heraus. / Trink noch ein bisschen Saft, sagte Sasch und hielt mir das Glas an den Mund.

Sasch erzählte mir, dass sie eigentlich an meinem lieben Herrn Vater interessiert waren. / Dann solltet ihr wohl besser ihn einkassieren und nicht mich! sagte ich. Wir wissen nicht, wo er ist, sagte Sasch. / Ja, search me! rief ich. / Genau das haben wir ja die ganzen Jahre über gemacht, sagte Sasch. Wir hatten nämlich gedacht, dass es da vielleicht ab und zu einen heimlichen, wenngleich nicht ganz unbedeutenden Kontakt zwischen euch geben könnte. / Ich war sprachlos. Es war einfach zu dumm. Nachdem ich noch etwas Saft (oder was immer das war) getrunken hatte, fing ich an zu weinen. / Aber jetzt glauben wir das nicht mehr, sagte Sasch und streichelte mir übers Haar. Wir glauben, dass du nicht das Geringste mit ihm zu tun hast. / Da habt ihr ja verdammt lange für gebraucht, das herauszufinden, sagte ich (und schnäuzte mir die Nase). / Aber Zeit haben wir ja genügend, meine Liebe, sagte Sasch. Das ist ja gerade das Schöne daran. (Wieso seid ihr so an ihm interessiert? dachte ich. Was hat er, das so bloody important ist? Und wer ist »wir«?)

Und dann erzählte sie es mir. Obwohl ich es nicht von ihr erwartet hatte. Aber sie machte es. Erzählte mir die ganze Geschichte.

Sie war Teil eines internationalen Forums, wie sie es nannte, eines Mitbestimmungsgremiums, das den Regierungen der einzelnen Nationen half, ihre jeweiligen Länder auf die bestmögliche Art und Weise zu lenken. Das ganze Konzept war der demokratischen Sackgasse des vorigen Jahrtausends entsprungen, als Parteien und Regierungschefs eine wahre Flut von Meinungsumfragen und Untersuchungen als Spiegel brauchten, nach dem sie schnellstens ihre Von-Tag-zu-Tag-Politik ausrichten konnten, statt selbst zu versuchen, die öffentliche Meinung in einer Richtung zu beeinflussen, von der sie selbst nach bestem Wissen und Gewissen überzeugt waren, dass die den Interessen des eigenen Landes am dienlichsten sei. Alles hörte sich gut und richtig an, so wie Sasch es schilderte. Und als sie über den Chip (entwickelt von eben jenem internationalen Forum, das sie repräsentierte) als soziales Hilfsmittel und digitale Rechtsschutzversicherung sprach, hatte ich keinerlei Einwände. (Ich meine: Es muss schließlich jemanden geben, der sagt, wo's langgeht, oder nicht?)

Der Chip wird (wie wir alle wissen) von SOFTCOM produziert. Diese Gesellschaft hat Fabriken in vierzehn Ländern. Und die Aktien gehören (gemäß einer praktischen Formel, die ich nicht verstehe) jenem internationalen Forum (dessen Name mir nicht mehr einfallen will) und dem Staat der jeweiligen Länder. Allen Einwohnern wird der Chip im schulpflichtigen Alter (das von Land zu Land variiert) eingepflanzt. Die Unkosten tragen die Eltern. Wir sind ein demokratisches und idealistisches Unternehmen, sagte Sasch. Und ein Großteil der Einkünfte wird in die humanitäre Arbeit reinvestiert – wenn die administrativen Kosten gedeckt und genügend Gelder für Forschung und andere Entwicklungsprojekte (beispielsweise in der Dritten Welt) bereitgestellt worden sind. Der Chip enthält die Personenkennziffer und alle relevanten Daten über Wohnort, Beruf, Krankenakte, Erbanlagen sowie ein soziales und wirtschaftliches Führungszeugnis. Was wir damit erreichen? Wir erreichen eine deutliche Ökonomisierung der Bürokratie, ja, wir machen damit sogar eine ganze Reihe alter Institutionen schlichtweg überflüssig – und sparen der Gesellschaft so eine ganze Menge Geld.

Das alles wusste ich selbstverständlich schon. (Zusammen mit dem Fortschritt in der Medizin, der es uns ermöglichte, unsere Lebenserwartung mehr als zu verdoppeln, war der Chip die wichtigste Voraussetzung für die Wohlstandsentwicklung im 22. Jahrhundert.) Aber Sasch braucht oft einen langen Anlauf, wenn sie versucht, etwas Wichtiges zu sagen. Ich kenne sie. Und jetzt kam's: Dein Vater war ein Genie, sagte sie. (Genauso einfach und geradeheraus.) Er war eine Ausnahmeerscheinung, sowohl was die Gentechnik betrifft als auch das Zusammenspiel von Chip und

Entscheidungsprozessen im menschlichen Gehirn. (Genau das, was wir Kinder gerne über unsere Väter hören.) Aber dann wurde er verrückt, sagte Sasch. Wir, die ihn kannten, waren ratlos. Es geschah von einem Tag auf den anderen. Plötzlich ging es mit ihm durch. Wenn ich jemals einen richtig Verrückten, völlig Bekloppten getroffen habe, dann deinen Vater. (Jetzt fängt er langsam an, wieder mehr nach sich selbst auszusehen, dachte ich). Er erzählte uns, dass er die Formel für die Unsterblichkeit gefunden hätte. Dass er wüsste, wie wir uns manipulieren müssten, damit wir so lange leben könnten, wir wollten – und nicht nur ein paar hundert Jahre wie jetzt. Und wir glaubten ihm. Es gab keinen Grund, daran zu zweifeln. Theophil war verrückt. Aber er war dennoch ein Genie. (Es war das erste Mal, dass ich jemand anderen außer Mama Papa beim Namen nennen hörte. Es war komisch, seinen Namen endlich in Realtime zu hören.) Das Problem war nur, dass uns Theophil die Formel nicht geben wollte. Er litt plötzlich die heftigsten Qualen. Glaubte, dass die Welt für eine derartige Revolution noch nicht reif sei. Und hatte keinerlei Vertrauen in SOFTCOM oder die Regierungsmächte. Nicht einmal mir hat er mehr vertraut, sagte Sasch. Und wir haben einander sehr nahe gestanden, meine Liebe. So nah wie ich jemals einem Mann gestanden habe (sie stand auf und ging im Kreis). Theophil meinte, dass es besser sei, zu warten. Am besten darüber zu schlafen. Ich werde mich jetzt schlafen legen, sagte er zu uns – und in 100 Jahren werde ich zurückkehren, um zu sehen, ob ihr solch eine göttliche Gabe verdient. So nannte er seine Formel. Eine göttliche Gabe. Aber er hat uns auch gedroht. Wenn ihm das, was er in 100 Jahren zu sehen bekäme, missfiele, würde er die ganze Welt vernichten. Sasch unterbrach ihre Wanderung und sah mich an. Das hat er ernst gemeint, sagte sie. Von einem Mann wie Theophil war das keine leere Drohung. (Sie ließ sich wieder auf den Stuhl neben meinem Bett sinken.) Und dann ist er gegangen, sagte sie. Einfach verschwunden. Ohne eine andere Spur zu hinterlassen außer dir … (wieder suchte ihre Hand meine Wange). / Ich richtete mich im Bett auf und drehte den Kopf zur Seite. Keine andere Spur außer mir? sagte ich. Und was ist mit Mama? Er hat nicht nur mich verlassen. Er hat auch sie im Stich gelassen! / Kind, sagte Sasch (und ihre Stimme schleppte sich durch die Sätze). Deine Mama hat nie existiert. Sie ist nur eine Datei – ein Programm, das er dir gegeben hat, damit du dich nicht so allein auf der Welt fühlst.

Ich hätte natürlich sagen können, sie lügt.

UND WENN WIR SCHON DAVON SPRECHEN

»I would not live forever, because we should not live forever, because if we were supposed to live forever, then we would live forever, but we cannot live forever, which is why I would not live forever.«

MISS ALABAMA
auf eine Frage des Moderators bei den Wahlen zur Miss USA 1994
(The Independent, 31. Januar 2000)

Anscheinend hatten sie mir eine Spritze gegeben. Denn plötzlich war Saschs Gesicht so groß wie ein Vollmond. Es hing wie ein leuchtender Käse direkt über mir, baumelte in der Luft – ganz von alleine –, während es immer und immer wieder sagte: »Du hast doch wohl niemals ernsthaft geglaubt, dass da irgendwas mit uns läuft?« Und jedes Mal meinte ich zu antworten: »Doch, genau das habe ich geglaubt«, aber alles, was ich herausbekam, war ein jämmerliches Winseln, also versuchte ich nach einiger Zeit lieber zu heulen, ich wollte den Mond anheulen wie ein räudiger Wolf (von der Sorte, wie es sie heute nicht mehr gibt), aber selbst das bekam ich nicht hin, und was ich am allerwenigsten mochte, war, dass sie mich die ganze Zeit über meine Liebe nannte, also ballte ich die

Fäuste und versuchte, ihn vom Himmel zu fegen, und vielleicht gaben sie mir noch eine Spritze, denn als ich aufwachte, hatte ich einen völlig trockenen Mund und etwas Gelbes lief mir aus der Nase. Als wir ALTE ZEITEN gebaut haben, führte dein Vater die Aufsicht (sagte der Käsemond. Anscheinend hatte er die ganze Zeit in einer Tour geredet) – er war das Hirn und das Herz. Und das erklärt vielleicht auch ein wenig deine eigene Faszination – so etwas ist ansteckend, weißt du … ob wir wollen oder nicht. Erinnerst du dich, wie wir dich gefunden haben? Du bist dort drinnen herumgeirrt wie eine vergessene Puppe. Du warst fast 16 und beinahe völlig orientierungslos. Erinnerst du dich, meine Liebe? / Ich nickte. / Aber wir haben dir geholfen. Du standst völlig unter Schock. / Ich nickte erneut. / Das muss gleich, nachdem er dich verlassen hat, gewesen sein. / Nicken. / Aber auch wenn wir es, so gut wir nur konnten, versucht haben – und du hast mitgeholfen –, haben wir es doch niemals geschafft, den Nebel deiner Vergangenheit zu durchdringen. / Nicken, dachte ich. Nicken, nicken, nicken. / Du tust mir leid, meine Liebe. Du hättest ein besseres Leben verdient. / Ich nickte – und lächelte – denn nun beugte sie sich endlich so weit zu mir herab, dass es mir gelang, sie zu ohrfeigen.

Sie ließen mich eine Weile ausruhen. Dann schafften sie mich nach unten ins Reservelager.

Komisch eigentlich … obwohl ich schon so alt bin … das war das erste Mal, dass ich in einem öffentlichen Reservelager war. Ich meine: Klar habe ich schon gesehen, was manche Leute so im Kühlschrank haben (denn das kann ja sowohl das eine als auch das andere sein), aber ein richtiges Lager … gewaltig war es, ungefähr wie ein Fußballstadion und über mehrere Etagen – und so kalt, dass ich meinen Hosenanzug auf vier stellen musste. Wir fuhren in einer kleinen Schwimmblase an langen Reihen lebloser Körper auf und ab. (Ich kenne viele, die sich nichts mehr wünschen, als sich klonen zu dürfen – gerne auch mehrmals, nur um ganz sicherzugehen. Aber es ist teuer, nicht wahr?) Was sind Klone? flüsterte ein neugieriger Zik-Zak auf der anderen Gedankenspur. / Eine Art Zwillinge, flüsterte ich zurück, nur dass sie viele Jahre später geboren werden. / Cool, sagte der Zik-Zak und tat so, als verstünde er. (Aber auf BX 314 leben wir so lange, dass wir schon mehr als genug sind, nicht wahr, und schon der Gedanke daran, solcherlei Ferkeleien zu veranstalten, nur um vielleicht ein wenig länger zu leben, lässt jeden Zik-Zak vor Ekel Schluckauf bekommen. Ich meine, wenn du deine Potenz verloren hast und das Lustzentrum nur noch ein hartes Knötchen im Nacken ist – was ungefähr im Alter von 400 Jahren passiert –, wo ist dann der Witz bei weiteren 300 Jahren? So denken jedenfalls wir Jüngeren. Ändert sich vielleicht, wenn man selbst mitten in der Vierhundertjahrscrisis steckt. Genug davon.) Die ganze Zeit über flüsterten wir – als ob es ein Leck zwischen den zwei Gedankenspuren gäbe oder sie sich an einer besonders hellhörigen Stelle kreuzten.

Sasch saß ganz rechts in der Schwebeblase. Zwischen uns zwei Lagerarbeiter. Beide mit hohen, weißen, spitzen Hüten. Sie begegneten Sasch mit geradezu hündischer Ergebenheit. Waren sich bewusst, dass sie in einer ganz anderen Liga spielte. Ich selbst war nahezu unsichtbar. Dennoch cruisten wir meinetwegen durch den Untergrund. Um uns herum gluckerte es in den Schläuchen. Es tropfte von der Decke, die von einem Schleier aus grün leuchtendem Dunst verborgen wurde. Der Betonboden hatte rostbraune Flecken. Wasser und ein klebriger Matsch (keine Ahnung, was das genau war) rann wie ein Vorhang (in Streifen) die ausgeblichenen Trennwände hinab. Ab und zu schwenkte ein blauer Suchscheinwerfer über die reifbedeckten Gestalten. Ich bemerkte, dass einige von ihnen mit offenen Augen dalagen. (Sie schlafen trotzdem, hätte Sasch geantwortet. Ich fragte sie aber nicht.) / Wie hat das alles angefangen? flüsterte der Zik-Zak (in seinen Augen bin ich ein ausgewiesener Schweineexperte, was ja auch stimmt.) / Ich erzählte von der normalen biologischen Lebenserwartung der Menschenschweine, woraufhin er sich natürlich schüttelte. / Leben die nicht länger? hickste er ungläubig. Jetzt fange ich langsam an zu kapieren, dass sie sich da gerne etwas einfallen lassen würden. / Ich gab ihm einen kurzen Überblick über die Entwicklung, erklärte, dass es mit Zellen und Gewebe von Föten angefangen hatte (gerne in den ärmeren Teilen der Welt besorgt Slash gekauft Slash gestohlen), erzählte, dass die Armen im Großen und Ganzen (und auf jedwede Weise) in der ersten Zeit eine große Rolle gespielt hatten. (Wie viele haben sich wohl für Milch und Brot etwas dazuverdient, indem sie bereits im Voraus ihren Körper verkauften?) Erklärte, dass so – dank Transplantation, kosmetischer Chirurgie und Gentechnik – die Schweine, die dafür bezahlten, ihre Lebensspanne nicht nur verlängern, sondern sogar verdoppeln konnten. / Du meine Güte, schluckte mein Zik-Zak-Freund, aber diese Klone (und er wedelte ängstlich mit den Saugnäpfchen hinüber zu denen, die uns am nächsten waren) – liegen die da einfach nur rum, oder ... / Nein, du lieber Himmel! antwortete ich. Die bekommen selbstverständlich Nachwuchs. Das ist ja der Witz an der Sache, zumindest zum Teil. Manche von denen sind richtig gut und bekommen einen ganzen Wurf auf einmal, aber die meisten schaffen nur ein einziges Junges. / Das die Klon-Eigentümer dann verwenden können, wie sie wollen? / Immerhin haben sie damit mehr als genug zur Auswahl, sagte ich. Frisches Gewebe und frische Organe. Und was man selbst nicht braucht, wird verkauft. Vorhaut zum Beispiel. Unumgänglich zur Herstellung von Apligraf (was zur Behandlung venöser Bein- und Fußbeschwerden benötigt wird). Glaub mir, das ist eine ausgezeichnete Regelung, die jetzt schon seit vielen Jahren besteht – und ich kenne einige, die recht gut davon leben können. / Und was ist mit dir? fragte der Zik-Zak. (Sein Gesicht hatte sich gelb verfärbt, offensichtlich konnte er nicht noch mehr von diesen körperlichen Abscheulichkeiten vertragen.) / Konnte es mir nie leisten, mich klonen zu lassen, antwortete ich. Muss mich damit zufriedengeben, Organe von der Stange zu kaufen, die annähernd passen. / Danke für das Gespräch, rülpste der Zik-Zak und warf sich resolut aus der Gedankenspur (obwohl wir immer noch »voll in Fahrt waren«, wie ich es nennen möchte, jedenfalls waren wir noch mitten im Gespräch). / Auf der anderen Gedankenspur hatte ich nur Sasch.

Die Blase kam mit einem Ruck zum Stehen und sank auf den Boden. Einer der beiden Lagerarbeiter stieß mich an. Wir kletterten heraus, alle vier. Der andere Lagerarbeiter ging hinüber zur Wand und öffnete ein Panel, drückte ein paar Tasten – und mit einem Mal setzte sich eine der langen Reihen von Klonen in Bewegung. Die Zahnräder knirschten und die Gurte ächzten. Wir standen still und ließen die nackten Körper passieren. (Beinahe wie Schlachtvieh in einer Fleischerei, dachte ich. Auch wenn ich noch nie eine in Realtime gesehen hatte, nur auf 3v.) Plötzlich stoppte das Band. Sasch legte mir eine Hand auf die Schulter. Ich brachte es nicht über mich, sie abzuschütteln. Komm, meine Liebe, sagte sie und deutete auf die Gestalt vor uns – eine männliche Figur, die uns den Rücken zugewandt hatte und wie ein Fötus zusammengekrümmt war. Hier ist jemand, dem du mal hallo sagen solltest. Sasch schob mich vor sich her. Bis hin zu dem armen Klon (ich weiß, dass sie einem nicht leidtun müssen, aber in diesem Moment konnte ich dennoch nichts anderes denken). Schau mal, Pi, sagte Sasch – fasste den Klon am Kopf und drehte uns sein Gesicht zu. Sag hallo zu deinem Vater. Siehst du, wie ihr einander ähnelt? Ich meine: Wenn du nicht die letzte Fluxumwandlung gemacht hättest? (Und hier hätte ich normalerweise die Spur gewechselt. Ich meine: Wenn mein Zik-Zak-Freund immer noch da gewesen wäre – auf der anderen Gedankenspur –, wäre ich jetzt gerade noch einmal davongekommen und hätte mich angeregt über Fluxumwandler unterhalten können. Der Zik-Zak hätte beispielsweise fragen können: Aber nach so einer Fluxumwandlung … wie erkennt ihr einander eigentlich wieder? Tun wir nicht, hätte ich antworten können. Aber wir geben Freunden und

Bekannten Bescheid. Eigentlich ist das auch nicht schlimmer als seine Mail-Adresse oder die Telefonnummer zu wechseln. Und in der Art hätten wir weitermachen können. Denn alles wäre besser gewesen, als diese reifbedeckte Gestalt direkt vor meiner Nase anzustarren. Aber im Moment gab es nun mal keinen Zik-Zak auf Spur Nummer zwei. Es war auch sonst niemand da. Ich wünschte mir nichts sehnlicher als eine Spur Nummer drei, vier und fünf. Aber mein Kopf war plötzlich so leer, dass es fast schon wehtat. Und deshalb hatte ich hier und jetzt gar keine andere Wahl, als ihn anzusehen. Papa. Diesen ausgekochten Hund. Oder besser gesagt: seinen ungeborenen Zwilling.)

Plötzlich fiel mir etwas ein, das ich unbedingt fragen musste. Sasch, sagte ich. Das hier ist nicht das erste Mal, oder? / Nein, sagte Sasch (und ich merkte, dass sie es müde war). Wir nehmen dich jedes Mal mit hier runter, aber es kommt nie etwas dabei heraus. / Und danach lasst ihr mich das alles wieder vergessen, sagte ich. (Was nicht als Frage gemeint war.) / Sasch nickte. Aber diesmal bringe ich es nicht fertig, dir auch nur das Geringste wegzuschnippeln, sagte sie. Bitte sehr! Behalte es einfach!

Sie hatten all die Jahre über angenommen, dass ich eine Art Code war. Aber jetzt nicht mehr, sagten sie. Eine Zeit lang waren sie sogar versucht, meinen kompletten Chip zu zerlegen. (Haben es sich zum Glück anders überlegt. Denn dann wäre ich ja krepiert, oder etwa nicht?) Ob sie überhaupt irgendwelche Antworten gefunden haben? Ja, schon. Sasch lachte wie ein heiserer Flattermaki. Wir wissen zum Beispiel, dass dein Vater ursprünglich nicht nur einen, sondern zwei Klone hatte. Und wir wissen, weshalb du keinerlei Erinnerungen an deine ersten 16 Lebensjahre hast. / Really? / Weil du schlicht und ergreifend bereits 16 Jahre alt warst, als du »geboren« wurdest, sagte Sasch (und machte Anführungszeichen mit den Fingern). / Hä? sagte ich. / Weil du der andere Klon bist, sagte Sasch. Da bist du sonst immer von alleine drauf gekommen … / Tatsache? sagte ich. / Er hat dich geweckt, dich mit den elementarsten Fertigkeiten ausgestattet und dich in ALTE ZEITEN ausgesetzt, sagte Sasch. Er wusste, dass wir dich finden würden. Und dass wir ziemlich daran zu kauen haben würden. Aber eigentlich bist du nur, was du bist: ein Holzweg. Selbst deine acht Prints haben nichts gebracht. / Habt ihr die vielleicht auch schon früher gesehen? sagte ich. / Nein, sagte Sasch. Das haben wir in der Tat nicht. Weil die Bilder erst vor Kurzem in deinem Speicher aufgetaucht sind. Sie waren darauf programmiert, erst jetzt sichtbar zu werden. / (Und nicht vorher? dachte ich. Das erklärt … Und dann spüre ich, wie sich das Messer noch einmal herumdreht.) / Insofern bist du also vielleicht trotzdem eine Art Warnung. Aber sie haben uns geholfen zu verstehen, weshalb du der bist, der du nun mal bist. Nimm zum Beispiel nur mal BILD NR. 3 und dein ganzes Geschwätz über Schweine – nicht wahr. / Danke, sagte ich. Kann ich jetzt bald mal gehen? / Ja, sagte Sasch. Kannst du tatsächlich. Wir sind fertig mit dir. Absolut fertig. Und nur der Vollständigkeit halber: Wir haben jede einzelne Assoziation ausprobiert. Die Katze und das geparkte Auto (BILD NR. 5) haben wir zum Beispiel mit dem Büro- und Parkhauskomplex auf dem alten CHAT-NOIR-Gelände kombiniert. Die Zahl 709 auf dem T-Shirt deines Vaters (BILD NR. 6) deutete – so glaubten wir – auf ein Zimmer mit gleicher Nummer in dem Gebäude hin. Ich kann dir versichern, dass wir alles auf den Kopf gestellt haben (Sasch schluckte). / Er lacht uns aus, dachte ich. Er sitzt da draußen in seinem großen, verdammten Netz – und lacht uns aus, alle miteinander.

UND WIEDER ALTE ZEITEN

»Wenn die Menschen auf dem Monde alt werden, so sterben sie nicht, sondern lösen sich in Luft auf und verfliegen wie Rauch.«

BARON VON MÜNCHHAUSEN

Sie ließen mich gehen. Und sie schnippelten nichts weg. Genau wie Sasch gesagt hatte. Sie ließen mich an der gleichen Stelle raus, an der sie mich (seinerzeit) gefunden hatten. Mitten in ALTE ZEITEN. An das Absetzen selbst erinnere ich mich nicht. Es war jedenfalls genau dort, wo ich – ich vermeide mit Absicht den Ausdruck »zu mir kam«, denn so fühlte es sich definitiv nicht an, als ich schlagartig auf einem wackligen Klappstuhl vor Norlis Buchhandlung aufwachte – und direkt in mein verheerendes Spiegelbild in der Auslage starrte. Einen kurzen (und grausamen) Augenblick lang glaubte ich sogar, dass sie mir Vaters Gesicht gegeben hatten. (Nur um zu zeigen, dass sie doch nicht so leicht reinzulegen waren, wie er vielleicht glauben mochte, dass sie ziemlich genau wussten, dass er irgendwo dort draußen war – und alles Mögliche andere, was ihnen sonst noch wichtig war, ihm zu signalisieren, durch mich, seinen eigenen Klon und viel zu spät geborenen Zwilling.) Aber so verhielt es sich glücklicherweise nicht. Ich gehörte immer noch dem gleichen schönen Geschlecht an wie nach meiner letzten Fluxumwandlung. Ich war eine müde und launische Pi, ungeschminkt und mit tiefen Ringen unter den Augen, aber auch nichts Schlimmeres als das. Nichts, was nicht mit ein bisschen Puder und Farbe wieder zu beheben gewesen wäre. Da saß ich nun – an einem Nachmittag im September (wie ich an der Infotafel an der Wand ablesen konnte). In einem grauen Sackkleid mit schiefen Plateauschuhen. (Das zeigte, wie pissed off sich Sasch eigentlich fühlte – und wie wenig ich ihr bedeutete. Sonst hätte sie mir doch zumindest meine eigenen Sachen zurückgegeben, wouldn't she?) Ich betrachtete mein müdes Spiegelbild. Neigte den Kopf zur Seite. Ni hao! Fasste mich am Kinn. Befühlte meine Ohren. Und wusste, dass ich auf eine Art und Weise dennoch er war. Ich bin mein Vater, sagte ich zu mir selbst. Gimme a break! *Ich bin mein eigener Vater!* Aber so war es ja nun einmal. Und das konnte ich überhaupt nicht ab. Überhaupt war ich alles andere als delighted, in diesen ganzen Mist mit reingezogen zu werden (was auch immer das alles bedeuten mochte). Ich, die ich mich nie um Politik oder sonst etwas geschert habe.

Ich wusste nicht, was ich machen sollte. Also machte ich erst einmal das, was ich für gewöhnlich machte: Ich machte nichts. Abgesehen davon, dass ich nachsah, was da in meinen Brusttaschen steckte. Ich fand eine Tageskarte und ein paar Geldstreifen von unbekanntem Wert, eine elektrische Haarbürste, eine antike Armbanduhr ohne Bildschirm – und den Druckbleistift (SUPER GRIP 0,5), den Sasch mir geschenkt hatte.

Aber nach einer Weile fingen meine Beine an, fast von alleine zu gehen. Ohne dass ich wusste, wohin sie wollten. Nicht dass es mir etwas ausgemacht hätte. Ich hatte keine bestimmten Pläne für den Tag. (Mal abgesehen davon, dass ich gerne eine Parfümerie gefunden hätte.) Also ließ ich die Beine entscheiden. Der Kopf hatte schon genug mit sich selbst zu tun.

Drüben auf der Karl-Johans-Gate herrschte schon Weihnachtsstimmung. Als ich mich dem Nationaltheater näherte, fing es an zu schneien. Und in der Klingenberggata wünschten sich die Leute ein frohes neues Jahr. Eigentlich mag ich es nicht, wenn alles so schnell geht. Deshalb bin ich auch selten in dieser Ecke von ALTE ZEITEN unterwegs. Mir gefällt es in der Majorstua viel besser (trotz des vielen Verkehrs im Kirkeveien) – und in Tøyen. Dort vergeht die Zeit langsamer.

Vor dem CHAT NOIR blieb ich einen Moment stehen, um die Heizung meines Kleides aufzudrehen. Ich stand da und starrte auf das gewaltige Parkhaus. Dachte an ihn, der so gerne Rätsel hinterließ. Und fühlte mich elternloser als jemals zuvor.

Aber Klone sind doch auch Menschen? So wie wir?

Unfassbar, hätte Mulla gesagt, unfassbar, dass du das Ganze so gelassen nimmst. (Aber so war ich schon immer. Und nachdem ich mir einen Lippenstift gekauft hatte – Türkis natürlich –, war ich fast schon wieder ganz ich selbst.)

Und da ich schon an Mulla dachte (immer noch völlig ahnungslos, wo meine Beine mit mir hinwollten), dachte ich auch gleich an Krabbenbutterbrote, aber mehr noch an ihre linke Brust, die mich immer an einen welken Ballon erinnert hat und an der es stets ein wahres Vergnügen gewesen ist, den Verstand ein wenig ausruhen zu lassen – egal, an welchem Ende der Hormonskala ich mich gerade befand.

Vor der Telefonzelle am Konzerthaus wartete wie üblich eine lange Schlange von Leuten, die mit längst verstorbenen Menschen sprechen wollten.

Im Einkaufscenter VIKATERASSEN kaufte ich mir einen Seetangburger. Blieb kurz stehen und lauschte dem Geplauder dreier anderer Besucher. Und kapierte plötzlich, dass mir fast ein halbes Jahr fehlte. So lange hatten mich Sasch und ihre Kumpane dort drinnen, wo auch immer das gewesen sein mag, malträtiert. Aber wie hatte ich entdeckt, dass ein halbes Jahr vergangen war und nicht bloß eine Woche (wie ich zunächst angenommen hatte)? Weil sie (die drei Plauderer am Seetangburgerstand) über zwei große (und in ihren Augen: brutale) Aktionen sprachen, von denen ich noch nie zuvor gehört hatte. Die eine war gegen die Schlachterei in Vestfold und die andere gegen die zentrale Robbenzuchtstation bei Moss gerichtet gewesen. In beiden Fällen musste die Polizei zusätzliche Truppen anfordern, und beide Male steckte eine Freak-Gruppe namens HAM dahinter. Außerdem unterhielten sie sich über den Geburtstag der Königin, als wäre er gerade erst gestern gewesen, was sicherlich seine Richtigkeit hatte, nur dass es das letzte Mal, als ich davon gehört hatte, bis dahin noch eine ganze Weile hin gewesen war.

Du brauchst Zeit zum Nachdenken, um dich zu sammeln – versuchten mir meine Beine zu sagen. (Oder etwas in der Art.) Ich verstand es in dem Augenblick, als sie Slash ich in den Munkedamsvei einbogen. Denn hierher hatten sie wohl schon die ganze Zeit mit mir gehen wollen. Sie waren der Auffassung, dass ich die große Rundfahrt mitmachen sollte. Erinnerten sich daran, wie sehr ich sie mochte und dass ich sie immer mitmachte, wenn ich hier drinnen genug Zeit hatte. Kluge Beine! Wären alle Beine so schlau, gäbe es vielleicht weniger Krieg und Elend auf der Welt.

Also saß ich wieder im Speisewagen. Alleine am Fenster. Strich mit den Fingern über das weiße Tischtuch. Blätterte in der gleichen alten Speisekarte. Bestellte das Übliche. Braunes Labskaus mit Rotwein. Sah links die Kirchenfenster vorübergleiten. Winkte einem kleinen Mädchen in einem Polyesterkleid zu. Lauschte dem Klang wütender Hupen, weil ein großer Lastwagen in der Storgata einen Stau verursacht hatte. Alles reizend arrangiert. Die Übergänge völlig nahtlos. Und ich wusste, dass an der Ankerbrua bereits der Frühling auf mich wartete.

Schon komisch, das mit den Telefonzellen. Stehen auf weiten Teilen der Strecke. Und überall Warteschlangen, natürlich. (Es gibt in den Geschäften und Restaurants zwar auch Telefone, nur darf man die als Kunde meist nicht ausleihen. Ungestört reden kann man dort auch nicht. Also sind die Zellen schon ideal.) Manche sind völlig versessen darauf. Verwenden fast ihre ganze Zeit hier drinnen aufs Telefonieren (von den Geldstreifen ganz zu schweigen!). Du blätterst im Telefonbuch, suchst einen Namen heraus und wählst die Nummer. Von jemandem, der vielleicht genauso heißt wie du. (Man kann selbstverständlich nicht »raustelefonieren«, d. h. die Telefone für normale Gespräche verwenden. Man kann nur Leute aus ALTE ZEITEN anrufen.) Aber obwohl alle wissen, dass das Ganze nur ein Spiel ist (denn daraus wird schließlich kein Geheimnis gemacht) und das Ding von einem raffinierten kleinen Therapieprogramm mit hohem EQ gesteuert wird, kenne ich viele, die die Augen davor verschließen und sich allen Ernstes einbilden, sie stünden dort und unterhielten sich mit realen Chatfreunden.

Und wenn wir schon davon sprechen: Mit einem normalen Handschirm kommt man hier auch nicht weiter. Solange man sich in ALTE ZEITEN aufhält, ist er sowohl für eingehende als auch für ausgehende Gespräche gesperrt. Nun hatte ich an diesem Tag zwar keinen Handschirm dabei (und hätte auch niemanden gewusst, den ich anrufen konnte), aber ich wollte es nur einmal erwähnt haben.

Leb in deiner eigenen Welt, sagte Mama – meine digitale Mutter, mein Motherprogramm, mein Digi und mein Dings. Aber gilt ihr Rat nicht trotz allem?

Welche Gefühle ich für meinen Vater hegte – mal ganz davon abgesehen, dass ich große Lust verspürte, ihn in klitzekleine Stücke zu schneiden und auf Aker Brygge an die Fische zu verfüttern? Ich weiß es nicht. Das ist ja das Seltsame an mir. Die völlige Abwesenheit großer Emotionen. Mit denen ich meine Brötchen verdiene, indem ich über sie schreibe.

Ob viele von uns in Umlauf waren? Wohl kaum. Wir sind ja nicht dazu gedacht zu leben. Klone sollen einfach nur schlafen. Als lebende Kühlschränke für Reserveorgane dienen. Wahrscheinlich bin ich der Einzige. Und wahrscheinlich sollte ich auch gar nicht so frei herumspazieren, wie ich es tat. Also war es nur natürlich, dass ich fast gleichzeitig an den Chip denken musste. Der zu jeder Zeit weiß, wo wir uns aufhalten. Der unseren Kopf zu Eis erstarren lassen kann.

Der Gedanke daran, dass etwas ungerecht sein könnte – wirklich ungerecht –, war mir eigentlich neu.

Irgendwo auf dem Riksvei waren drei Autos miteinander kollidiert. Eines davon stand quer auf der Gegenfahrbahn und brannte wie ein altertümliches Holzscheit. Ein Krankenwagen parkte mit eingeschaltetem Blaulicht am Straßenrand. Eine Schar weißgekleideter Gestalten kauerte um einen Verletzten herum. Hinter uns hörten wir die Sirene eines Feuerwehrautos. Das Ganze wirkte so echt, dass der gesamte Speisewagen spontan applaudierte.

Außerdem dachte ich an Katzen. Wieso mag ich sie eigentlich? (Ich meine: jedenfalls mehr als Hunde.) Selbst hatte ich doch nie eine gehabt. Da bin ich mir sicher. Aber wem gehörte das Tier, das auf dem Autodach saß (und hatte das etwas zu bedeuten)? Des Weiteren dachte ich an die Formel für Unsterblichkeit – sofern es sie überhaupt gibt –, und plötzlich fiel mir auf, wie strange es war, dass der Planet der Zik-Zaks, BX 314, genauso hieß wie ich selbst, Pi (also 3,14). Reiner Zufall? Trotzdem irgendwie strange.

Ich stieg am Frognerseter aus. Saß dort lange, an die grobe Holzwand gelehnt, aß falschen Apfelkuchen mit Sahne und blickte über die Stadt. Und dachte weiter über alle möglichen Zahlen nach.

Es war ein schöner Nachmittag und ein schöner Sommer. Und der Herbst war auch nicht schlecht.

Wäre dies eine Handlungsskizze für SYMPOSIUM gewesen, wäre früher oder später ein gutaussehender junger Mann aus den Büschen gestiegen und hätte beispielsweise nach dem Weg gefragt oder mich gebeten, ihm bei irgendwas zu helfen. Und das wäre der Beginn eines freundschaftlichen und erotischen Verhältnisses gewesen. Besonders, da wir beide – laut Handlungsskizze – Mathematiklehrer waren. (Er trug eine Jacke mit Lederaufsätzen an den Ellbogen. Und ich einen Dutt.) 709 hätte ich beispielsweise sagen können, während ich zärtlich seine Hornbrille streichelte. 314 hätte er augenblicklich erwidert und die Augen schüchtern niedergeschlagen. Und so wäre es weitergegangen. Über unzählige Episoden. Bis ins Pensionsalter. Denn zur großen Überraschung der Marketingabteilung hatte es sich herausgestellt, dass das Publikum die ganze Zeit über sehnsüchtig auf romantische Erzählungen aus dem Rechenzentren- und Kalkulatorenmilieu gewartet hatte.

Ab und zu versuchte ich, auf die andere Spur zu wechseln – dort, wo normalerweise meine Zik-Zaks sind. Aber es war verdächtig still dort. So als ob sie gar nicht mehr da wären. (Zik-Zaks haben ein Problem mit Klonen. Sie sind gegen genmanipuliertes Essen. Sie präferieren ökologische Landwirtschaft. Sie ertragen den Gedanken an unkastrierte Eber mit eingebauter Leber nicht. Sie sind im Großen und Ganzen ziemlich altmodisch.)

Als der erste Schnee fiel (zum zweiten Mal), stand ich auf und nahm die Bahn zurück. Achtzehn Japaner fotografierten sich unaufhörlich gegenseitig. (Stills, die direkt aus der Wand ausgedruckt wurden.) Als ob sie sich permanent ihres eigenen Befindens versichern wollten.

Ich stieg am Storting aus. Gehe das letzte Stückchen – die Karl-Johans-Gate hinunter – nämlich immer ganz gerne zu Fuß. Hier unten war es frühlingshaft. Und die Geschäfte hatten Schlussverkauf – von der Sorte Wir-räumen-unser-Lager und Alles-muss-raus. Ich probierte einen Pullover und ein paar Hosen bei HENNES & HERBERTH (musste aber feststellen, dass ich bei weitem nicht genug Geldstreifen dabei hatte) – und stieß auf dem Weg nach draußen mit Fredri zusammen. Er stand direkt neben der Tür. Rote Schirmmütze mit schwarzem Lackschild. Blaue Uniform und Schulterklappen mit gelben Fransen. My god, sagte ich. Wie schaust du denn aus? / Ich sehe genauso aus wie ich aussehen soll, gute Frau, antwortete er. / Gute Frau? sagte ich. Gimme a break, Fredri. Kennst du mich nicht mehr oder was? (Ich war ja immer noch ohne Make-up unterwegs, nicht wahr. Andererseits hatte mich Fredri durchaus auch schon mal vor dem Frühstück gesehen.) / Sollte ich Sie kennen, meine Dame? erwiderte der Dämlack. Und führte die Hand zum Gruß an die Schirmmütze, als er zwei Kunden die Tür öffnete. / (Plötzlich lief es mir eiskalt über den Rücken.) Arbeitest du hier? sagte ich. Wohnst du etwa hier, Fredri? / Natürlich, antwortete Fredri, ohne mit der Wimper zu zucken. Aber ich verstehe nicht recht, weshalb Sie mich die ganze Zeit Fredri nennen? Erinnere ich Sie an jemanden mit diesem Namen? / Ja, sagte ich – und schluckte. Das tust du in der Tat. / Er öffnete mir die Tür. Mit einer Höflichkeit, die wehtat. Grüßte mit einer Hand an der Mütze – und lächelte so herzlich, wie nur Rehabilitierte lächeln können. / Vor dem Laden entdeckte ich Sullik, der an einem Pfahl festgebunden war, eine kleine Schüssel Wasser neben sich. So haben sie wenigstens einander, dachte ich betrübt. Das kleine Ding erkannte mich wieder. Abzulesen am Schwanzwedeln. Und in einem Anfall von god kows what tat ich etwas, von dem ich geschworen hätte, dass ich es niemals tun würde: Ich ging in die Hocke und streichelte ein Tier. (Ich glaube, Sullik war genauso überrascht wie ich.) Durch die Glastür sah ich, dass der, der einmal Fredri gewesen war, uns genau beobachtete.

Wären die Zik-Zaks da gewesen (auf Spur Nummer zwei), hätte ich ihnen – auf meinem weiteren (zugegebenermaßen etwas bedrückten) Weg zum Bahnhof – erzählt, dass sich Bakterien und andere Mikroorganismen durch Klonen vermehren. Check it out! Und dass man jedes Mal, wenn man einen Steckling in einen Blumentopf pflanzt, die Pflanze, von der er stammt, klont. Schlicht und ergreifend. Und wie gesagt: eineiige Zwillinge. Außerdem: Bin ich nicht genauso sehr ich selbst wie ich auch mein Vater bin? (Alle Zik-Zaks auf Spur Nummer zwei hätten sicherlich ihre Saugnäpfchen aneinander gerieben als Zeichen dafür, dass sie zumindest so taten, als wären sie mit diesem Gedanken einverstanden. Auf Spur Nummer eins lief indessen lediglich gedämpfte Deprimucke.)

Dann fiel es mir wie Schuppen von den Augen. Oder besser gesagt: Es fiel den beiden Mathephantomen aus der Handlungsskizze (der vom Frognerseter) wie Schuppen von den Augen. Plötzlich sahen sie einander an und sagten wie aus einem Mund: Ja, aber was, wenn BX auch eine Zahl wäre? B (2) und X (24) zum Beispiel – wie die Buchstaben im Alphabet. D. h. 224. Und wenn wir (BX) 224 mit 314 und 709 kombinieren – was bekommen wir dann? Etwas, das verdächtig nach einer Telefonnummer aussieht! 224 314 709 oder 709 224 314 – je nachdem, wie wir es drehen und wenden und welche Zahlenfolge wir voranstellen. Ob ich die Gefahr gewittert habe? Nicht gerade hier und jetzt.

Ich befand mich nun etwa in der Mitte der Ausgangshalle am Hauptbahnhof (meinem Lieblingsausgang). Hätte ich einen Handschirm gehabt, hätte ich die Nummern natürlich gleich ausprobiert. (Denn hier in der Grauzone kann man durchaus raustelefonieren.) Aber alles, was ich hatte, war eine altertümliche Armbanduhr. Die noch dazu mehr als drei Minuten in der Stunde nachging. Zum Glück gab es hier mehrere Automaten. Gleich hinter der Reihe mit den Buddha-Statuen. Und ich hatte (merkwürdig genug) immer noch ein paar Geldstreifen übrig. Zuerst probierte ich die Siebennullneun-Nummer. Fehlanzeige. Und wenn, fiel mir ein, dann wäre es wahrscheinlich ein Anschluss in Molde gewesen. Die Zweizweivier-Nummer? Schon mal ein Freizeichen. Irgendwo in der Gegend von Lillestrøm oder Strømmen. Aber weiter kam ich nicht. Länger reichte die Kette nicht. Sie hatten mich an der langen Leine gelassen, mir viele Stunden ordentlich Schnur gegeben (Anführungszeichen, Abführungszeichen!) – nun war es offensichtlich an der Zeit, mich wieder einzuholen. Wie irgend so einen zappeligen Tiefseefisch. Zwei resolute Männer mit Mundschutz und chinesischen Schriftzeichen auf der Brust tauchten neben mir auf, der eine links, der andere rechts. Einer von ihnen wollte mir eine Spritze in den Nacken jagen. Hätte es auch fast geschafft. Ich spürte zwar einen Stich, konnte mich aber losreißen. Ich glaube, ich bin noch nie in meinem ganzen Leben so schnell gelaufen. (Zum Glück hatte ich keine hohen Absätze und konnte die Plateauschuhe leicht wegkicken.) Aber die beiden Kerle waren auch nicht gerade die langsamsten. Und wäre mein lieber Herr Sohn nicht gewesen, wäre ich wohl erledigt gewesen – ich weiß zwar natürlich nicht genau, wie, aber vielleicht hätte ich ja auch mit so hübschen Fransen an den Schulterklappen geendet. Beo? Was machte der hier? Mal ganz davon abgesehen, dass es für seine alte Mutter ein wahres Vergnügen war, dabei zuzusehen, wie der gute Junge aus den beiden Spritzkameraden Kleinholz machte. Mit Hilfe eines altmodischen Baseballschlägers. Schlicht und ergreifend. Und nichts weiter. Gleichzeitig merkte ich, dass meine Beine keine große Lust mehr hatten, mich weiterzutragen. Hi, Mama, sagte mein Kleiner (immer noch voller Tigerstreifen). Dachte, du brauchst vielleicht jemanden, der auf dich aufpasst. (Er bekam mich just in dem Moment zu fassen, als ich gerade den kürzesten Weg zum Boden nehmen wollte.) / Meine Güte, du bist aber stark, mein Lieber, sagte ich. (Denn das fand ich wirklich.) / Prytosaliskapruteire, sagte Beo. So hörte es sich jedenfalls an. In Wahrheit aber funktionierten meine Ohren nicht ganz so gut, wie sie eigentlich sollten. Auch die Augen bekamen allmählich Probleme. / Sie wissen von ARARAT, flüsterte ich. (Es war mir plötzlich ungemein wichtig, ihm das zu erzählen.) / ARARAT kann verlegt werden, antwortete Beo. / Und damit Schluss für heute.

WIR MACHEN LUFT (VERSUCHEN ES ZUMINDEST)

»Sie lebten ein ruhiges Leben mit Jazz und Löwenjagd.«

IBEN SANDEMOSE: Selbst die Löwen weinten in dieser Nacht

Mir geht es schon viel besser. Das hätte auch noch gefehlt. (Besonders, nachdem sie mir neue Kleider besorgt haben.)

Wir wohnen in einer heruntergekommenen Wohnung in der Sven-Bruns-Gate. (Von der Sorte, die eigentlich nicht dazu gedacht sind, dass dort jemand wohnt, die aber so aussehen sollen, als wären sie bewohnt – für den Fall, dass draußen mal jemand vorbeiläuft. In der das Licht automatisch an- und ausgeschaltet wird, ohne dass wir darauf Einfluss nehmen könnten. Die Gardinen gehen genauso auf und zu. Und ich brauchte schon ein oder zwei Tage, bis ich mich daran gewöhnt hatte.) Von der Küche aus kann ich gerade noch die Bäume im Schlosspark erkennen. Wie viele wir sind? Vier. Sander und Ono – Beo und ich. Sie sprechen kaum. Auch gut. So habe ich wenigstens nicht so viel zu tratschen.

Ich habe noch nie zuvor mit Naturfreaks zusammengewohnt. Sie sind ungefähr so, wie ich sie mir vorgestellt hatte. Wie lange muss ich hier bleiben? frage ich Beo. Bis sich alles beruhigt hat, antwortet er.

Aber danach kann ich natürlich nicht einfach nach Hause gehen. Und nicht einfach, das heißt nie mehr. So kann es gehen. Beo sagt, dass er damit beschäftigt ist, etwas für mich zu arrangieren. Hat keinen Sinn nachzufragen. Er hat es sich in den Kopf gesetzt, für mich verantwortlich zu sein. Und es ist offensichtlich, dass er sich wünscht, das Richtige zu tun (ich bringe es einfach nicht über mich, Letzteres in Anführungszeichen zu setzen). Was das angeht, ähnelt er seinem Vater nicht im Geringsten.

Im Treppenhaus haben wir einen digitalen Störsender. Er ist nicht größer als ein Kaugummi und am Treppengeländer befestigt. (Damit uns unsere Chips nicht verraten.)

Es gibt viele kleine Gruppen wie diese. In ganz ALTE ZEITEN (und draußen natürlich auch). So viel habe ich immerhin verstanden (und dass sie im Grunde Unterabteilungen von drei größeren – völlig unterschiedlichen, aber dennoch kooperierenden – Einheiten sind. Wir z. B. sind eine JAFET-Gruppe. Andere gehören zu SEM oder HAM). Und was machen die so – abgesehen davon, dass sie sich vor der Polizei verstecken? Alles Mögliche, so scheint es. Zum Beispiel gibt es viele, die auf unterschiedlichstes Erbgut aus sind. Dabei hatte ich immer geglaubt, dass die Jugend gegen das ganze Zeug eingestellt ist. Aber es macht vielleicht einen Unterschied, wenn es for a good cause ist. Das ist es jedenfalls, was Beo zu sagen versucht. Wir werden das gesamte Tierreich wiederauferstehen lassen, sagt er. Aber hier in der Sven-Bruns-Gate (dritter Stock und ohne Aufzug) haben wir alle Hände voll damit zu tun, frische Luft herzustellen. (Aufgabenteilung, sagt mein Kleiner mit ernster Miene.) Wir haben riesige Ballons in allen Zimmern. Bekommen es immer noch nicht so richtig hin. Aber wenn wir erst einmal herausgefunden haben, wie sie das hier in ALTE ZEITEN bewerkstelligen, sollte es eigentlich kein Problem sein, das auch woanders zu machen. Deshalb sind Ono und Sander draußen unterwegs – von früh bis spät – und spionieren diverse Kontrollstationen aus – Information, you know? So weit, so gut. Beo und ich bleiben hier in der Wohnung. Machen sauber und kochen. Ich glaube, sie halten es für vernünftig, dass jemand auf mich aufpasst. (Obwohl ich ihnen versprochen habe, meine Nase nicht eher rauszustrecken, bis sie mir Bescheid geben.) Meistens sitzen wir (Beo und ich) einfach kerzengerade da und sehen uns an. So ein Mutter-Sohn-Verhältnis ist eigentlich nichts Außergewöhnliches. Wieso bist du mir gefolgt, Beo? sage ich. / Du bist meine Mutter, oder nicht? antwortet er. / Ja, sage ich. Aber das allein war doch noch nie ein Grund, große Gefühle füreinander zu hegen? / Nein, schluckt er traurig. Aber ich wünschte, wir hätten ... / Bullshit! rufe ich. Und dann sitzen wir wieder da und halten eine ganze Weile die Klappe. Aber er lässt nicht locker. (Genauso stur wie seine Mutter, denke ich stolz.) / Es ist nur so, dass ich gerne lernen würde, etwas zu fühlen, sagt mein Kleiner. So wie die Leute früher – in den richtigen alten Zeiten – und ganz real. / Du hast zu viele meiner Bücher gelesen! sage ich. Aber ich komme auch nicht umhin zu lachen. Und da muss sogar er ein bisschen lachen. Er hat ein schönes Lachen, der Junge. Das muss man ihm lassen. Und ich bin ihm natürlich dankbar. Denn was hätte sonst nicht noch alles passieren können? Das hätte richtig böse ins Auge gehen können, nicht wahr? Die Spritze war ja nur eine von vielen Möglichkeiten (und die mit Abstand phantasieloseste – wenn es mir gestattet ist, ein wenig zu fachsimpeln). Ein anderes (und weitaus kribbelnderes) Ende wäre es gewesen, wenn sie gewartet hätten, bis ich in der Schlange am Ausgang stand. Dort hätte ich zum Beispiel plötzlich die Person treffen können, die ich nach wie vor gerne Leda nenne (die für Sasch und den Rest der Welt jedoch Fro heißt). Hi, hätte ich rufen können. Aber sie hätte mich angelacht, als würde sie mich nicht kennen (was sie im Grunde ja auch nicht tut). Und während sie damit fortfährt, mich nicht zu kennen, hätte sie (auf die ihr eigene verführerische Art) mir dieses und jenes untergeschoben, so dass, wenn ich dann endlich an der Reihe gewesen wäre, die Kontrollen geblinkt und getutet hätten und sich augenblicklich sämtliche wilden Hunde der Welt auf mich gestürzt und mich beschuldigt hätten, ein gewissenloser Dieb Slash Schmuggler zu sein, um mich sodann in unsichtbare Ketten bzw. digitale Fesseln zu legen. (Denn natürlich gibt es Agenten und Verräter – hier wie überall: Leute, die so tun, als wären sie einfache Touristen oder rehabilitierte Verbrecher und Abschaum, während sie in Wirklichkeit von den Behörden und gewichtigen Aktionärsgruppen gekauft und bezahlt sind.) Und auf der allerletzten Seite im Buch – kurz bevor ich abgeführt werde, einem dunklen und ungewissen Schicksal entgegen – hätte ich Leda zugewunken, die vielleicht ein Stückchen weiter weg gestanden hätte (an einen für die Zeit typischen Laternenmast oder eine verwitterte Steinmauer gelehnt) und das Geschehen beobachtet hätte (während sie in tiefen Zügen den Rauch einer langen gesundheitsschädlichen Zigarette inhalierte), und vielleicht hätte sie es dann ganz plötzlich bereut, vielleicht wäre ihr in diesem Moment aufgegangen, dass wir im Grunde füreinander bestimmt waren und dass wir nun beide unser Glück verspielt hatten – und (auch wenn sie natürlich viel zu stolz gewesen wäre, zurückzuwinken) war da nicht eine Träne, die langsam ihre Wange und ihren langen Schwanenhals hinablief?

Nachdem ich diesen Handlungsentwurf zu Ende gedacht hatte, bat ich sie, meinen Bleistift zu untersuchen. Den von Sasch. (Und wäre ich damit in eine Kontrolle geraten: Wer hätte mir geglaubt?) Ich überlegte, ob er vielleicht auch eine Art Verräter sein konnte. Aber sie fanden nichts. Danach war er jedenfalls nicht mehr zu gebrauchen. (Sie zerlegten auch die Armbanduhr und die Haarbürste. Wo sie gerade schon mal dabei waren.)

Etwas ganz anderes: Sander und Ono hatten die Nummer in Lillestrøm für mich überprüft. Aber sie gehörte wohl nur einer zufälligen Vater-Mutter-Kind-Familie in der Kommune Rælingen. Nichts weiter. Also sind die acht Prints vermutlich doch keine

Codes. (Aber es ist schon auffällig, dass die Naturfreaks mindestens genauso interessiert an meinem Herrn Vater sind wie Sasch und ihre Kumpane bei SOFTCOM.)

Eigentlich bin ich überrascht, wie leicht es ist, sich zu verstecken.

Ich glaube, Ono ist verliebt in mich. Jedes Mal, wenn ich vor dem Spiegel sitze und mir die Augenbrauen zupfe, spüre ich, wie er mich ansieht. Er ist etwas älter als die anderen (glaube ich). Und einem (ziemlich kurzen) Gespräch konnte ich entnehmen, dass er sich sogar schon einmal einer Fluxumwandlung unterzogen hat. (Weder Beo noch Sander haben je groß etwas an sich machen lassen, außer ein wenig die Nase zu richten, die Augenlider zu liften, das Kinn willensstärker zu konturieren und solche Kleinigkeiten. Aber jetzt als Naturfreaks ist damit natürlich ebenfalls Schluss.) Er hat eine gute Singstimme und spielt passabel Ritori (ich rede von Ono). Wäre ich gerade nicht von anderen Dingen so beansprucht gewesen, hätte es vielleicht etwas mit uns werden können. Aber mehrere Probleme auf einmal verkrafte ich nicht. Ich tröste mich stattdessen mit Y, von dem ich weiß, dass er sich irgendwo auf Spur zwei aufhält. Hier bin ich also – eingesperrt in diese kleine JAFET-Gruppe – nun schon seit über einer Woche. Tagsüber vegetiere ich vor mich hin. Sitze am Fenster und stumpfe ab. D. h. so sieht es für die anderen aus. Eigentlich stehe ich am Gleis und warte auf den Zug mit Y. Aber es kommt natürlich auch vor, dass ich (ganz einfach) unten auf die Straße schaue. Mir beispielsweise die gängige Mode betrachte. Bemerke, dass mehr und mehr Männer mit nur einem Ohr herumlaufen, also den van Gogh gemacht haben (wie wir es zu meiner Zeit nannten). Aber so ist das mit den Moden. Sie kommen und gehen. Und früher oder später fangen wir wieder von vorne an. Nachts träume ich. Alles Mögliche. Aber ich merke, dass ich weniger Zik-Zak bin als früher. (Wäre da nicht die Sehnsucht nach Y gewesen, ich wäre wohl schon längst kein Zik-Zak mehr.)

In ALTE ZEITEN gibt es nur Graulinge. Schon ein komischer Gedanke. Und eigentlich hatte ich bisher nie darüber nachgedacht. Nicht richtig. Aber ich habe mich ja auch nie sonderlich um Politik gekümmert. Ich fand es immer unbeschreiblich boring, wenn jemand anfing, über Ebola, Zaire, kurze Winter, höhere Niederschläge oder mehr Stürme zu sprechen.

Beo hat einige meiner Bücher gelesen (behauptet er jedenfalls). Und wie sieht es mit Sander und Ono aus? Die haben nichts gesagt. Und ich bin keine von denen, die herumläuft und darüber redet, wenn andere nicht von selbst damit anfangen.

Es gibt unglaublich viele Katzen in ALTE ZEITEN. Das fällt mir erst jetzt auf. Sie gehören niemandem. Aber sie werden jeden Morgen an bestimmten Stellen gefüttert. (Zum Beispiel hier am Holbergs-Plass.)

Beo sitzt manchmal bei mir am Bett. Wir sprechen über die Zeit, als er noch klein war. Er (will sich eine Vergangenheit schaffen und) wird niemals müde, zuzuhören. Und um ehrlich zu sein, bin ich selbst überrascht, an wie viel ich mich noch erinnere. Es fließt nur so aus mir heraus. Und es beruhigt mich, zu erzählen. Es beruhigt uns beide.

Er würde am liebsten Mama sagen. Aber ich habe ihn (vorsichtig, mind you) gebeten, mich lieber P zu nennen. (Pi will ich jedenfalls nicht mehr sein, so viel ist sicher.) Und wenn er P sagt, glaube ich fast, Mullas Stimme zu hören. Ich bitte ihn, mir den Buchstaben herüberzupusten. Darüber müssen wir beide lachen, aber er weiß ja nicht warum, der Arme.

Mit dem Verlust des Buchstabens i kann ich leben.

Aber wenn er mich nach Großvater fragt, weiß ich nicht mehr, was ich antworten soll.

Außerdem ist es noch zu früh, mit Beo über Klone und solche Dinge zu sprechen. (Habe ich ja selbst noch nicht einmal zu Ende gedacht.) Da kann ich die anderen genauso gut glauben lassen, ich sei völlig ordinary.

Ab und zu schmerzt es mich, dass sie mich nur benutzen. Dass es nur Theophil ist, den sie haben wollen. Auch sie. Aber das darfst du nicht denken, Mama, sagt Beo und sieht mich mit seinen warmen, schiefen Katzenaugen an. Puste mir ein P! antworte ich. Und wir müssen beide wieder lachen.

Der Mensch existiert nicht, aber zumindest ist diese Nicht-Existenz allgegenwärtig und bevölkert die Wirklichkeit mit ihrem sprudelnden Leerraum. (Ein merkwürdiger Satz, nicht wahr? Habe ich wahrscheinlich irgendwo gelesen. Wir Handlungsskizzierer klauben uns gerne das zusammen, was wir brauchen.)

ZURÜCK ZUR NATUR

»If at first, the idea is not absurd, then there is no hope for it.«

ALBERT EINSTEIN

Wer hat mich krabbeln und meine ersten Schritte machen sehen? Wer gab mir Zahlen und Buchstaben? Auf die ein oder andere Art und Weise müssen wir doch einen gewissen Kontakt gehabt haben? Der muss natürlich nicht persönlicher Natur gewesen sein. Zumindest nicht die ganze Zeit. (Eine Maschine ist bekanntlich zuverlässiger, was die Fürsorge anbelangt.) Aber ein wenig müssen wir uns doch umeinander gesorgt haben?

Tag für Tag lerne ich mehr über die Naturfreaks. Die, die auf dem Land wohnen. Und die sich an Bäume binden.

Die Namen der Aktionsgruppen. SEM, HAM und JAFET. Die drei Söhne NOAHS. Jene, welche die Sintflut überlebt haben.

Es gibt keine freien Wahlen, sagt Beo. Keine Königin. Es gibt nur die, die an allem verdienen.

Mein Chip tut weh. Er schmerzt in meinem Kopf. / Auf ARARAT haben sie sich den Chip entfernt, ihn einfach rausgeschnitten, sagt Beo. / Aber wenn er so etwas sagt, sticht es nur noch mehr. / Das ist deshalb, weil sie möchten, dass du an etwas anderes denkst, sagt Beo. (Er gibt zu, dass auch er ab und zu Kopfschmerzen hat.)

Wir sprechen oft darüber, wie idiotisch es ist, dass einige wenige immer reicher und reicher werden, während der Rest von uns immer ärmer und ärmer wird. Vor allem, weil es immer die Falschen sind, denen es gutgeht. Wenn sie keiner aufhält, wird das noch böse enden, mit uns allen, sagt Beo. Die Welt wird ein trauriges Ende nehmen. Er schreibt es mit einem Leuchtstift in die Luft. SEHR TRAURIG. Wir stehen da und sehen den Worten zu, wie sie verpuffen und sich in dünne Rauchfäden auflösen.

Die Wohnung, die wir okkupiert haben, ist sehr groß. Zwei Zimmer mit Küche. Das Wohnzimmer dient als Arbeitsraum und wird nur für diverse Versuche und Experimente genutzt (aber wir müssen die Ballons auch in der übrigen Wohung ertragen). Das zweite Zimmer ist das Schlafzimmer (für die anderen drei), ich selbst wohne in der Küche. Wir haben auch ein Bad und eine Toilette. Die benutzen wir aber nicht. Aus Angst davor, dass CONTROL den Wasserverbrauch bemerken und uns die Polizei auf den Hals hetzen könnte. Sander und Ono bringen jeden Tag zwei Kannen Wasser mit. (Und für alles andere benutzen wir den Hinterhof.) Die meisten Häuser hier in der Gegend sind nur leere Hüllen. Dienen lediglich als Kulisse. Aber diese Mietskaserne ist echt. Von außen ist sie komplett wiederaufgebaut. Aber innen ist sie natürlich ganz schön shaky. Die Treppe zwischen dem ersten und dem zweiten Stock ist beispielsweise eingestürzt, so dass wir eine Strickleiter benutzen müssen. (Aber so etwas sieht man ja nicht, wenn man draußen auf der Straße vorbeiläuft.) Ich weiß nicht, wie viel Beo und die anderen selbst repariert haben oder wie viel noch in Ordnung gewesen ist. Die Möbel haben sie von überall her zusammengetragen. Im Großen und Ganzen haben wir also alles, was wir brauchen.

Aber es wäre leichter gewesen, wenn wir hier auch 3V gehabt hätten – oder TV, wie es damals wohl hieß (also richtig früher). Ich hatte darauf gedrängt, einen anzuschaffen. (Mulla hätte sich weggeschmissen vor Lachen, wenn sie mich so hätte reden hören.) Aber ich bin es einfach leid, mir (jeden Abend) die Streitigkeiten dieser drei Freaks darüber, wie die Welt erlöst werden kann, anhören zu müssen – denn das ist das Einzige, was sie im Kopf haben. (Sie scheren sich nicht einmal um ihr eigenes Aussehen. Auch wenn mindestens zwei von ihnen dringend eine neue Nase gebraucht hätten. Von Beos Ohren gar nicht erst zu reden.) TV? sagen die drei Messiasse. Hier in ALTE ZEITEN gibt es nur Filme, in denen man Leute auf dem Sofa sitzen sieht, die lustige Dinge zueinander sagen. Nichts anderes. / Na und, sage ich trotzig. So what? / Wie, so what? sagen sie und sehen mich dämlich an. Als ob mit mir etwas nicht in Ordnung wäre. / Alles andere ist rausgefiltert, erklärt Ono geduldig. Alles, was etwas taugt. / (Aber noch will ich nicht klein beigeben.) Ich habe auch schon viele gute Programme gesehen, in denen Leute einfach auf einem Sofa sitzen, sage ich trotzig.

Wir haben nicht einmal Audio. Die einzige Musik, die es hier gibt, ist Ono mit seiner Ritori-Fiedel.

Aber ich weiß natürlich, dass es gefährlich ist, mehr Strom zu verbrauchen als absolut notwendig.

Ich höre sie nie über neue Aktionen oder Pläne reden (abgesehen von dem Luftzeugs, von dem sie glauben, dass es unseren Himmel wieder blau machen wird). Aber vielleicht spricht man über so etwas einfach nicht vor anderen.

Wie ist eigentlich die Sache mit deinen Krokodilen gelaufen? sage ich. Hä? antwortet Beo, bevor es ihm wieder einfällt. Ach, die. Gut, glaube ich.

An der Tür zum Hinterhof hängt ein großer Print der Königin. Jemand hat ihr ein schwarzes, kümmerliches Bärtchen gemalt. (Ab und zu habe ich den Verdacht, dass das alles nur ein Spiel für sie ist.)

Aber sie sind Tierfreunde. Das sind sie wirklich. Und sie wünschen sich nichts sehnlicher, als ein paar der herumstreunenden Katzen hier im Viertel anzulocken. Sie zu streicheln. Aber wir halten uns in Zaum. Weil wir nicht wissen, ob sie echt sind oder nicht. Und dabei denke ich natürlich nicht an die Rasse. Worauf ich hinaus will, ist, ob sie vielleicht etwas mehr als gewöhnliche Miezekätzchen sind. Ono hat nämlich gehört, dass CONTROL inzwischen kleine Cyborg-Katzen für sich herumschnüffeln lässt. Kleine, neugierige Pelzknäuel – zur Hälfte organisch und zur Hälfte etwas ganz anderes. (Er sagt, dass aus diesem Grunde eine ganze SEM-Gruppe aus Grønland in der letzten Woche rehabilitiert wurde.) Und da es völlig unmöglich ist, die einen von den anderen zu unterscheiden, begnügen wir uns damit, hinter der Gardine zu stehen und zuzusehen, wie sie gefüttert werden.

Eines Nachts träumte ich von Papa. Ich träumte, dass ich durch einen riesigen Saal voller Spiegel lief – und dass ich morphte … mein Körper zitterte und mein Gesicht wellte sich … ich verlor die Kontrolle über Arme und Beine … dennoch lief ich … während ich morphte und mutierte – bis ich genauso aussah wie Papa auf meinen alten Prints. Es war silly und es war bad. Bad, bad, bad! sagte ich laut. Und bei jedem bad kratze ich mir mit den Fingern übers Gesicht. Bis es plötzlich ein Loch bekam (gleich neben dem linken Mundwinkel) – und ich merkte, dass es nur eine billige Karnevalsmaske war. Ich bemerkte auch, dass die Spiegel plötzlich voller Leute waren – die lachten und mit dem Finger auf mich zeigten –, ein grölender Mob, den es nur hinter Glas und Rahmen gab und nicht im Saal. Aber es machte mir nichts aus. Ich hatte mehr als genug damit zu tun, mir diesen klebrigen Schmodder herunterzukratzen.

Beo hat mir ein Bild gezeigt, auf dem Papa mit Sasch und sechs anderen zu sehen ist. Er nennt sie Die Acht. Er sagt, dass Papa der

Gefährlichste von allen gewesen sei. Bis zu dem Tag, als er plötzlich bereute, rebellierte und verschwand.

Nach Amerika? Nein, sicher nicht. Wer wäre heutzutage schon noch groß daran interessiert? (Außerdem war es auch völlig unmöglich, hineinzukommen.) In den Osten? (Was eine viel sensiblere Wahl gewesen wäre, vor allem bei Papas Hintergrund und Fähigkeiten.) Aber aus dem ein oder anderen Grund glaube ich, dass er ganz einfach da geblieben ist. (Ich habe mir früher nie allzu große Gedanken darüber gemacht, aber ich habe es im Gefühl.) Hier. Genau hier. In ALTE ZEITEN. Wo er mit dabei war, einen neuen Himmel und eine neue Erde zu errichten. Eine gewaltige Erinnerungsblase – und ein künstliches Pflaster auf den Wunden, die fünf Fernkriege hinterlassen hatten. (Meine Fresse – die waren verdammt gut damals! Ob wir heute noch Leute haben, die so etwas hinbekommen? Oder müssen wir die aus China holen?) Außerdem möchte ich damit aufhören, Vater oder Papa zu sagen (wobei ich mich immer wieder ertappe). Von nun an will ich ihn einfach nur Theophil nennen (wie alle anderen auch). Kein Grund, allzu vertraulich zu tun. Aber bin ich vielleicht, trotz allem, ein wenig stolz auf ihn? Vielleicht. Denn hatte er bei der Entwicklung des Chips nicht auch seine Finger mit im Spiel? Und ich meine: Der Chip ist ja das Wichtigste, was wir haben. Er steuert alles. Ohne Chip gäbe es nur Chaos und Durcheinander. Nicht wahr? Und eigentlich müsste er schweineberühmt sein (statt auf der Fahndungsliste von Wirtschaftshaien aus aller Welt und übergeschnappten Freaks zu stehen.) Er hat versprochen, in 100 Jahren zurückzukommen. Wie genau hat er das gesagt? Wenn wir davon ausgehen, dass er im gleichen Jahr verschwand, in dem ich geboren wurde (also 2052), dann sind es jetzt (so viel ist sicher) noch zwei Jahre bis zur Hundertjahresmarke. Und die Zeit kann schnell vergehen. Wie schnell, wissen wir nicht. (Aber ich habe gehört, dass es jemanden gibt, der die Geschwindigkeit zu messen versucht.) Und jetzt hämmert es so heftig in meinem Kopf, dass ich genötigt bin, die Spur zu wechseln. (Switch!) Hi, sage ich zu den beiden Zik-Zaks, die zufälligerweise gerade hier unterwegs sind. Wie läuft's mit der Heimholung der Schweine? Gibt's was Neues, so mal unter uns Züchtern? / Sie betrachten mich äußerst argwöhnisch und wechseln schnarrend ein paar Worte miteinander. Da ich nicht mehr allzu sehr wie ein Zik-Zak aussehe. (Eigentlich sehe ich nach gar nichts aus. Aber sie entscheiden sich im Zweifelsfall für den Angeklagten.) Keine Ahnung, sagt der eine. (Ich sehe sofort, dass keiner der beiden auch nur im Entferntesten Y ähnelt, der wahrscheinlich für immer verloren ist, und eigentlich sollte ich um seinetwillen mit einem schwarzen Trauerflor über dem Bauch herumlaufen, aber man kann schließlich nicht alles auf einmal machen. Und vielleicht bin ich sogar dabei, das Interesse an ihm zu verlieren.) Wir haben die Schnauze voll von Schweinen, sagt der andere. Jetzt sind wir schon seit fast zwei Jahren auf diesem verdammten Planeten und alles, was wir essen, ist Schweinefleisch! Gekocht, gebraten, als Wurst und Kotelett. Als Steak, Schäufele, Gnagi, Rüsselchen und Haxe. Denn wie es aussieht, sind wir gegen alles andere allergisch. Nimmt es da wunder, dass wir Heimweh haben? / Ganz und gar nicht, antworte ich. Nicht im Geringsten. (Und dann beniesen wir es ein wenig, alle drei.)

Ono und Sander sind voll und ganz mit ihrer Luftforschung beschäftigt. (Von Sander habe ich bislang noch kaum etwas erzählt. Aber da gibt es auch nicht viel zu sagen. Er ist groß und dünn – und sieht aus, als wäre er vom Mond gefallen.) Auch Beo hilft mit. Ich selbst sitze in der Küche und lese wieder einmal das gleiche alte Wochenblatt. (Es ist fast zweihundert Jahre alt. Und das Papier total vergilbt. Damit es nicht ganz zerbröselt, liegt jede Seite in einer eigenen Plastikhülle. Ich habe keine Ahnung, wie sie an dieses Kleinod gekommen sind – das auf dem Schwarzmarkt natürlich ein Vermögen wert ist –, aber ich glaube, dass ich hier die Einzige bin, der es etwas bedeutet. Genug davon.) Eines

Abends veranstalteten sie einen Riesenbuhei und kamen zu mir in die Küche getrampelt. Ono bat mich, meinen Kopf in einen kleinen schwarzen Gummisack zu stecken. Tief einatmen, sagte er. Merkst du was? / Ich schloss die Augen und sog die Luft ein. Mmh, sagte ich. Sind das Fichtennadeln?

Sie nannten es einen Durchbruch. Den Rest des Abends tranken wir Tee und kauten Shangri. Und Ono spielte für uns auf seiner Ritori. Ob wir wollten oder nicht. Sander war derart beduselt, dass er auf dem Fußboden einschlief. Wir ließen ihn liegen. Und auch ich hatte Schwierigkeiten, mein Bett zu finden. (Ono verbeugte sich höflich und bot an, mich nach Hause zu begleiten. Ich kenne mich trotz allem besser in dieser Wohnung aus als du, glaubte ich ihn sagen zu hören.)

Ich war eigentlich der Meinung, dass Naturfreaks nicht auf Shangri stehen. Aber man lernt ja nie aus.

Es ist Beo, der mir die Nachricht überbringt, dass ich mich allmählich wieder raustrauen kann. Du hast die Erlaubnis erhalten, nach ARARAT zu kommen, sagt er – nahezu andächtig. Ich denke an den Alten, der mir einst den kleinen, gelben Stoffetzen gegeben hat, auf dem das Wort mit schwarzer Tusche geschrieben stand. Ich weiß noch immer nicht, was es genau bedeutet. Aber es ist ein Ort (oder ein Zustand?), über den sie oft reden. Alles ist gut und rein und grün auf ARARAT, sagen die Freaks – und sicher.

Ich bin daher ein wenig surprised, dass der Weg dorthin durch alte Abwasserkanäle führt.

WILLKOMMEN IN DER WIRKLICHKEIT

»In den finsteren Zeiten,
Wird da auch gesungen werden?
Da wird auch gesungen werden.
Von den finsteren Zeiten.«

BERTOLT BRECHT

Sander begleitete mich. (Von Beo und Ono verabschiedete ich mich unten an der Kellertreppe.)

Wir öffneten eine Falltür, kletterten eine Metalleiter hinunter – und schon standen wir bis über die Knöchel in der Scheiße.

Hier unten – tief unter ALTE ZEITEN – gibt es immer noch eine rege und völlig natürliche Fauna. Meistens Ratten. Aber auch schuppige Biester von der Größe eines Hundes. Sander nannte sie Dilldoggen. Glücklicherweise waren sie ängstlich und scheu und planschten ihrer Wege, sobald wir sie anleuchteten.

Wir folgten dem breiten Gesims längs eines trägen Flusses aus Schleim und Fäkalien. Es gluckerte unter unseren Füßen. Ab und zu passierten wir einen Seitenarm. Dann musste sich Sander auf die Zehenspitzen stellen (obwohl er doch so groß war), um die kleinen Schilder oben unter dem steinernen Deckengewölbe entziffern zu können. Keiner von uns sagte etwas.

Woran ich dachte, als ich da unten entlangschlurfte? Ich dachte an Fredri. Hätte ich versuchen sollen, etwas für ihn zu tun – oder war es so, wie es nun einmal ist, am besten für ihn (wenn es erst einmal so weit gekommen war)? Und in Gedanken spielte ich verschiedene alternative Szenen durch. Zum Beispiel diese: Ich bin wieder im Laden. Drehe mich zu ihm um. Darf ich fragen, wie Sie heißen? sage ich. / (In seinem Blick sehe ich Erschrecken aufblitzen.) Geht es um eine Beschwerde? sagt Fredri. Wenn ich Sie irgendwie … / Nein, sage ich. Es ist nur, weil Sie mich so sehr an jemanden erinnern, den ich früher einmal gekannt habe. / Aus dem Nichts (oder genauer gesagt: aus einer versteckten Spiegeltür) taucht plötzlich eine ältere Dame mit einem Maßband um den Hals auf. Belästigt er Sie? fragt sie resolut. / Ganz im Gegenteil, antworte ich. Wir haben nur … / Er darf nämlich nicht mit Kunden sprechen, erklärt sie. Seine Aufgabe ist, den Leuten rein- und wieder rauszuhelfen. Und mehr nicht. (Sie schaut Fredri verärgert an.) / Aber da streife ich die Schweinemaske ab und präsentiere mich in meiner ganzen Zik-Zak-Pracht. (Oder besser gesagt: Dem wenigen, was davon übrig ist.) Er gehört mir! rufe ich und wedle ihr mit einem wütenden Saugnäpfchen vor der Nase herum. Ich habe ihn gezähmt! Und wir Zik-Zaks vergessen niemals die Verantwortung für jene, die wir uns vertraut gemacht haben! / Fredri steht einfach nur da und schüttelt den Kopf. Und der Dame mit dem Maßband ist plötzlich eingefallen, dass sie dringend hinten im Laden gebraucht wird. / Komm, Fredri, sage ich freundlich. Komm, kleines Schweinchen!/ Und dann nehme ich ihn unter die Tentakel, breite meine Schwingen aus (denn in dieser Version habe ich überraschenderweise ein paar große, durchsichtige Flügel mit zotteligem Pelzbesatz) – und flattere aus dem offenen Fenster. Wir fliegen hoch über ALTE ZEITEN. Nach Süden und nach Osten. Durch gelbe Wolken und schleimigen Regen. Keiner von uns sagt etwas (anscheinend ist er ohnmächtig geworden) – nicht bevor wir holterdiepolter auf einem hohen, grasbedeckten Berg mit Palmen und Fichten gelandet sind. Wo sind wir? sagt der, der einst Fredri gewesen ist, sich nun aber nicht mehr an das Geringste erinnern kann. Wir sind auf ARARAT, sage ich. Dort, wo kleine Schweine noch frei herumlaufen können und es genug frische Luft für alle gibt. Cool, sagt Fredri, und fängt gleich an herumzulaufen. / Diese und andere Versionen spiele ich in meinem Kopf durch, während wir hier weiter durch den Untergrund waten (und dabei habe ich den Gestank noch nicht einmal erwähnt!). Aber im Grunde weiß ich, dass es zu spät ist. Sie haben Fredri so gründlich neu programmiert, dass man ihn nie wieder zusammensetzen kann (um es mal so zu sagen). Seine Datei ist komplett gelöscht worden. Nichts dran zu rütteln. Und die Person, die mit roter Schirmmütze und blauer Jacke bei HENNES & HERBERTH steht, ist ein völlig neues Dokument. / Woran denkt Sander, wenn er so vor mir im Schlamm herumtrampelt? Er singt. Bei Gott, das tut er.

Ganz egal, wie lange wir unterwegs waren. Wir sind wieder rausgekommen. Das ist das Wichtigste. Irgendwo in Groruddalen. Hinter einer Reihe von Blechschuppen. Direkt neben einem Ausgang Slash Eingang, den ich noch nie benutzt hatte. Es war Abend. Und Spätherbst. Aber dort drinnen … im Märchenland hinter den rosa Nebelschwaden … war es irgendwann an irgendeinem Tag zu jeder x-beliebigen Jahreszeit. Wir sahen die Schlange, die sich langsam zu beiden Seiten unter den großen Flutlichtern vorwärtsschob. Es nieselte. Ein feiner Sprühregen aus rostfarbenen Tropfen. Ab und zu rauschte es über unseren Köpfen. Die große Ringbahn (die durch ganz ALTE ZEITEN fährt) ließ Passagiere zu- und aussteigen und schickte sie in durchsichtigen Aufzügen hinauf und hinunter.

Die Landschaft bot ein offenes und tristes Bild. Es ist verboten, näher als 500 m an der Kuppel zu bauen. Also hat sich auch niemand die Mühe gemacht, dort aufzuräumen. (Der letzte Fernkrieg hätte genauso gut erst zwei Stunden vorbei sein können.) Aber je trister die Umgebung hier draußen, desto mehr sehnte man sich (natürlich) danach, das Leben hinter den Kontrollen und den leuchtroten Kartenhäuschen zu schmecken. An der Bahnhaltestelle stand ein riesengroßes Hologramm der Königin. Sie lächelte und winkte. Drehte sich nach links und rechts. Winkte und lächelte. Die ganze Zeit spielte Korpsmusik.

Hier und da, zwischen Schuppen und Müllbergen, unter Beton-
resten und Eisenkonstruktionen, brannten kleine Lagerfeuer, an
denen sich Menschen wärmten. Dicht aneinandergerückt. Andere
gingen in Wolldecken gehüllt auf und ab. Das ein oder andere
elektrische Wrack tuckerte an uns vorbei. / Du warst noch nie
hier draußen? Es war Sander, der die Frage stellte. / Ich schüttelte
den Kopf. / Willkommen in der Wirklichkeit, sagte Sander. Aber
genau in dem Moment war ich nicht recht bei der Sache. Denn
plötzlich befand ich mich wieder auf dem Berg, zusammen mit
Fredri. Es freute mich zu sehen, dass er ein glückliches Schwein
war. Aber ich selbst lag immer noch im Gras, ohne aufstehen zu
können. Der Flug hatte mir jegliche Puste genommen. Und nun
merkte ich auch, dass meine beiden Schwingen gebrochen waren.
Nie wieder zu gebrauchen. Gleichzeitig spürte ich, wie ich zitterte.
In sämtlichen Tentakeln und am ganzen Körper. Meine Haut
schlug buchstäblich Wellen, und es war, als würde ich innerlich
kochen. Das Schweinchen Fredri kam verwirrt grunzend zu mir
zurückgelaufen. Was machst du da eigentlich? sagte es und legte
den Kopf schräg. Ich häute mich, sagte ich (und merkte, dass das
tatsächlich der Fall war). Bist du dann kein Zik-Zak mehr? sagte
das Schwein. Nein, sagte ich. Ich glaube nicht. Jedenfalls nur fast.
(Während ich sprach, kam Dampf aus meinem Mund. Die Haut
war inzwischen völlig porös und schälte sich in großen Fetzen
ab.) Bedeutet das, dass wir nie wieder zusammen fliegen werden?
sagte Fredri traurig. Ja, sagte ich. Das tut es wohl, leider. Und
dann schloss ich die Augen und schrie. (Denn nun spürte ich, wie
der Zik-Zak in mir starb, und genauso schmerzhaft fühlte es sich
an.) Als ich die Augen wieder öffnete, war das Schweinchen Fredri
verschwunden, und ich selbst zu etwas völlig anderem geworden
(einem Buster nämlich. Aber davon später mehr). Wir sollten uns
nie wiedersehen. / Ich spürte, wie mich Sander anstupste. Geht's
dir nicht gut? fragte er. / Ich schüttelte den Kopf. Zum ersten Mal
(wahrscheinlich deshalb, weil er sein Gesicht direkt vor das meine
hielt) bemerkte ich, wie gelb seine Zähne waren (vom Shangri-

Kauen, vermute ich mal). / Komm, sagte er. Wir haben wenig Zeit. / Und dann ging er los. Ohne zu warten. / Ich folgte ihm. Mit gesträubten Schnurrbarthaaren. Nahm die Landschaft mit Augen, Nase und Ohren auf – saugte all den Schmutz und die Zerstörung in mich auf – dachte an all den unfairen Bullshit, in dem wir tagtäglich badeten – und pries mich glücklich, kein Zik-Zak mehr zu sein – denn all das konnte ja unmöglich das Werk dieser armen Schweine sein (es ist wohl niemand so stupid, seinen eigenen Stall in dem Ausmaße zu zerstören?) – nein, hier waren offensichtlich die verdammten Zik-Zaks wieder einmal auf einem ihrer üblichen Vernichtungszüge unterwegs gewesen. Und es lief mir eiskalt den Rücken herunter – es schauderte mich tief in meiner busterigen Seele (und mein Schwanz sträubte sich) bei dem Gedanken, dass ich so lange getäuscht (ja, getäuscht!) worden war und tatsächlich geglaubt hatte, einer von ihnen zu sein. (Denn genauso gehen sie vor: Sie bringen ihre Opfer und Gegner dazu, zu halluzinieren und sich die wahnwitzigsten Dinge einzubilden.) Aber jetzt konnte ich endlich die Wirklichkeit mit eigenen Augen sehen, als der, der ich wirklich bin (und im Grunde immer gewesen war): Ein Buster vom freundlich gesinnten Planeten HAPPA – und zwar kein gewöhnlicher Buster, sondern ein offiziell ausgesandter Beobachter und Tierfreund mit besonderem Faible für Schweine. (Gleichzeitig wurde mir klar, dass ich mich nie wieder auf eine zweite Gedankenspur flüchten konnte.) / Geht's nicht ein bisschen schneller? rief Sander über die Schulter. (Auf eine dezent verärgerte Weise besorgt.) / Nein, antwortete ich (denn wir Buster sind der Auffassung, dass es schlecht ist, zu lügen, selbst wenn es andere freuen würde). / Und so trabten wir atemlos weiter (fünfhundert Meter sind mehr, als es sich anhört). Jeden Augenblick rechneten wir damit, einen Copter zu hören oder einen Suchscheinwerfer im Nacken zu haben (Freaks und Flüchtlinge, die wir waren). Und während wir so dahinliefen, einander dicht auf den Fersen – und während es wirkte, als würde das angepeilte Haus keinen Millimeter näher kommen, sondern vielmehr von uns wegrücken wie eine verdammte Mohrrübe – verlor ich plötzlich (und thank god) eine weitere Illusion: In einem Anfall von unendlicher Klarsicht ging mir auf, dass auch all das mit den getürmten Schweinen ein fieser hypnotischer Trick gewesen war. Etwas, das die Zik-Zaks uns eingebildet hatten! Um die Invasion zu rechtfertigen. Und damit die Menschen (zum Beispiel) still dabei zusehen würden, wie sie abgeschlachtet wurden! Ich war so glücklich darüber, dass ich es nun endlich kapiert hatte, dass ich Sander gerne in den Nacken geküsst hätte. (Was aber einerseits missverständlich gewesen wäre, und zum anderen hatte ich keine Chance, ihn einzuholen.) Stattdessen rief ich ihm zu. Sander, rief ich. Du bist gar kein Schwein! Du bist ein Mensch! / Sander schenkte mir einen verwirrten Blick über die Schulter. / Willkommen in der Wirklichkeit, Sander! erinnerte ich ihn und lächelte so gut ich konnte. (Auch wenn es natürlich etwas ärgerlich war, dass meine umfassenden Schweine-Kenntnisse auf diesem Planeten nun nicht mehr sonderlich von Nutzen sein würden.)

ARARAT

»Das einzig Richtige zu tun, ist oft nur das,
was man als letzten Ausweg nutzt.«

NICKEN MALMSTRÖM

All das ist jetzt ungefähr ein halbes Jahr her. Ich befinde mich nun auf ARARAT, und mir geht es den Umständen entsprechend so gut, wie es einem schizophrenen Menschen nur gehen kann.

Außerdem habe ich damit angefangen, mich für Hühner und Rhabarber zu interessieren.

Hier eine kurze Zusammenfassung:

In dem Hochhaus, das wir anvisierten, warteten schon ein paar Freaks auf uns. Ich verabschiedete mich von Sander. Wir wünschten uns gegenseitig eine gute Reise. Yihi shunfeng, sagten wir feierlich zueinander. (»Mögest du allzeit guten Wind haben.«) Die (zwei) Freaks, die die Verantwortung für mich übernahmen, berichteten, dass sie die Meldung bekommen hätten, dass ich nicht länger von Interesse sei. (Ich war also kein Fall von oberster Priorität mehr.) Dennoch gaben sie mir einen Störsender. Und dann schubsten sie mich nach draußen und in eine Rikscha mit viel zu kleinem Motor (so dass jedes Mal, wenn wir an eine Steigung kamen, einer von ihnen aussteigen und schieben musste – was fast die ganze Zeit über der Fall war). Die Straßen waren dunkel, so dass man kaum etwas sehen konnte. Daher protestierte ich auch nicht, als sie mir nach einer Weile die Augen verbanden. Ein paar Minuten später blieb die Rikscha stehen. Sie halfen mir heraus und hinein in einen langen Korridor voller Treppen. Endlich durfte ich die Binde abnehmen. Wir standen in einem runden Raum mit weißen Wänden und grellem Licht. (Freaks mögen runde Formen. Rund anstelle von eckig zu wählen, ist für sie fast schon ein politisches Bekenntnis.) Und hier traf ich Die-mit-den-Türen-schlägt zum ersten Mal. (Ni hao!) Kurz gesagt: Sie erklärte mir, dass ich jetzt auf eine zwar nicht allzu lange, dafür aber nicht minder beschwerliche Reise gehen und unterwegs (die ganze Zeit über) schlafen würde, weil sie mir nun (recht bald) etwas spritzte, an dessen Namen ich mich nicht mehr erinnern kann. Du wirst schlafen wie ein antiker Brief in einem grauen Umschlag, sagte sie. Ob ich etwas dagegen hätte? Ich antwortete (wahrheitsgemäß), dass ich es längst aufgegeben hätte, klar über etwas nachzudenken, und mich nun lieber blind dem Zufall anvertrauen wollte. Das schien eindeutig eine Antwort nach ihrem Geschmack zu sein, da sie mir kameradschaftlich auf die Schulter klopfte. Und dann erinnere ich mich an nichts mehr, bis ich wieder aufgewacht bin. Auf ARARAT. Der überhaupt kein Berg ist. Sondern ganz im Gegenteil ein Bombenkrater mittlerer Größe. Genauer gesagt: ARARAT ist ein Labyrinth von Räumen und Gängen, das die Freaks und Graulinge hier in die Erde gegraben hatten. Schmale, kreisförmige Pfade (verbunden durch Treppen und Strickleitern) winden sich von einem grünen, veralgten See am Boden in die Höhe. Wenn es richtig schlimm regnet, steigt das Wasser über zwei Meter – und es wird so glatt, dass wir uns fast nicht nach draußen wagen.

Wo genau »hier« ist, weiß ich nicht. Ich habe nie eine Karte gesehen, die weiter als bis nach Mjøsa gereicht hätte. Und wir müssen noch ein ganzes Stück weiter nordöstlich sein. (Wie jeder weiß, ging es in den letzten beiden Fernkriegen richtig zur Sache. Nicht genug damit, dass das Zentrum von Oslo in Schutt und Asche gelegt wurde, auch die Gebiete nördlich und westlich der Stadt wurden für alles außer Dilldoggen unbewohnbar und mussten über Jahrzehnte abgeriegelt werden.)

Ich wurde gut aufgenommen. Bekam meine eigene Höhle hinter einer Wand aus Apfelbeeren – und so viel handgeschöpftes Papier, wie ich mir nur wünschen konnte. Jetzt kann ich schreiben, so viel ich will. Ohne mir Sorgen wegen der Länge machen zu müssen. Grüner Mann hat vorgeschlagen, dass ich ein Schauspiel schreiben soll. Etwas, das die Kinder und Jugendlichen mit Freude aufführen würden.

Wie viele hier leben? Um die dreihundert. Aber es ist schwierig, etwas Genaues zu sagen. Weil immer einige kommen und gehen. (Ist ja im Grunde auch egal.)

Anfänglich ließen sie mich meist in Ruhe. Besonders da Die-mit-den-Türen-schlägt betonte, dass ich es nötig hätte. Sie ist die Ärztin hier. Mit ihr unterhalten wir uns über alles Mögliche. Und sie war es auch, die mir erzählte, dass ich eine Persönlichkeitsstörung hätte. Du flüchtest, sagte sie. Jedes Mal, wenn es schwierig wird, wirst du jemand anderes. (So kann man es auch sehen. Aber wir Buster sehen das natürlich ein wenig differenzierter.) Ich erzählte ihr von meiner Arbeit als Handlungsskizzierer. Ich sprach mit ihr über Mama, die ein Digi war, und darüber, dass ich eigentlich ein Klon meines Vaters bin. Und es war leicht und angenehm, mit ihr zu reden. Ich glaube, dass ich sonst nur Mulla jemals so viel komisches Zeugs erzählt habe.

Wovon wir leben? Von allem Möglichen. Wir pflanzen am Hang rund um den Krater Obst und Gemüse an (und auch ein wenig am Kraterrand). Wir sind Vegetarier, natürlich. Ich habe gelernt, Rhabarbermus, Rhabarbersuppe und Rhabarberpastete zuzubereiten. Ich koche Brennesseltee und esse Brot mit Birkenblättern. Ich passe mich an.

Aber ich vermisse mein Digi. Das mit Mama und mir auf dem Sofa. Auch wenn ich weiß, dass es nicht real ist. In keiner Weise. Aber spielt das eine Rolle? Ist nicht das Meiste nur ein Flimmern in unserem riesengroßen flachen Universum? Und wenn mich eine Lüge ruhiger und zufriedener machen kann, so what the hack?

Wir haben auch Tiere. Nicht nur Katzen (als notwendige Rattenfänger) und Wachhunde, sondern auch Kühe, Ziegen, Schafe – plus eine Menge legefreudiger Hennen. Einige Tiere haben wir eingezäunt. Andere laufen frei herum. Ich habe noch nie zuvor so ein Leben gesehen. Aber Grüner Mann schnäuzt sich in seine linke Hand und meint, dass alles, was wir sehen, null und nichtig ist. Er sagt, dass er mitgeholfen habe, Löwen und Elefanten zu machen, aber die sind vorläufig noch im Glas! (Grüner Mann hat die Höhle links neben mir. Er ist ein schmächtiger Knirps und immer sehr höflich.)

Wen ich sonst noch kennengelernt habe? In erster Linie die Kinder, glaube ich. Habe nie richtig gemerkt, wie cool es ist, mit ihnen zu spielen. (Und dabei denke ich besonders an die Allerkleinsten.) Als Beo noch klein war, hatte ich keine Zeit dafür. (Glaubte ich damals. Außerdem war es Mode, seine Kinder so früh wie möglich in die Ganztagesbetreuung und zum Sozialtraining zu schicken.)

Die Kinder haben mir beigebracht, Handschuhe beim Brennesselpflücken zu benutzen. Und sie haben mir gezeigt, dass die Schmetterlinge ihre Eier an der Unterseite der Blätter ablegen. Noch ist es Frühling. Aber sobald es ein wenig wärmer wird, wird es vor meiner Höhle vor Schmetterlingen nur so wimmeln!

Keines der Kinder ist manipuliert. (Versteht sich von selbst.) Sie sind genau so alt, wie sie aussehen. Das Gleiche gilt für die Tiere. Auch sie dürfen normal altern und sterben.

(Und wenn wir schon davon sprechen: Es ist schon komisch, Kühe zu sehen, die sich bewegen können, Hühnchen mit nur zwei Flügeln und Säue, die den Bauch nicht voller menschlicher Organe haben. Es ist fast so, wie in einem Märchenbuch aus ALTE ZEITEN zu blättern!)

Ob es oft vorkommt, dass ich ein Buster bin? Ich glaube, ich kann es sein, wann immer ich will. (In dem Punkt hat Die-mit-den-Türen-schlägt absolut Recht.) Aber so what? Ich kann Schwein Slash Human und ich kann Buster sein. No big deal. Hier im Sandkasten (mit all unseren kleinen Eimern und Schäufelchen) gibt es viele, die mindestens zwei Leben leben. Und keiner von uns betrachtet das als Realitätsflucht. Wir bauen uns Hüte und Schirme aus Rhabarberblättern. Wir schauen einander an und lachen. So einfach kann das Leben sein.

Und wenn jemand stirbt? Dann schmücken wir die Leiche mit Blumen und verbrennen sie. Papa Pst sagt ein paar nette Worte über den Toten. Und dann streuen wir die Asche auf den Kartoffelacker. (Allein in der Zeit, die ich hier bin, waren es vier.)

Wie ich heißen möchte? Ich wollte, dass sich die Kinder, mit denen ich spielte, einen neuen Namen für mich ausdenken. Einen, der noch besser war als P. Aber es waren ihre Eltern, die es geschafft haben. Dame-im-Sand nennen sie mich. Das ist ein schöner Name. (Grüner Mann hat ihn in Ton gebrannt. Eine lange, braune Tafel, mit der ich nichts anzufangen weiß.)

Ich habe viel über den Tod nachgedacht. Alle gehen davon aus, dass ich älter bin, als ich aussehe. Wenn die wüssten, wie alt ich wirklich bin. Genau darüber pflege ich viel mit mir selbst zu sprechen. (Das ist eine ziemlich seltene Gabe, aber wir Buster schaffen es tatsächlich, zwei Personen auf einmal zu sein. Ich switche also nicht vor und zurück, wie Die-mit-den-Türen-schlägt glaubt. Ganz und gar nicht! Ich bin beide. Die ganze Zeit über. Wie das passiert? Es passiert ganz automatisch, wenn wir den Fuß auf einen neuen Planeten setzen. Wir identifizieren uns – paff! – mit dem ersten lebenden Wesen, das uns begegnet. In meinem Fall geht es – bekanntermaßen und glücklicherweise – darum, zur gleichen Zeit Mensch und Buster zu sein. Daher ist es ganz natürlich, dass wir fast den ganzen Tag herumlaufen und uns mit uns selbst unterhalten.) Wenn du so alt bist, musst du doch schon eine Menge erlebt haben? sagt der Buster in mir. Ja, antwortet der Mensch, aber das ist alles so furchtbar schnell gegangen. Ich habe es kaum geschafft, auch nur einen Bruchteil davon zu verstehen. Du meine Güte, sagt der Buster. Und dann reden wir einfach über etwas anderes.

Die Namen SEM, HAM und JAFET sind eine gute Wahl. Aber wer ist NOAH? Er wird kommen, sagen sie. Und sehen mich ernst an. Es betrübt mich, dass sie so sicher sind, dass die Welt untergehen wird. Selbst die Kinder sprechen darüber.

Ich mag es, wenn es um mich herum hübsch ist, anyway. Ich bürste die Wände jeden Morgen. Streue Blumen auf den Boden. Lauter solche Kleinigkeiten. Einer der Nachbarn hatte ein Bett übrig. Es ist aus einem alten Küchenschrank gebaut. Mit zwei tiefen Schubfächern am Fußende. (Es kommt nämlich vor, dass die Leute Sachen hierherbringen, die sie in verlassenen Häusern und Ruinen gefunden haben. Und wir haben hier tüchtige Zimmerleute, die Stuhlreste und zersplitterte Holzvertäfelungen gerne zu neuen, spannenden Möbeln zusammensetzen.) Einen Tisch habe ich selbst wieder mit zwei Steinen und einem Brett repariert. Mehr braucht es nicht.

Die Kinder haben mir beigebracht, wie man Papier macht, nicht nur aus Holz, sondern aus allem Möglichen: Lumpen, Stoffetzen, Blumen, Pflanzenstiele, Stroh und Blätter. Dass es so etwas gibt! Das wäre mir von alleine nie eingefallen. Und schaut mich jetzt an! Hier sitze ich und schreibe auf einer Faserverbindung aus Löwenzahn und alten Socken. Trotzdem zerreiße ich immer noch – jeden Abend –, auch wenn ich jetzt mehr als genug zum Schreiben habe. Es ist einfach so, dass ich mich nicht vollkommen wohlfühle, wenn ich den Tag nicht auf diese Weise beschließe: zuerst schreiben, dann in Stücke reißen. (Auch das Schauspiel? Nein, nur alles andere.)

Aber ich werde es nie schaffen, auf einer Flöte aus Eberesche zu spielen. Und schon gar nicht, eine zu schnitzen. Ich hämmere mit dem Messerschaft darauf ein, aber die Rinde will sich einfach nicht vom Holz lösen.

Ich versuche auch, mich zu den anderen Frauen zu setzen. Aber ich fühle mich vollkommen lost bei ihnen. Sie können so vieles! Sie können aus fast allem, was grünt und blüht, etwas zu essen zaubern. Sie rühren Kartoffelmehl in ihre Suppen. Und sie wissen, dass ein Sud aus Eichenrinde bei Durchfall hilft, dass ein Tee aus Borkenblättern Gichtschmerzen lindert und dass Vogelbeersaft gut für die Nieren ist. Die Frauen hier verstehen sich auf die verschiedensten Künste! Sie scheren Schafe. Sie spinnen Garn aus der Wolle. Sie färben das Garn in einem Sud aus Blättern und Pflanzen. Sie stricken und weben. Ich hingegen … ich fühle mich einfach dumm und unbeholfen. Alle sind nett zu mir. Aber ich weiß, dass sie lachen und mich belächeln, wenn ich nicht hinsehe.

Aber womit verdiene ich dann meinen Unterhalt (und die Höhle, in der ich wohne)? Wie vorher auch. Indem ich Geschichten erzähle. Zu etwas anderem tauge ich nicht. Aber es sieht so aus, als ob die anderen das in Ordnung fänden. (Zumindest hat mir gegenüber niemand etwas anderes behauptet.) Meistens erzähle ich den Kindern. Aber nach und nach kommen nun auch deren Eltern. Ich pflege hier am Hang vor meiner Höhle zu sitzen.

Jeden Tag hoffe ich, dass die Apfelbeeren blühen.

Es ist wichtig, zu schildern, wie Beziehungen zwischen Menschen zu Bruch gehen können, die nur das Beste füreinander wollen (– sage ich zu Grüner Mann). Denn wie oft heiratet man nicht während eines langen Lebens? (Einige verbandeln sich sogar mehrmals mit genau demselben!) Aber die meisten Beziehungen zerbrechen schneller, als du Das dritte Buch Mose sagen kannst. In meiner Jugend dauerte eine durchschnittliche Ehe immerhin noch ein paar Monate. Aber so ist das nicht mehr. (Wie lange warst du denn verheiratet? fragt Grüner Mann. Geht dich nichts an, antworte ich. Denn das tut es wirklich nicht.)

Ab und zu ist es ein Segen, so vergesslich zu sein wie ich.

Wie es mit dem Schauspiel läuft? Gut. (Wenn man in Betracht zieht, dass ich so etwas noch nie zuvor gemacht habe.) Ich bin auf die Idee mit den beiden, die zur letzten stillstehenden Stadt der Welt reiten, zurückgekommen – die hinter einer gewaltigen Dornenhecke verborgen liegt. Aber meine Helden sind nun kein weiblicher Pilot und kein kräftiger männlicher Draufgänger mehr (wie im ersten Entwurf). Sie sind zwei Kinder. Zwillinge, die nach ihren Eltern suchen. Und die hoffen, sie hinter der Hecke aus lebensgefährlichen Rosen zu finden. Weil sie vielleicht dort liegen und schlafen? Gemeinsam mit einer Million anderer verschwundener Eltern? Die Kinder reiten langsam an dem Dornengestrüpp entlang. Rufen die Namen ihrer Eltern. Rufen ihre eigenen Namen. Aber sie wissen, dass jene, die dort drinnen schlafen, tief schlafen – mit magischen Pfropfen in den Ohren – und dass sie nur ein aufrichtiger Kuss wecken kann. Sie sehen die verfaulten Knochen all der Glücksritter, die sich wegen der Schätze, die die schlafende Stadt der Legende nach beherbergen soll, tollkühn verschätzt hatten. Aber die Kinder lassen sich nicht abschrecken, und sie wollen nicht aufgeben, denn gibt es nicht vielleicht trotzdem – irgendwo – einen Weg durch die Hecke – einen Pfad, den die Erwachsenen übersehen haben? Also reiten sie. Immer rundherum. Über Tage. Wochen. Und Jahre. Ob sie es eines Tages schaffen werden? Keine Ahnung. So weit bin ich noch nicht.

Ich habe mir vier Hühner zugelegt. Grüner Mann hat mir beigebracht, sie zu versorgen. Ist gar nicht so schwierig. Und es steckt mehr Gesellschaft in solch gackerndem Geflügel, als man meinen sollte. Ich streichle ihnen über den Rücken und singe für sie. So wie ich für Beo ab und zu gesungen habe. Als er noch klein war.

Aber ich stellte mich total quer (wenn man das so sagen kann), als sie mir den Chip wegnehmen wollten. Papa Pst (der hier am meisten zu sagen hat) und Die-mit-den-Türen-schlägt sagten, dass es für sie ein Routineeingriff sei, Leuten den Chip aus dem Kopf zu schneiden, und in Anbetracht dessen, dass ich bei allen Kontrollen (vermutlich) immer noch auf der Schwarzen Liste stand, wäre es wohl das Beste, wenn ich mich gleich unters Messer legen würde? Das meinten sie ernst. Sie sagten, dass sie selbst (wie fast alle anderen hier) genauso gut ohne Chip lebten. Aber ich wollte nichts davon hören. Ich fing an zu schreien. Schlug alles um mich herum kaputt. Ich glaube, ich hatte noch nie solche Angst. Und es brauchte ein ganze Weile, bis mich Die-mit-den-Türen-schlägt wieder beruhigt hatte. Wir zwingen niemanden, sagte sie. Wir glauben nur, dass es zu deinem Besten ist. Aber wenn du lieber mit einem Störsender um den Hals herumlaufen willst, bitte schön.

Bin ich deshalb ein Sicherheitsrisiko? Hardly. Die Behörden haben Besseres zu tun, als nach Freaks und Graulingen zu suchen. Die meisten sind sowieso nur völlig harmlose Irre. (Und es ist nicht verboten, graue Haare zu bekommen oder hohle Baumstämme zu streicheln.) Aber sind SEM, HAM und JAFET nicht gefährlicher als das? (Man spricht von ihnen ja gerne als Feinden der Gesellschaft und macht sie für allerlei verantwortlich?) Wir sind drei Fliegen, die die Kuh mit dem Schwanz beiseitefegt, sagt Papa Pst. Wir nerven sie. Auf eines aber kannst du Gift nehmen: Wenn die Kuh eines Tages wirklich pissed off ist, wird es auch nicht mehr viel helfen, sich in einem Erdloch zu verstecken. (Wahrscheinlich wird es auch nicht helfen, sich hinter einem primitiven Störsender zu verstecken.) Er betont ständig, dass unsere Zeit nur geborgt ist. Und dass es eilt. (Was denn da so eilt, dazu später.)

Ich habe einen kleinen Freund, der mich fast jeden Morgen besucht. Manchmal bringt er mir Blumen mit. Er heißt Ake Lei und ist sechs Jahre alt. Dame-im-Sand, sagt er ernst. Bist du glücklich hier bei uns? Ja, antworte ich (jedes Mal). Und tatsächlich glaube ich das auch zu sein.

EINE REIHE UNBEWEGLICHER PUNKTE

*»A rich man left by will his mansion and estate to a poor couple.
They remove into it, and find there a darksome servant,
whom they are forbidden by will to turn away.
He becomes a torment to them; and, in the finale, he turns out
to be the former master of the estate.«*

NATHANIEL HAWTHORNE: The American Note-Books (1868)

Dennoch kann man sich fragen: Was habt ihr mit mir vor? Ich fragte sie geradeheraus. Die-mit-den-Türen-schlägt. Was habt ihr mit mir vor? rief ich. (Ich gehe jeden Mittwoch zu ihr.)

Sie glauben, Theophil sei auf ihrer Seite.

Als ich jung war, war es cool, Digis über da Future auf 3V zu schauen. Wir dachten, dass die Zukunft nur in eine Richtung verlief. Ohne Straßenränder und volle Pulle. Alles würde viel leichter, schneller und raffinierter werden. Die Staubsauger würden viel besser saugen. Die Raketen würden besser raketen. Es gäbe Pillen gegen alles. Und keiner würde sich langweilen oder nicht genug Geld haben. Es kommt vor, dass Grüner Mann und ich dasitzen und in Erinnerungen schwelgen. Erinnerst du dich an all das Future-Zeugs, das wir hatten? sagen wir zueinander. Erinnerst du dich noch an all die Space-Hologramme, die wir gesammelt und getauscht haben? Erinnerst du dich noch an die ganzen Superhelden-Kostüme? Heute können wir darüber lachen. (Aber der Buster in mir wedelt mit dem Schwanz und legt die Ohren an. Darüber lachen? sagt er. Das ist wohl das Letzte, was ihr tun solltet? / Davon verstehst du nichts, sagt der Mensch in mir. (Ein wenig resigniert.) / Tue ich nicht? miaut der Buster entrüstet und wedelt mit seiner Goldmedaille, die er für einen langen und gründlichen Einführungskurs in Schweinepflege erhalten hat. / Nein, antwortet der Mensch. Du hast keine Ahnung von all den merkwürdigen und widersprüchlichen Überlebensstrategien, deren Entwicklung uns tausende von Jahren gekostet hat. / Pfffff, schnaubt der Buster und schlägt sich mit der Pfote aufs rechte Ohr. / Ehrlich gesagt, verstehen wir sie selbst nicht, sagt der Mensch in mir. Wir wissen nur, dass sie funktionieren!)

Aber die Kuh (siehe oben) sorgt natürlich dafür, dass wir niemals vergessen, wer am längeren Hebel sitzt. Vor ungefähr einem Monat hätte das ganz übel ausgehen können. Ich kannte die Gerüchte darüber, wie gefährlich die Katzen in ALTE ZEITEN sein konnten. Dann bekamen wir es gleich mit einem ganzen Rudel zu tun. Was wir aber nicht von Anfang an gemerkt haben. Einer unserer Hirten hat uns gewarnt. Fünf Wildkatzen machen unsere Schafe unruhig, sagte er, und dass er es alleine nicht schaffe, sie wegzujagen. Ich war (zufällig) eine der Ersten, die kamen, um zu helfen. Und es war eindeutig, dass die Schafe Angst hatten. Die Katzen waren groß, geschmeidig und verspielt. Und ich war nicht die Einzige, die mehr Lust dazu hatte, sie zu streicheln als zu verscheuchen. Ich lockte ein kleines, gestreiftes Kätzchen zu mir, das nicht viel größer war als ein Baby. Der kleine Tiger strich um meine Beine. Schnurrte, als ich ihn hochhob. Ich nahm ihn mit hinüber zu einem der Schafe. Das wich zurück und blökte. Na, na, sagte ich. Der ist doch nicht gefährlich. Du wirst doch wohl keine Angst vor einem kleinen Kätzchen haben? Doch genau das hatte es. Bevor ich es zu fassen bekam, nahm es Reißaus und rannte – mitten in den Wald hinein. Das Gleiche taten auch die anderen Schafe. Dreißig Tiere. Flüchteten in wilder Panik. Und da standen wir. Zu dritt. (Den Hirten nicht mitgerechnet, denn der lief, so schnell er konnte, hinter den Schafen her.) Da standen wir nun, jeder eine Katze auf dem Arm, und die anderen beiden miauten uns um die Beine. Wir lächelten unbeholfen und streichelten mit den Fingern über den weichen Pelz. Aber plötzlich durchzuckte es mich wie ein Blitz. Und noch bevor ich richtig wusste, was ich da machte, steckte ich dem Kätzchen eine Hand ins Maul und schraubte die Zunge ab. Das kleine Tier gab ein knirschendes Geräusch von sich, und das Licht in seinen Augen erlosch. Denn es war natürlich kein normales Katzenjunges, mit dem ich gespielt hatte. (Was die Schafe vom ersten Augenblick an begriffen hatten.) Die zwei anderen Freaks verstanden das falsch und fingen, jeder mit einem dieser Mistviecher auf dem Arm, ein großes Geschrei an. Dachten wahrscheinlich, ich wäre durchgedreht. Aber ich war zu schnell für sie. Bückte mich rasch und bekam die anderen beiden zu fassen, die mir um die Beine strichen. Erst die eine, dann die andere. Die Zunge, rief ich. Ihr müsst ihnen die Zunge rausreißen! Nun begannen die beiden übrigen zu fauchen und zu kratzen, und die beiden Freaks ließen ihre Tiere los. Die Katzen wollten abhauen. Aber ich nahm einen Stock und schlug drauflos. Ich traf die eine. Blut und Kabel. Mit der anderen sah es schlechter aus. Sie wäre glücklich entkommen, wenn nicht der Hirte hinter einem Hügel aufgetaucht wäre, einen Hitzesucher herausgeholt und das kleine Ding in fragmentiertem Zustand ins große digitale Dunkel geschickt hätte. Woher wusstest du, dass es Cyborgs waren? fragten mich die Leute später. / Keine Ahnung, antwortete ich. / Und woher in aller Welt wusstest du, dass man die Zunge abschrauben muss, um sie auszuschalten? / Keine Ahnung, antwortete ich. (Aber mir war, als hätte ich das alles schon einmal erlebt.)

Obwohl wir wussten, dass es keine echten lebenden Tiere waren, fiel es uns schwer, sie umzubringen.

Hast du öfter solche Déjà-vus? Es ist Die-mit-den-Türen-schlägt, die fragt. Nie, antworte ich. Aber wenn ich es mir recht überlege: Es kommt schon vor … wenn ich Menschen treffe oder ab und zu, wenn ich an einen neuen Ort komme … dass es mir sozusagen unter der Haut kribbelt. Als ich Sasch zum ersten Mal getroffen habe, zum Beispiel. Da kribbelte es ziemlich, erinnere ich mich. Habe nie daran gedacht, dass das ein Déjà-vu sein könnte. Aber ich muss zugeben, dass es schon irgendwie seltsam war, das mit der Zunge.

Es war kurz nach diesem Vorfall, als Papa Pst mir die große Tier- und Pflanzensammlung zeigte. (Und damit meine ich nicht das alltägliche Gekrabbel um uns herum. Nein. Ich meine natürlich all die Flaschen, Kolben und Abertausende von kleinen Gefrierbeuteln.) So viel Samen. So viel Saat. Als ob sie versuchten, alles irdische Leben zu komprimieren und zu archivieren. Wir bauen eine ARCHE, sagt Papa Pst. (Er sagt das einfach so dahin. Als ob es das Normalste von der Welt wäre.) So eine wie Noah? frage ich (um sicherzugehen, dass ich ihn auch richtig verstanden habe). Genau, sagt Papa Pst. Genau so eine bauen wir.

Grüner Mann erzählt mir mehr darüber. Was wir hier haben, ist noch ziemlich wenig, sagt er. Woanders gibt es viel größere Depots. Denn »ARARAT« ist nicht nur ein Ort, sondern viele Orte auf einmal. (Das erklärt auch, was Beo damit meinte, als er sagte, dass ARARAT »verlegt« werden könne.) Aber alle sind gleich wichtig. Und gemeinsam bilden wir das große, globale Genmagazin. Das notwendig ist, damit das Leben danach weitergehen kann. (Seine Augen leuchten.) Danach? sage ich. Nach was? (Aber er hört mich nicht.) Daran arbeiten wir Freaks nun schon seit fast einhundert Jahren, sagt er. (Seine Zähne klappern vor Aufregung.) Das ist es, was unserem Leben einen Sinn gibt. (Wer von uns ist denn hier bitte schön nuts?) (Ich fragte Die-mit-den-Türen-schlägt, ob es vielleicht auch mehrere »ARCHEN« gäbe [wo es doch schon mehrere »ARARATS« gab]. Aber das gibt es gewiss nicht. [Keine andere als jene, die an einem geheimen Ort far, far and away liegt.] Außerdem sei sie es, die die Fragen bei unseren Mittwochstreffen stelle [– sagt sie]. Meine Aufgabe ist es, still dazuliegen und ohne nachzudenken so schnell wie möglich zu antworten.)

Es ist schon eine ganz schöne Plackerei, all diese Geschöpfe zu restaurieren. (An vielen ist doch ziemlich herumgefummelt worden.) Vielleicht wurden menschliche Gene hinzugefügt, nur so als Beispiel. (Oder aber sie waren anderen copy-and-paste-Aktionen ausgesetzt.) Und all das muss natürlich entfernt werden. Schön, wenn man einen Plan hat, an den man sich halten kann. Aber in den meisten Fällen weiß man kaum, wie die Tiere ursprünglich ausgesehen haben, nicht wahr.

Das versuche ich den Kindern in Form eines Märchens zu erklären. Ich erzähle von Ganesha (der auf allen Zug- und Flugtickets abgebildet ist). Dem aufgrund eines Missverständnisses der Kopf abgerissen wurde – nur weil sein Vater nach einer langen Reise schlecht gelaunt nach Hause kam und nicht kapiert hat, dass es sein eigener Sohn war, der da an der Tür zum Badezimmer aufpasste, in dem Mutter Parvati saß und vor sich hinplanschte. Denn Ganesha stand Wache, genau wie es ihm seine Mutter aufgetragen hatte. Und er ließ niemanden hinein. Denn darum hatte sie ihn schließlich gebeten. Aber Papa Shiva (der mächtigste aller indischen Götter) wollte kein Nein für ein Nein nehmen. Schon gar nicht von einem unbekannten jungen Mann, der versuchte, ihn daran zu hindern, zu seiner Ehefrau zu gelangen, die er seit Jahren nicht gesehen hatte und die er jetzt unbedingt umarmen musste (egal, wie nass sie war). Also reißt Shiva dem Jungen den Kopf von den Schultern und schleudert ihn meilenweit fort – über Berg und Tal mitten hinein in den Urwald (wo er merkwürdigerweise niemals gefunden wird). Doch als Parvati und Shiva sich genug umarmt haben, fragt sie ihn, ob er nicht stolz auf seinen wackeren, jungen Sohn sei? Kurz gesagt: Parvati war stinksauer, als sie herausfand, was der notgeile Tanzgott getan hatte, so sauer, dass sie drohte, ihm all das zu verweigern, was sie ihm verweigern konnte, wenn er nicht augenblicklich und so weiter und so fort. Und Shiva – in all der Hast und Verwirrung (denn der ursprüngliche Kopf war ja, wie gesagt, spurlos verschwunden) –

weiß sich keinen besseren Rat, als noch einen Kopf abzureißen, diesmal den eines jungen Elefanten. Er setzt den Tierkopf auf den Körper des Jungen und erweckt ihn wieder von den Toten (auf die übliche göttliche Weise). Und so lebt Ganesha weiter: mit einem Menschenkörper und einem Elefantenkopf. Ein populärer Gott wurde er auch. Auf der ganzen Welt. Vor allem aber in Amerika. (Nach dieser Geschichte haben viele der Kinder Fragen gestellt. Aber die Antworten überlasse ich ihren Eltern.)

Und wenn wir schon von Köpfen sprechen: Die-mit-den-Türen-schlägt meint, dass es da vielleicht ein (ernsthaftes?) Problem mit dem geben könnte, den ich selbst so auf meinen Schultern herumtrage. Sie hat ihn mehrere Male gescannt. Sie sagt, das Problem mit älteren Menschen (wie mir) sei, dass sich im Gehirn leicht kleine Klumpen von einem Protein namens beta-Amyloid anhäufen können. Jene Proteine, die Alzheimer auslösen und wichtige Nervenzellen dazu veranlassen, über den Jordan zu gehen (wie man früher zu sagen pflegte). Beta-Amyloid ist ein Protein, das sich bildet, wenn sich ein größeres Protein (APP) in den Membranen der Nervenzellen falsch teilt, wurde ich aufgeklärt. (D. h. es ist im Grunde einem Kettensägenmassaker auf Proteinbasis ausgesetzt, weshalb es die Säge um jeden Preis so stumpf wie nur möglich zu halten gilt.) Und wieso habe ich nicht schon früher etwas davon mitbekommen? fragte ich (– eine glatte Lüge natürlich, denn wenn ich mit etwas meine Probleme hatte, dann ja mit dem Gedächtnis. Jedenfalls aber habe ich das gefragt.) / Weil dem öffentlichen Trinkwasser Colostrinin zugeführt wird, antwortete sie. (Und da erinnerte ich mich plötzlich, dass mir Fredri erzählt hatte, dass genau das sein Job war. Mal abgesehen davon, mir hinterherzutrotteln. Armer Fredri.) Aber hier draußen holen wir das Wasser aus unserem eigenen Brunnen, sagte Die-mit-den-Türen-schlägt. Frisches, reines Quellwasser ohne irgendwelche Zusätze. Für uns andere ist es das Gesündeste, was wir trinken können. Aber für dich – die du so viel älter bist als wir – kann es geradezu vernichtend sein. / Verstehe, sagte ich. Es gibt nichts mehr, was die fiese kleine Enzymsäge stumpf macht. / So ist es, sagte Die-mit-den-Türen-schlägt. Und wenn du dich nicht beeilst, einen Ort zu finden, wo dir das Wasser besser bekommt, musst du damit rechnen, dass dein Gedächtnis innerhalb von ein, zwei Jahren aufplatzt und mehr und mehr einem Hühnernetz gleicht. (Ganz schön starker Tobak, nicht wahr? Aber es kam noch besser:) Besonders, da dein Gehirn bereits starke, für dein Alter eher untypische Ermüdungserscheinungen zeigt, sagte sie. Und dein Chip sitzt auch nicht mehr ganz fest. Aber darüber haben wir uns ja schon mehrfach unterhalten. / Ja, sagte ich. Das haben wir. (Ich fühlte, wie mir bei der bloßen Erwähnung meines Chips heiß und kalt wurde.)

Ich vergesse so leicht, wie jung diese ganzen Naturfreaks sind. Selbst Papa Pst und Die-mit-den-Türen-schlägt könnten meine Enkel sein.

Ich bin ein alter Klon mit abgelaufenem Verfallsdatum, sagte ich zu mir selbst Slash schrieb ich mit großen krakeligen Buchstaben in mein Tagebuch.

(Genau in solchen Situationen wäre es so unglaublich pleasant gewesen, sich ein wenig in dem alten Digi ausruhen zu können. Aber in diesem fucking Maulwurfshügel … hier gibt es nicht einmal einen fucking Handschirm. Nichts. Noch nicht einmal mein Digi habe ich mehr. So viel dazu.)

An diesem Abend lackierte ich mir die Zehennägel und versuchte, mir die Haare zu färben. Und ich betrank mich mit vergorener Pferdemilch bis zur Besinnungslosigkeit.

Als mich Ake Lei am nächsten Morgen mit einem Strauß Blumen besuchte, fing er bei meinem Anblick an zu weinen. (Wenn man sechs Jahre alt ist, will man, dass alles so bleibt, wie es ist – und zwar für immer.)

Und wer weiß, ob Veränderung nicht einfach nur eine Illusion ist, wenn es darauf ankommt – etwas, das wir (Erwachsenen) uns krampfhaft wünschen, aber von dem wir in unserem tiefsten Inneren wissen, dass wir es niemals bekommen werden? Der Philosoph Zenon (den wir aus dem Matheunterricht kennen) ging sogar so weit, zu negieren, dass sich ein von der Bogensehne abgeschossener Pfeil bewegt – weil er sich (so Zenon) zu jeder Zeit unbeweglich an einem fixen Punkt im Raum befindet und eine Reihe von unbeweglichen Punkten keine Bewegung sein könne. Von Zeit zu Zeit fühle ich mich genau wie so ein Pfeil. (Also, weswegen heult der Junge eigentlich? Trotzdem gab ich ihm den Druckbleistift, den ich einmal von Sasch bekommen hatte. Er schreibt zwar nicht mehr, aber es kann ja trotzdem noch Spaß machen, mit ihm zu spielen …)

Hier hilft es nichts, sich zu verstecken, sagt der Buster in mir. Ernsthafte Probleme mit dem Kopf? Darüber müssen wir uns unterhalten. Das geht dich und mich ja gleichermaßen an! (Offensichtlich versucht er, sich bei Die-mit-den-Türen-schlägt einzuschleimen.) Der Mensch in mir dreht ihm den Rücken zu und macht einen auf geheimnisvoll und nachtragend. Lass uns lieber versuchen, einander nicht allzu sehr im Weg zu stehen, sagt er. Im Weg zu stehen? ruft der Buster. Wenn mit unserem gemeinsamen Kopf etwas nicht stimmt, dann ist das ja wohl wichtiger als alles andere, worüber wir die Schnauze halten? (Denn was dem einen recht ist, ist dem anderen billig: Nachdem uns klar war, dass die Menschheit schlechterdings aus Menschen und nicht aus entflohenen Schweinen besteht, haben wir in gewisser Weise ein wenig das Interesse aneinander verloren. Was auch dazu führt, dass wir damit herumtrödeln, Pläne zur Bekämpfung der Zik-Zaks zu schmieden. Das müssen wir schon zugeben. Völlig unverzeihlich, natürlich!) Fühlst du dich mehr als Buster oder mehr als Mensch? fragt Die-mit-den-Türen-schlägt. (Ihre Stimme kommt von weither.) Das geht dich nichts an, antwortet der Mensch in mir. (Denn nun, da es beschlossene Sache ist, dass ich von hier weg muss, kann er alles zu ihr sagen, ohne dass es irgendetwas ausmacht. Aber wenn ich drei gewesen wäre – wovor mich die Götter behüten mögen! – und der dritte von uns gefragt würde, wen er Slash sie lieber möge – so glaube ich, dass die Antwort tatsächlich Der Buster gewesen wäre. Ich weiß nicht, warum. Es ist einfach so.)

Ake Lei meint, dass ich mir einen Hahn zulegen sollte. Dann gäbe es mehr Ruhe bei den Hühnern, sagt er. Typisch Mann, antworte ich und tue beleidigt. (Erahne ich Grüner Mann hinter den Kulissen?) Da schlingt er seine Arme um mein Bein, schmiegt seine Wange an mich. Drückt mich, so fest er kann. Ich weiß, dass er keinen Vater hat. Und auch keine Mutter. Nur zwei große Schwestern, die so gut wie keine Zeit für ihn haben. Sie sind in dem Alter, in dem ihnen die Hormone am meisten zusetzen. Und hier bei JAFET – wo wir der Welt den Rücken gekehrt haben – gibt es natürlich nichts, was man dagegen nehmen könnte. Ich meine: Das gibt es schon, aber wir entscheiden uns für einen anderen Weg, nicht wahr?

Noch einmal führte mich Papa Pst durch das große Archiv mit Erbmaterial. (Fast wie einen Gast. Auch eine Art, Abschied zu nehmen.) Die Regale und Gestelle sagen mir nicht viel. Was mir leid tut. Papa Pst ist nämlich ein netter Mann. Und ich möchte ihn nicht verletzen. Aber es gibt Grenzen, wie lange ich Interesse für Geleeklumpen und ähnliches Zeugs simulieren kann. Es ist auch (buchstäblich) ziemlich ohrenbetäubend, sich die ganze Zeit seine Du-wusstest-vielleicht-nicht-dass-Erklärungen anzuhören. Denn Papa Pst lacht jedes Mal laut und polternd, wenn er zu so etwas wie einer Pointe kommt. Ich bemühe mich schon, so gut ich kann, er meint es ja schließlich nur gut, aber leicht ist es nicht (für keinen von uns). Zum Beispiel, wenn er mir anvertraut, dass wir Menschen mehr Hühner als Mäuse, d. h. unsere Chromosomen wahrscheinlich so organisiert sind, dass sie mehr den von Hühnern als den von Mäusen ähneln. Die meisten Tierversuche der Vergangenheit waren also ziemlich wasted und völlig hinter dem Mond, sagt Papa Pst. Wir hätten nämlich die Hühner und nicht die Mäuse zu Tode quälen müssen! / Das macht deutlich, dass die Evolution nicht gleichmäßig verläuft, sondern mehr in Sätzen und schiefen Sprüngen, sage ich ernst. (Weiß der Geier, wo ich das herhabe, aber Papa Pst sieht mich anerkennend an und nickt, auch er scheint ein wenig überrascht zu sein – und dann müssen wir beide lachen, bis uns fast der Bauch wehtut.)

Direkt neben dem Eingang hängt ein Live-Plakat. Vielleicht hatte ich es bei meinem ersten Besuch nicht bemerkt. Ist das neu? frage ich, und Papa Pst nickt. Das Plakat (das ein Hologramm ist, so dass wir drumherum und mittendurch gehen können) zeigt eine große Stadt, in der alle Gebäude die Form von Tieren haben. Löwen, Schildkröten. Krokodile. Kinder spielen draußen zwischen ihren Beinen. Und oben auf einer siebenstöckigen Giraffe steht ein Mann auf dem Nackenbalkon und winkt. Ich zucke zusammen. Er hat nämlich etwas Vertrautes – ich meine: die Bewegungen, das Lächeln – das könnte ich sein, denke ich – er sieht aus wie – wie ich vor meiner letzten Fluxumwandlung – nein, eigentlich sieht er mir überhaupt nicht ähnlich, weil er jünger ist – er ist jünger und glücklicher, als ich mich erinnern kann, je gewesen zu sein – so hat mich Mulla nie gesehen – und trotzdem, wenn ich das übrige Stadtbild näher betrachte – ich kenne nur eine Einzige, die so etwas zu schaffen imstande ist – und das bedeutet, dass sie lebt! (Auch wenn das Poster natürlich kein Tag hat.) Woher hast du das? frage ich Papa Pst, aber er zuckt nur mit den Schultern. Keine Ahnung, sagt er. Muss wohl jemand dabei gehabt haben. Aber dieses Motiv ist schon lange ziemlich populär. Ist als eine Art Requiem für ausgestorbene Tierarten gedacht. Ich weiß, dass es im letzten halben Jahr so ziemlich überall gehangen hat. Sogar in ALTE ZEITEN! Sind nämlich einfach zu installieren, diese Dinger, aber sind sie erst einmal da, sind sie für die Polizei verdammt schwer wieder zu entfernen! Manche von denen haben sogar Ton. Aber das hier hat 'ne Macke. Glaube, das ist so'n SEM-Zeug. / SEM? / Ja, sagt Papa Pst. Die haben viele mit künstlerischer Veranlagung in ihren Gruppen. Schaffen es immer, Leute aus solchen Milieus zu rekrutieren. Eigentlich würdest du dort viel besser reinpassen als bei uns. (Er schaut mich scharf an.) Du bist nämlich auch eindeutig mehr SEM als JAFET. / Ich strecke meine Hand nach dem Mann auf dem Balkon aus. Lasse meine Finger durch farbiges Licht ins Leere greifen.

Wenn Mulla lebt?

EINE ÜBERRASCHUNG KOMMT SELTEN ALLEIN

PAUL VALÉRY *erzählt (in den Histoires brisées, 1950) von einem Mann, der hingerichtet werden soll, dann jedoch dazu verurteilt wird, als ein anderer als er selbst zu sterben. Er bekommt daher einen neuen Namen und ein neues Gesicht. Und er wird in ein weit entferntes Land verbannt. Dort bekommt er eine neue Familie und eine neue Vergangenheit sowie eine Arbeit, die ganz anders ist als die, die er gewohnt ist. Jedes Mal, wenn er sich an etwas aus seinem früheren Leben erinnert, redet man ihm ein, dass er verrückt und mental verwirrt sei.*

Von hier an sind wir à jour – und ein paar Tage später:

Heute Nacht hatte ich einen merkwürdigen Traum. Ich träumte von damals, als Fredri es geschafft hatte, mich zu dem Fußballspiel zu locken – zu dem, das jeden Sonntag in ALTE ZEITEN läuft. Mulla war auch dabei. Wir gingen zu dritt. Und es war genauso corny, wie ich es mir vorgestellt hatte. Dreißig erwachsene Männer, die zwei Bällen hinterherlaufen. Aber Fredris Stimme überschlug sich. Und um ihm eine Freude zu machen, feuerten wir mit an.

Es war heute schwierig, Esmeralda zu finden. Sie ist bunt gesprenkelt: Rot und Weiß und ein wenig Grün. Also sollte es ihr eigentlich nicht zu leicht fallen, sich zu verstecken. Dieses Huhn mag ich am liebsten. (Und ich glaube, sie mag mich auch ein wenig.) Ni hao, Esmeralda! rufe ich. Gib mir dein Ei, Schwester! (Und Ake Lei trottet neben mir her und lacht.)

Wenn ich wach bin, versuche ich nicht an Fredri zu denken. Dafür denke ich aber mehr und mehr an Mulla. Der Teil von mir, der ein Buster ist, fragt, ob ich nicht auch ein wenig an Beo denke? Und merkwürdigerweise tue ich das. Ich denke sogar an Ono. Wozu auch immer das gut sein soll.

Mein Gedächtnis ist nicht schlimmer geworden. Egal, was Die-mit-den-Türen-schlägt sagt. Zwar erinnere ich mich nicht so gut an mein Leben als Mensch (das habe ich ja auch sonst nicht), aber meine Kindheit und Jugend auf dem Planeten Happa sehe ich klar und deutlich vor mir. Wie in Plastik geschnitzt. An den Tagen, an denen wir einander in Frieden lassen, vergleichen wir gerne ein wenig. Meist ist es der Buster in mir, der fragt. (Was ja selbstverständlich ist, da auf der anderen Seite meist nur Nebel ist.) Der Mensch erzählt, wie sehr seine Jugend in Lügen und kollektive Vorstellungen verstrickt war. / Aber habt ihr nicht nachgedacht? miaut der Buster verwirrt. / Wir haben gelernt, dass die Königin Respekt verdient, antwortet der Mensch in mir. Wir haben gelernt, dass Norwegen immer reicher wird und dass es niemandem jemals besser gegangen ist. Wir lernten, dass, wenn wir Probleme hatten, unseren Kopf sauber zu halten, wir einfach bei der nächsten Chipkontrolle Bescheid geben sollten, damit wir all die Hilfe bekämen, die wir brauchten. / Der Buster kratzt sich hinter dem Ohr und schluckt. Bei uns ist das ganz anders, sagt er. Auf Happa dürfen wir alle mitbestimmen. / Aber ist das nicht unglaublich umständlich? fragt der Mensch. / Klar, sagt der Buster. Und wie! / Und wenig effektiv, möchte man meinen? / Das ist alles andere als effektiv, ruft der Buster begeistert. / Aber lohnt sich das denn? / Ganz und gar nicht! / Aber wieso macht ihr es dann so? fragt der Mensch in mir verwirrt. / Weil es schön ist, sagt der Buster (plötzlich völlig ernst). Und äußerst gerecht, fügt er hinzu und spreizt seine Krallen. (Den Schwanz und die Schnurrbarthaare habe ich bestimmt schon erwähnt, aber habe ich vergessen zu sagen, dass er auch Krallen hat? Eigentlich sieht er einer großen Katze zum Verwechseln ähnlich. Rotbraun und flauschig.)

Ich fange an, von uns als Wir zu denken. Wenn ich mit anderen spreche, kommt es vor, dass ich mich vergesse und dann ebenfalls »wir« sage. Auch wenn wir wissen, das es sich dumm anhört.

Die Erwachsenen sehen uns seltsam an. Aber die Kinder merken nichts. Für sie sind wir einfach Die-Dame-im-Sand. Die so viele merkwürdige Geschichten und Märchen erzählt. Sowohl über Zik-Zaks als auch über Dornenhecken.

Wir haben Ake Lei sehr lieb gewonnen. Er ist ein guter Junge. Er kommt oft zu uns nach Hause. Ständig hat er den Druckbleistift an einer Schnur um den Hals hängen. Das ist das Schönste, was er hat, sagt er. Aber es graut ihm davor, dass wir wegfahren. Auch wenn er versteht, weshalb uns keine andere Wahl bleibt. (Denn die haben wir ja tatsächlich nicht.) Papa Pst erwartet jeden Tag neue Instruktionen, wie und wohin wir geschickt werden sollen. Wir haben uns eine SEM-Gruppe gewünscht. Aber die Hauptsache ist natürlich, dass sie Zugang zur öffentlichen Wasserversorgung (d. h. zum Colistrinin) haben.

Es gibt erstaunlich wenige, die auf unsere Warnungen vor den Zik-Zaks hören wollen. (Das betrübt uns beide.)

Wir glauben, dass die Apfelbeeren nun jeden Moment blühen können. Das wird eine wahre Pracht, sagen die, die es schon einmal gesehen haben. Wie eine weiße, duftende Wand. Aber die Blüte dauert leider nur ein paar Tage.

Ob wir an dem Schauspiel schreiben? Eigentlich haben wir es schon vor einer ganzen Weile beiseitegelegt. Das Letzte, was wir ausgearbeitet haben, war ein großes Turmverlies. Auf der anderen Seite der Hecke. Wer wohnt da? fragt Ake Lei. Wir erzählen ihm alles, sobald wir es uns ausgedacht haben. (So können wir die Szenen gleich testen.) Alle glauben, dass in dem Turm lauter gefährliche Hexen und Dämonen gefangen sind, sagen wir. Denn so steht es auf dem großen Messingschild über der Tür geschrieben. Aber die, die dort schlafen, sind eigentlich unsterbliche Forscher und Wissenschaftler. / Also sind die Eltern der

Kinder vielleicht auch da? sagt Ake Lei. / Schon möglich, antworten wir. / Aber schaffen es die Kinder, an den Dornen und Rosen vorbeizukommen? (Sein Gesicht ist schweißnass vor Erwartung.) / Ja, sagen wir. Wir glauben schon. Über kurz oder lang werden sie wohl einen Weg hinein finden. / Aber ist der Turm nicht verschlossen? / Mit sieben schweren Schlössern, sagen wir. Mit acht Passwörtern und codierten Schlüsseln! / Aber die Kinder schaffen es, dort einzubrechen? / (Wir nicken.) Hm, wir glauben schon. / (Ake Lei wagt kaum zu flüstern.) Sind ihre Eltern dort? Sind die Eltern der Kinder unter den Wissenschaftlern, die in dem Turm schlafen? / Ja, sagen wir. / Und die Kinder wecken sie auf? / Nein, sagen wir. (Und schütteln den Kopf.) / Und warum wecken die Kinder sie nicht? / Sie begreifen, dass ihre Eltern nicht nur Wissenschaftler, sondern zugleich richtige Hexen und Dämonen sind – weil sie viel Dummes und Gefährliches angestellt haben, das das Leben auf der Erde bedroht hat. / Ja, aber?! ruft Ake Lei verängstigt und klettert auf unseren Schoß. / Also zünden die Kinder eine Fackel an und stecken alles in Brand, sagen wir. Das ganze Schloss, der Turm und die Hecke verbrennen. / Die Eltern auch? fragt Ake Lei, den Tränen nahe. / Ja, sagen wir. Die Eltern auch. Denn hätte man sie aus ihrem Schlaf geweckt, hätten sie sofort mit ihren abscheulichen »krummen Dingern« weitergemacht. (Die archaische Wortwahl verrät, dass – zumindest der Mensch in uns – sich sehr ereifert Slash aufgewühlt ist.)

Wir haben entdeckt (d. h. Grüner Mann hat uns gezeigt), dass die Mittagssuppe mit einem hartgekochten Ei darin noch besser schmeckt. Aber Die-mit-den-Türen-schlägt schüttelt nur den Kopf über uns. Sie schnalzt mit der Zunge und erzählt etwas von Cholesterin. Sagt, dass wir viel zu viele Eier essen und dass wir sie wohl bald für alles Mögliche verwenden. Aber thank god for Esmeralda und all ihre gefiederten Schwestern, antworten wir. Ohne sie wäre es bitter, Vegetarier zu sein! Wir fristen hier ja ein recht karges Dasein.

Man vergisst schnell die großen, hochtechnisierten Laboratorien. Die direkt hinter der Erdwand schlummern.

Ich frage mich, was die denken, die uns besuchen oder hier vorbeikommen? Die Leute hier interessieren sich nämlich kaum für Nachrichten von außerhalb. (Was uns überrascht.) Wenn wir uns mit Fremden unterhalten, dann meist nur über kleine, alltägliche Dinge. Es scheint, als wollten alle nur ihre Ruhe. Nie hören wir jemanden von Aufruhr sprechen – weder gegen die Zik-Zaks noch gegen sonst wen.

Dennoch wissen wir, dass der Tag und die Stunde ständig näher rücken. Das hängt mit Theophil zusammen. So viel haben wir zumindest begriffen, auch wenn wir es nicht im Geringsten verstehen. Deshalb kam es auch wie ein Blitz aus heiterem Himmel (archaischer Ausdruck von damals, als es noch nicht dauerbewölkt war) – mit anderen Worten: Es war surprise, surprise, dass wir uns an diesem Abend am Lagerfeuer erhoben und genau das sagten, was wir sagten. (Siehe unten.)

Papa Pst sprach (zum wievielten Mal?) von der ARCHE – diesem wunderbaren Schiff, das an irgendeinem unbekannten Ort gebaut wurde, der bald offenbart werden sollte. Er sprach von der Welt – die zerstört werden und untergehen würde – und von NOAHS Söhnen und Töchtern – die überleben sollten, zusammen mit den Pflanzen und Tieren: zwei von jeder Art und vielleicht noch ein paar andere. Denn es ist ein gewaltiges Schiff, das wir bauen! rief er. Ein Schiff, in dem Platz ist für uns alle! Wir konnten die Augen der Menschen rund um das Lagerfeuer glänzen sehen. Die Kinder lachten und schnatterten. Und die Erwachsenen lächelten selig-belämmert. SEM! riefen wir laut im Chor. HAM! Aber am meisten strengten wir uns an, als uns Papa Pst bat, JAFET! zu rufen. Denn das waren wir! Wir waren JAFET. Und so riefen wir – im Takt – immer und immer wieder. JAFET! JAFET!

Wir betrachteten Grüner Mann. Er rief so voller Inbrunst, dass ihm Schaum vor dem Mund stand. Wir sahen hinüber zu Die-mit-den-Türen-schlägt. Auch sie rief. Sie hielt die Hände vor den Mund und johlte. Wir schauten zu Ake Lei, der dicht neben uns aufgestanden war. Er hüpfte auf und ab, so dass ihm der Druckbleistift um den Hals tanzte. Wir bekommen ein neues Heim, sang Papa Pst. Eine neue Welt. Einen grünen Ort, an dem alles Leben aufatmen kann, zurückfindet und in Frieden und Einigkeit bestehen kann. Wir bekommen einen neuen Planeten! (Der Mensch in mir rief mit den anderen hurra. Der Buster aber wurde steif und frostig. Einen neuen Planeten? murmelte er.) Und dieses Mal werden wir es schaffen! rief Papa Pst. Ja! antworteten alle im Chor. (Es war allgemein bekannt – aber dennoch eine Art Geheimnis –, dass NOAHS Söhne und Töchter schon einmal eine ARCHE auf den Weg gebracht hatten. Vor ein paar Jahren. So etwas wie eine PROBEARCHE, erklärte Grüner Mann – er hatte uns die Geschichte eines Abends über einer Tasse Rhabarbersuppe erzählt. Die PROBEARCHE sollte eigentlich nur kurz hoch und gleich wieder runter – jedenfalls nur ein ganz klein wenig schräg, sagte Grüner Mann. Die Idee war, eine Schiffsladung nach Afrika zu schicken – und gleichzeitig Stabilität und Flugeigenschaften zu testen. Das Schiff fing noch vor dem take off Feuer und fackelte komplett ab, sagte Grüner Mann. Aber man habe dazugelernt. Die ARCHE, die jetzt gebaut wurde – in voller Größe –, würde abheben und einfach traumhaft fliegen. Das wussten schließlich alle!) Der ist komplett durchgeknallt, sagt der Buster in mir. Aber jetzt stehen alle auf, groß wie klein. Wir tanzen um das Feuer. Langsam und mit merkwürdig flatternden Bewegungen. Wir fliegen! ruft Papa Pst. Wir fliegen! antworten alle. Wir tanzen und singen – laut und brummend – bis wir nicht mehr können und Papa Pst Zeichen gibt, uns wieder zu setzen. Eine Weile sitzen wir still da, holen Atem, kommen wieder zu uns. Dann beginnt Papa Pst wieder zu sprechen. Diesmal möchte er von NOAH erzählen, unserem unbekannten Kapitän, der sich immer noch nicht zu erkennen gegeben hat, der aber hier ist, von dem wir wissen, dass er mitten unter uns ist, mit uns und bei uns. Denn er hat versprochen, zu kommen. Er hat sein Wort gegeben! (Der Buster in mir knurrt. Aber der Mensch in mir schließt die Augen. Er streckt beide Hände aus, die Handflächen nach oben. Sitzt da und wiegt den Körper im Takt zu Papa Psts Stimme. Der Buster knurrt noch einmal, kann sich damit aber kein Gehör verschaffen.) Papa Pst ruft, dass das letzte Jahr angebrochen ist. Bald wird die Welt untergehen – und neu geschaffen werden. Er zeichnet einen Halbkreis mit dem Zeigefinger. Wir schauen uns um. Ist NOAH hier? Ist er einer von uns? Ist er ein JAFET? Heute Abend gibt es einige fremde Gesichter. Aber keines erinnert mich an den NOAH, den wir uns erträumen. Plötzlich fühle ich, wie der Mensch in mir aufstehen will. Der Buster versucht, ihn zurückzuhalten. Aber der Mensch reißt sich los. Jetzt stehen wir – alle beide. Und wir hören unsere eigene Stimme – tief und schallend – nicht im Mindesten die Stimme einer Frau, und auch keine Stimme, die wir je benutzt zu haben uns erinnern können. »Wir haben lange genug gewartet«, sagt die Stimme. »Lasst uns das letzte Stück gemeinsam gehen!« Ein Brausen wie von Wind geht um das Feuer. Papa Pst fällt krampfartig in sich zusammen und spricht wie ein Wasserfall in einer Sprache, die niemand versteht. Einigen anderen geht es genauso. Aber in der Gruppe der Fremden erhebt sich einer, schlägt den Umhang zur Seite und bahnt sich einen Weg zu uns – und nun erkennen wir ihn: Es ist Ono. Wir rufen seinen Namen. Mit unserer eigenen Stimme. Glücklich und überrascht. Aber Ono schüttelt den Kopf und richtet eine schwarze Fernbedienung auf uns. Neben uns explodiert der Druckbleistift (SUPER GRIP 0.5) am Hals von Ake Lei und reißt den Jungen in Stücke. Auch eines unserer Beine wird zerfetzt. Aber immer noch können wir sehen und hören. Wir sehen, dass Ono nicht versucht zu fliehen. Wir sehen, wie er zu Boden geknüppelt und erstochen wird. Wir hören, dass er den Namen der Königin ruft. Und wir begreifen, dass er die ganze Zeit über auf der anderen Seite gestanden hat.

Wir erinnern uns, dass es Ono war, der damals in der Sven-Bruns-Gate Slash in ALTE ZEITEN den Druckbleistift untersucht hatte (wie auch unsere anderen Sachen) – und offensichtlich die Gelegenheit genutzt hatte, ihn »aufzufüllen«. Er war sich sicher, dass wir ihn immer dabei hatten. Denn er wusste, dass er das Liebste war, was wir besaßen – obwohl er von der kam, von der er kam. Wie also hätte er wissen können, dass wir ihn eben erst jemand anderem gegeben hatten – einem kleinen, sechsjährigen Jungen? Und das Letzte, an das wir dachten, waren Beos Gesicht und Sanders Rücken. Die wir auch nie mehr sehen würden. Tot oder komplett rehabilitiert. Kommt aufs selbe raus. Ono hatte sie verraten. So wie er uns alle verraten wollte.

All das geschah an dem Abend, bevor die Apfelbeeren endlich blühten.

UND DANN WAREN WIR NUR NOCH ZWEI VERÄNGSTIGTE SCHWEINE

»During one of the ancient wars of Scotland, the Chief of the Douglas clan fell into enemy hands. The following day they brought to him, to his room in the tower, the head of a boar on a platter. As soon as he saw it, Douglas understood, that his fate was sealed. That night he was beheaded.«

GEORGE D. BROWN: Gleanings in Caledonian Byways (Dunbar 1901)

Ich bin jetzt ganz woanders.

Sie haben mich wieder zusammengeflickt. Und mir eine Fluxumwandlung verpasst, um die ich sie nicht gebeten hatte. Sie sagen, Theophil hätte es so gewollt. Sie sagen, dass er durch mich spricht. Sie sagen: Wir hatten also die ganze Zeit über Recht. Sie sagen: Du stehst in telepathischem Kontakt mit ihm, nicht wahr? Sie sagen eine ganze Menge Crap, den ich nicht hören mag.

Am schlimmsten ist, dass sie mich nach seinem Ebenbild geschaffen haben. Jetzt bin ich wirklich eine Kopie.

Alle, die mich besuchen (während ich hier liege und darauf warte, dass das Bein nachwächst und sich mein Unterleib festigt) – ich sage: Alle, die mich besuchen, behandeln mich mit großem Respekt, um nicht zu sagen mit Ehrfurcht. Denn ich bin sein leibhaftiges Ebenbild. Und das verschafft mir ein Treatment, als wäre ich sein Sohn und nicht nur ein Klon.

Ich hatte schlimme Träume. Und viele verwirrende Gedanken. Der Buster ist aus meinem Kopf verschwunden. Ich rechne nicht damit, ihn jemals wiederzusehen.

Ich liege auf der Seite und schreibe auf, was mir gerade so einfällt. Wie zum Beispiel, dass die Ähnlichkeit zwischen Raketen und Bleistiften kein Zufall sein kann. Jeden Abend kommen sie und sehen sich an, was ich geschrieben habe. Dann nehmen sie mir das Papier weg. Ich bekomme es niemals zurück. (Zu meinem eigenen Besten, sagen sie.) Aber ich schreibe trotzdem weiter. Ich schreibe schöne Sätze, wie zum Beispiel: Die Menschheit reitet auf frisch gespitzten Bleistiften in den Sonnenuntergang.

(Das wird ihnen zu denken geben!)

Wer sie sind? Ärzte und Forscher, nehme ich an. Jedenfalls sind sie unglaublich alt. Ihre Gesichter sind voller Falten. Und ihre Hände sind voller ekelhafter brauner Flecken. Jedes Mal, wenn sie mir den Helm aufsetzen, bitten sie zuerst brav um Entschuldigung.

Das Ganze erinnert fast schon an die Zeit bei Sasch und SOFTCOM. Nur dass das hier Freaks sind. Aber für mich macht das keinen Unterschied. Ob der Schlachter nun gut oder böse ist, spielt für den auf der Schlachtbank schließlich keine Rolle. Und auch diese hier wollen nichts anderes, als mich zu knacken. (Egal, wie höflich sie das auch anzustellen versuchen.)

Sie wollen wissen, wie ich mit meinem Original in Kontakt trete. Was genau am Lagerfeuer passiert ist? Ob ich mich schon früher so gefühlt habe? Ob ich weiß, wo er sich befindet? Ob es etwas gibt, das ich ihnen gerne erzählen möchte?

Ich vermisse meinen Buster. Mehr noch als die Toten. Jeder ist sich selbst der Nächste. Und habe ich einem anderen jemals wirklich nahegestanden? (Solche Gedanken locken sie aus mir heraus. Solche Dinge notieren sie sich und spielen sie auf Tausende von Bändern und Kassetten.) Was fühlst du, wenn wir dir erzählen, dass Sander rehabilitiert wurde? fragen sie. Keine Ahnung, sage ich. Was fühlst du, wenn wir dir sagen, dass Grüner Mann tot ist? Keine Ahnung, antworte ich noch einmal. (Aber ich fühle selbstverständlich nach. Jedes Mal.) Was fühlst du, wenn wir dir sagen, dass Beo tot ist? Diesmal fühle ich besonders gründlich nach. Aber ich fühle nichts. Auch jetzt nicht. Und Ake Lei? Als es passiert ist, sage ich. Jetzt nicht mehr. Was hast du gefühlt? Ich kann mich nicht erinnern, antworte ich. (Und ich lüge ihnen noch nicht einmal etwas vor.) Das ist schwierig zu sagen, sage ich. Versuch es trotzdem, sagen sie. Und die ganze Zeit über lächeln sie sich gegenseitig an.

Und dennoch ist es dort drinnen nicht ganz leer. (Ich spreche von meinem Kopf.) Ich wage kaum zu atmen – um ihn nicht zu verschrecken. Oder sie. Aber ich glaube, es ist ein Er. Ein völlig verängstigtes kleines Schwein. Ganz hinten in einer dunklen Ecke. Ein Schwein genau wie ich. Ich muss nämlich passen. Die Karten auf den Tisch legen und den Tisch umschmeißen. Denn man kann es drehen und wenden, wie man will: Wir Menschen sind und bleiben Schweine. Kleine Schweine auf der Flucht. Und die Zik-Zaks sind hinter uns her – groß und gefährlich und beinahe überall. Aber denen, die mich ausquetschen, verrate ich kein Sterbenswörtchen. Jedes Mal, wenn sie an die Stelle kommen, wo sich das andere Schwein versteckt hält, fange ich einfach an zu singen. Denn ich vertraue niemandem. Niemandem! (Und was ihr hier zu lesen bekommt, ist das Einzige, was ihr darüber erfahren werdet.)

Dass sie Theophil verehren, bedeutet nur, dass sie ihn fürchten.

Aber ich bin kein Gefangener. In keiner Weise, sagen sie. Das hier ist das Krankenhaus der SEM. Und ich werde herumgefahren, sooft ich will. Ich muss nur in die Kamera winken.

Sie mögen Blau. In allen kühlen Nuancen. Blau wie das Meer (gewiss einmal gewesen ist). Jede Wand ist in dieser Farbe lackiert. Und auf dem Fußboden sind blaue Fußspuren und Pfeile in Fischform.

Es gibt keine Fenster. Aber hier und da sind runde Bullaugen aufgemalt (wie bei sehr alten Schiffen) – und künstliche Ventile spielen Digis mit Möwen und Meeresrauschen.

Sogar ihre Kleider sind blau. In verschiedenen Tönen, je nachdem, welche Funktion die jeweilige Person innehat. (Ich habe einfach keine Lust, mich damit auseinanderzusetzen.) Alle sind freundlich, aber nur die, die mich am Bett besuchen, haben die Erlaubnis, sich mit mir zu unterhalten. Und wenn sie lächeln, fletschen sie die Zähne wie Hunde. Ich sehe selten, dass jemand mit den Augen lächelt. Und Kinder sehe ich überhaupt nicht. Wahrscheinlich sind sie auf einem eigenen Deck (das SEM-Wort für Etage) untergebracht.

Anfangs dachte ich, dass wir uns in einem Wolkenkratzer befänden. Nach und nach ist mir dann aufgegangen, dass wir uns im Inneren eines Berges aufhalten.

Wer weiß, woher die SEM ihr Essen haben? (Kein Grund zur Klage, was meine Verpflegung angeht. Gemüse natürlich. Aber ab uns zu gibt es auch Fisch. Aus eigenem Ocean, gehe ich mal von aus.)

Der Ordnung halber: Ich denke von uns nicht mehr als »wir«. Das hier ist anders. Kurz und gut: Ich bin ein Schwein. Und irgendwo in meinem Kopf wohnt auch noch ein anderes Schwein. (Und bislang haben wir noch kein einziges Wort miteinander gewechselt.)

Ich bringe es nicht über mich, in den Spiegel zu sehen. (Heute noch weniger als sonst.)

So sähe es also aus. Oder anders ausgedrückt: Es ist nicht leicht, das Meer mit dem Mund zu beschreiben.

Acht Mal am Tag geben sie mir etwas, woran ich zu kauen habe (und damit meine ich nichts zu essen). Sie sagen, das helfe, den Verfall der wichtigsten Zellen im Hippocampus zu bremsen (die Gehirnregion, die für die Verarbeitung von Sinneseindrücken verantwortlich ist). Sie sagen, dass die Kaubewegungen das Gedächtnis verbessern, weil dadurch Stress abgebaut wird.

Sie geben mir auch eine Menge anderer Medikamente. Und natürlich reichlich Wasser.

Ich glaube, dass ich ganz in der Nähe der ARCHE bin. Aber sicher bin ich mir nicht. Egal, wie stark ich kaue.

DER MANN IM HORN

»What do I know about man's destiny?
I could tell you more about radishes.«

SAMUEL BECKETT

Er hängt in einem durchsichtigen Horn an der Wand, der Körper ein Gewirr aus Schläuchen und Kabeln – und er ist der älteste Mensch, den ich je gesehen habe.

Wir sind allein in einem kreisrunden Raum, in dem es ununterbrochen summt und surrt.

Wände, Fußboden und Decke sind so hellblau, dass sie fast schon off weight wirken.

Komm näher, sagt er. Lass mich dich ansehen, mein Junge. Wie nennst du dich selbst? (Seine Stimme klingt metallisch und wird mehrfach gefiltert.)

Ich heiße P, sage ich.

Und dann fangen wir an, uns zu unterhalten.

Er sagt, dass er hier der Älteste ist – und das ist er bestimmt. Er sagt, dass er künstlich am Leben gehalten wird.

Ich dachte, dass Freaks so etwas nicht machen?

Nur, wenn es notwendig ist, flüstert es aus dem Horn. Und von allen SEM bin ich der einzige, der Theophil kennt. Ich kenne ihn, seit er ein Kind war. Und ich kannte seine Eltern.

Der Greis fängt an, eine ganze Menge Dinge zu erzählen, von denen ich nichts hören will. Wieso betet er mir lauter Geschichten aus der Kindheit meines Originals vor? Was habe ich denn schon davon? Es ist lange her, dass ich Theophil als meinen Vater gesehen habe. Ich bin kein Sohn, sondern ein Klon. Das sage ich auch. Zunächst ruhig und ganz allgemein. Dann, als er nicht hören will, schreie ich ihn an. Aber der Horngreis sieht mich nur an und lächelt. Du kannst über ihn denken, was du willst. Aber ich darf denken, was ich will …

Ich möchte nichts mit ihm zu tun haben, sage ich.

Aber das hast du, krächzt die Stimme von der Wand. Also habe ich gedacht, dass du es sicherlich zu schätzen wissen würdest, wenn dir endlich einmal jemand alles erzählt, was man weiß?

Er war ein fucking asshole, sage ich hart.

Aber das Horn schüttelt seinen verrunzelten Kopf. Es gab viel Gutes in Theophil, sagt er. Aber es ist ihm zu Kopf gestiegen. Und es gab viele, die an ihm herumzerrten – die ihren Teil haben wollten – und meinten, dass das, was geteilt werden sollte, niemals groß genug sein könne.

SOFTCOM?

Sind mächtiger, als du dir vorstellen kannst.

Und die Königin?

Gibt es nicht. Sie ist eine Illusion.

Und jetzt ist er eine Bedrohung für uns alle?

Ja, sagt der Mann im Horn – und ich kann es in den Leitungen gurgeln hören, wenn er Atem holt. Er ist eine Bedrohung geworden. Sowohl für die, für die er gearbeitet hat – als auch für uns, die gerne einen anderen Weg eingeschlagen hätten ... Dass er lebt, davon bin ich überzeugt. Dass er mit der Welt unzufrieden ist, daran kann es wohl auch keinen Zweifel geben. Aber wen will er versuchen zu bestrafen? Und wie? Niemand weiß, was er vorhat.

Aber steht ihr nicht auf derselben Seite?

Vielleicht weiß er nicht mehr, wer seine wahren Freunde sind.

Ich habe jemanden getroffen, der ihn für geisteskrank und unzurechnungsfähig hält. Any comments?

Nur, dass wir versuchen müssen, uns, so gut es geht, zu schützen. Und dass es uns sehr helfen würde – uns allen –, wenn du uns helfen könntest, mit ihm in Kontakt zu treten.

Aber kann ein einzelner Mann überhaupt eine Bedrohung darstellen?

Oh ja, piepste die Stimme. Vor jemandem wie Theophil ist niemand sicher.

Dann sollten wir ihn im Kampf gegen die Zik-Zaks auf unserer Seite haben! rufe ich. Wir könnten ihn brauchen, um unsere Städte zurückzuerobern!

Zik-Zaks? fragt das Horn verwundert.

Im selben Moment sehe ich einen Schatten Gefahr an der Wand entlanghuschen, und ich begreife, dass etwas nicht stimmt.

Ja, rufe ich hitzig. Zik-Zaks!

Ich weiß, dass du dir so manches einbildest, sagt der Alte. Und wir hätten dir gerne geholfen. Aber dein Chip –

Ich rolle mit meinem Stuhl ganz nah an ihn heran. Was ist mit meinem Chip? sage ich aufgebracht.

Damit stimmt etwas nicht, sagt der Mann im Horn. Während der Fluxumwandlung haben wir versucht, es zu reparieren, aber es hat nicht funktioniert ...

Ich sitze direkt vor dem Gewirr aus Schläuchen.

Plötzlich weiß ich, was ich zu tun habe.

Ich reiße sie heraus.

Er ist ein Lügner.

Er will mir meinen Chip wegnehmen.

Ich bringe ihn um.

Er ist nämlich gar kein Schwein. Er ist ein verkleideter Zik-Zak. Aber die legen mich nicht mehr rein. Ich durchschaue sie. Ich habe die Fähigkeit, alle Masken zu durchdringen.

Als ich wieder zu mir komme, erzählen sie mir, dass ich alles nur geträumt hätte. Dass aber alles, was gesagt wurde, wahr sei. Weil sie keine Lügen erzeugen könnten, sagen sie.

Ein Traum?

Ja, ein Traum. Aber du hast ihn umgebracht.

Im Traum?

Ja.

Aber woher wisst ihr das alles?

Wir waren dort – zusammen mit euch.

Sie sagen, dass wir alles miteinander teilen sollen. Einander ehrlich auf unsere Fragen antworten. Und nichts zurückhalten. Denn könnte ich etwa leugnen, dass dort am Lagerfeuer bei JAFET etwas mit mir geschehen sei? Sie haben sich um das gekümmert, was ich gesagt habe. (Denn in diesen unsicheren Zeiten sind selbst Freunde dazu gezwungen, einander abzuhören.) Sie haben es mit alten Aufnahmen von Theophil verglichen. Das Ergebnis ist eindeutig. Es ist seine Stimme, die wir hören. (So what? Bin ich nun sein Klon oder nicht?) Aber die Worte – ihre Bedeutung – die Botschaft – ob ich erklären kann, dass ich ...? Nein.

Sie erzählen mir, dass es auch andere Beispiele für eine solche (nennen wir es ruhig:) telepathische Fernübertragung gibt. Aber sie seien selten und umstritten. Ob ich das wiederholen könne? Keine Ahnung.

Ich frage, ob sie tatsächlich eine neue ARCHE NOAH bauen. Sie antworten ja. Ich frage, ob sie – Hand aufs Herz! – tatsächlich glauben, dass das zu irgendetwas führt. Alle anderen haben die interstellare Raumfahrt ja längst aufgegeben. (Wegen der Lichtgeschwindigkeit und dem ganzen Zeug.) Was bringt SEM, HAM und JAFET dazu, zu glauben, dass es ausgerechnet bei ihnen klappen wird? (Selbst die Milchtransportlinie zum Jupiter läuft Gefahr, unrentabel zu werden.) Aber da fangen sie an zu lachen. Stehen um mein Bett herum und kriegen sich nicht mehr ein vor Lachen. Sie sagen, dass sie mir die ARCHE morgen zeigen. Ich solle sie mit meinen eigenen Augen sehen. Und dann würde ich es schon verstehen. Aber jetzt müsse ich mich erst einmal ausruhen (– sagen sie).

Ich habe sie gebeten, einen »Schlafsack« aus Hopfen für mich anzufertigen. Einen, wie ich ihn bei JAFET hatte. (Dazu muss man nur die kleinen, gelbgrünen und zapfenähnlichen weiblichen Blüten ein paar Tage trocknen lassen. Dann einfach in einen Stoffbeutel füllen und vor dem Einschlafen unter das Kissen legen. Und schon bald schläft man deutlich besser.) Hier bei SEM haben sie (komischerweise) wenig Vertrauen in solche Dinge. Sie sind auf andere Art freaky. Aber sie haben dennoch versprochen, einen für mich zu machen.

Gleich werde ich ganz alleine daliegen und an die Decke starren. Zuvor lasst mich aber noch eines sagen: Wie glauben die, dass ich es schaffen kann, mich in eine solche Trance zu versetzen, um das wiederholen zu können, was auch immer ich da gemacht habe? Wo ich es noch nicht einmal schaffe, mit dem Schwein in meinem eigenen Kopf Kontakt aufzunehmen! (Ich weiß, dass es da ist, spüre aber, dass es nicht mit mir sprechen will.)

Und jetzt können sie gerne kommen und das, was ich geschrieben habe, einsammeln.

DIE ARCHE

»Wir haben genug Straßen, aber nicht genügend schwarze Katzen, die dort herumlaufen können.«

TORGEIR REBOLLEDO PEDERSEN

Als ich aufwachte, stand Mulla an meinem Bett. Ich mochte dich lieber so, wie du vorher warst, sagte sie. / Du siehst auch nicht gerade nach dir selbst aus, sagte ich. (Sie hatte nämlich die erste Fluxumwandlung ihres Lebens gemacht und war nun ein großer, dunkelhaariger Mann im besten Alter.) / Trotzdem erkennen wir einander wieder, sagte Mulla – und sah mich mit ihrem ganz speziellen Blick an.

Ich konnte nicht anders. Ohne ein Wort setzte ich mich auf, zog sie zu mir herunter und küsste sie. (Mal ganz davon abgesehen, dass sie jetzt ein Er war und keine Sie mehr. Aber what the hack!)

Mulla sagte, dass sie Slash er mich vermisst hätte. Und ich sagte, dass ich ihn Slash sie ebenfalls vermisst hätte. Wir hatten einander viel zu erzählen. Und vieles, was wir besser ausließen. (Sie könne ja auch nichts dafür, sagte sie. Aber sie hätte mich schon immer liebgehabt – das verstünde ich doch?)

Wir alberten den ganzen Tag herum wie ausgelassene Jugendliche. Meinem Bein fehlten zwar immer noch ein paar Zentimeter, aber Mulla beschaffte uns einen Zweisitzer. Ich solle nicht schlecht von SEM denken, sagte er. Und dass es hier gut und sicher sei. Unsichtbar für alle, die keine Erlaubnis hatten, hierher zu kommen. Er selbst sei fast die ganze Zeit über hier gewesen. Er zeigte mir das Studio, in dem er arbeitete. Und das Zimmer, das nur ihm allein gehörte.

Hier gab er mir eine große, altertümliche Plastikmappe. Er habe auf eine Kopie der acht Prints aufgepasst, sagte er. Weil er wusste, wie viel sie mir bedeuteten. Und er hätte die Hoffnung nie aufgegeben, mich wiederzusehen.

Es tat gut, wieder zu lachen. Mit jemandem, der über die gleichen einfachen Dinge lachen konnte. Der genauso schräg und unbedarft dachte wie man selbst. So war es immer mit mir und Mulla gewesen – von dem Tag an, an dem wir uns kennengelernt hatten. Und z war in einer Tierhandlung. Ich wollte nichts kaufen, sondern mich einfach nur umsehen. Und auch Mulla war damals nur dort, um sich umzusehen (behauptete sie jedenfalls). Ich stand vor einem Käfig und äffte die Betaversion eines Schimpansen nach (Affen waren damals in Mode). Es hat ein wenig gedauert, bis ich bemerkte, dass sie auf der anderen Seite des Käfigs stand – genau gegenüber – und exakt die gleichen Grimassen schnitt wie ich. (Und unser Lachen hatte wohl auch damals echt genug geklungen?)

Es gab viel zu lachen in der SEM-Festung. (Es ging hier nicht im Geringsten steif und reserviert zu! Nur anders. Sehr anders.) Wir sahen Künstler, die an den merkwürdigsten und vertracktesten Hologrammen arbeiteten. Wir sahen Tänzer, die sich darin übten, an der Wand zu laufen. In einem großen Blumenbeet (sie sind zwar selten, aber es gibt sie) pflückte ich einen Löwenzahn. Ich schnitt einen Schlitz in den Stiel und versuchte Mulla beizubringen, darauf zu blasen. Und die ganze Zeit über lachten wir und schubsten uns, kauten Shangri und fühlten uns absolutely fantastic. (Unser Gefährt kippte zwei Mal um!) Aber das Amüsanteste von allem war die ARCHE. Wir mussten drei verschiedene Aufzüge nehmen, um dort hinzukommen, aber es war die Reise wert. Denn was hatte ich auch erwartet? Einen aus alten Raumfähren zusammengeschusterten Schrotthaufen? Ein brandneues und blitzblaues Wunder? Ich habe keine Ahnung. Aber keinesfalls das, was ich dann zu sehen bekam. Mulla drückte auf den Knopf.

Die Tür swischte auf. Und wir rollten in einen völlig leeren Raum hinein. Einen gigantischen – und vollständig leeren – Raum. Mitten aus dem Berg herausgeschlagen. Mit hoher Decke wie in einer altertümlichen Kathedrale. Und mit einer Unmenge Licht und Lampen. Aber nichtsdestotrotz: leer. Habt ihr noch nicht mit dem Bauen angefangen? sagte ich. Die ARCHE ist fertig, sagte Mulla. Aber wo ist sie, sagte ich. Hier, sagte Mulla – und machte mit den Händen eine ausladende Bewegung in den weiten leeren Raum hinein. Ich sehe nichts, sagte ich. Weil wir die ganzen Pflanzen und Tiere noch nicht hereingebracht haben. Und dann konnte er sich das Lachen nicht mehr verkneifen. Das hier ist die ARCHE, krümmte er sich vor Lachen. Dieser Raum! Zuerst fühlte ich mich verarscht und wurde fast schon sauer. Aber das Innere eines Berges war wahrhaftig eine ARCHE, wie sie besser und sicherer nicht sein konnte! Wer hier Zuflucht sucht, kann so gut wie alles überleben – und könnte danach hinaus in eine »neue Welt« gehen. Wir lachten alle beide. Aber Mulla am meisten. Er lachte so sehr, dass ihm der Bauch wehtat und er sich wegdrehen musste.

Aber er weinte, als er von Sullik erzählte – obwohl der Welpe ja nur eine biologische Konstruktion war – und er hätte ja ohnehin nicht damit rechnen können, ihn länger als fünf, sechs Jahre zu haben – all diese Geschöpfe haben schließlich ein Verfallsdatum – letzten Endes ist keinem Hersteller damit gedient, wenn etwas länger hält als über den Zeitraum, über den das Produkt erfahrungsgemäß einen Neuigkeitswert für den Kunden darstellt – und dennoch weinte er. Das ist Mulla. Und während wir teilnahmsvoll über Sullik sprachen (wobei selbst ich mir Mühe gab), musste ich an damals denken, als ich mit Beo schwanger war. (Das war in dem Jahr, als sich alle Sprinter die Ohren abschnitten, um ihren CW-Wert zu verbessern, erinnere ich mich.) Die Gesellschaft übte einen immensen Druck auf uns Eltern aus. (»Sie wollen doch sicher nur das Beste für Ihr Kind?«) Dennoch entschied ich mich, ihn nicht tunen zu lassen. (Das war das Freakigste, was ich jemals gemacht habe!) Und darauf bin ich stolz! Er darf so bleiben, wie er ist, erinnere ich mich gesagt zu haben. Ich hatte nämlich allzu viele missglückte Versuche gesehen, besondere Kinder zu kreieren. Die Medizin hat Fortschritte gemacht, das muss ich zugeben. Aber all die Missgeburten damals … Kinder, die dazu ausersehen waren, am höchsten zu springen, am weitesten zu werfen und die schwersten Gewichte zu heben. Kleine Mathematiker mit aufgeblasenen Gehirnhälften. You name it! / Sullik war ein guter kleiner Hund, sagte Mulla. / Ja, sagte ich. Das war er wirklich. / (Plötzlich redeten wir beide, als wäre das kleine Ding tot.) / Und er hatte treue Augen, sagte Mulla. / Genau, sagte ich. Stimmt. / Aber eigentlich konntest du ihn nicht leiden, sagte Mulla. Glaubst du, ich hätte das nicht bemerkt?

Ich mochte Katzen schon immer lieber. Ich weiß, dass ich mich wiederhole. Aber wie gesagt.

Mit Mulla kann ich über alles Mögliche reden. Er macht sich nicht über Zik-Zaks oder Schweine lustig – auch nicht über Buster. Er bittet mich, mehr von ihnen zu erzählen. Er sagt, dass ich mich glücklich schätzen kann, so viel Platz in meinem Kopf zu haben. Ich erzähle ihm von dem kleinen Schwein, das gerade bei mir wohnt. Und die ganze Zeit über sehen wir uns an.

Abends ging ich nicht zurück in die Krankenstube, sondern kam stattdessen mit auf sein kleines Zimmer. Wir zogen uns aus und kuschelten uns ganz eng aneinander. Keiner von uns sagte etwas. Ich schloss die Augen und wünschte mir, dass alles wieder wie früher wäre. Aber der Körper an meiner Seite war hart und kräftig. Und keine der Brüste war auch nur im Geringsten weich oder verwelkt. (Wir hatten nicht einmal Krabbenbutterbrote.) Trotzdem war es Mulla. Und ich versteckte meine Nase in seiner Halsgrube und streichelte mit der Hand über seinen flachen Bauch.

Die Liebe geht mitunter die sonderbarsten Wege. Und es kann kompliziert sein, ihnen zu folgen. Aber bleiben wir stehen, um zu überlegen, ist der Weg vielleicht für immer verloren. (So dachte ich. So dachte es in mir. Und das Einzige, was ich wollte, war, diese Hand weich und warm zu machen.)

Plötzlich – als wir so dalagen – fiel mir auf, dass Mulla hier der Einzige war, dessen Namen ich wusste. Niemand sonst hatte sich mir namentlich vorgestellt.

Als er eingeschlafen war, stand ich auf und schrieb diese letzten Seiten. Danach wollte ich mir noch die Prints etwas näher ansehen. Denn es fühlte sich komisch an, sie wieder in Händen zu halten. Sie sind ja auch das Einzige, was ich habe, das wirklich mir gehört. Es tut ein bisschen weh, mir die Bilder anzusehen – jetzt, wo ich es besser weiß. Aber selbst wenn sie nie etwas anderes gewesen sind als Fakes und Lügen, geben sie mir dennoch ein merkwürdiges Gefühl von ... Zugehörigkeit. Und ich ertappe mich dabei, wie ich auch das alte Digi vermisse. Das mit Mama und dem Sofa und dem ganzen Drumherum.

REUNION

»Men and women. Women and men.
It will never work.«

ERICA JONG

Es war das Schwein, das Alarm schlug. Mitten in der Nacht. Er ist ein Fake, flüsterte es aus dem tiefsten, hintersten Winkel. Merkst du denn nicht, dass er ein Fake ist?

Und als ich die Augen aufschlug, war Mulla weg. Ich lag wieder in meinem eigenen Bett. Und die bleichen Namenlosen standen in einem Halbkreis um mich herum.

Ich brauchte sie nicht lange zu bitten. Sie sagten es, wie es war.

Sie sagten auch noch manch anderes. Sie sagten zum Beispiel, dass sie bereit wären, alles zu tun – wenn sie nur ein klitzekleines Stückchen von dem erhaschen könnten, was sie suchten. (Die alte Leier vom Zweck und den Mitteln, nicht wahr?) Sie sagten, wenn ich ihnen etwas zu sagen hätte, wäre jetzt der richtige Zeitpunkt. Ansonsten würden sie mich – noch bevor der Tag vorüber sei – aufschneiden, einmal komplett auf den Kopf stellen und von vorne bis hinten durchsuchen. Und wieder zurück. Mit solchen Sachen drohten sie mir. Das Seltsamste aber war, dass sie dabei auf mich überhaupt nicht böse wirkten. Eher verängstigt. Und verzweifelt. (Oder genauer gesagt: Es war das kleine Schwein, das es so für uns formulierte. Endlich traut es sich, seinen Rüssel herauszustrecken. Und eigentlich ist es auch gar nicht so klein. In Wirklichkeit ist es sogar ziemlich groß. Und es wächst andauernd weiter. Gemeinsam nehmen wir es mit jedem fucking Zik-Zak auf.

Wir beiden Schweine haben im Leben nämlich schon einiges durchgemacht. Wir wissen, wie es läuft!)

Kurz bevor die Bleichgesichter abzogen, schenkte ich ihnen wieder meine Aufmerksamkeit und fragte nach Mulla – weshalb sie ausgerechnet von ihr eine derartige Dublette benutzt hatten – und überhaupt und sowieso? Sie sagten, dass sie alles über uns wissen. Mulla hatte es ihnen selbst erzählt. Sie war auf ihrer Seite. Sie war ein SEM. All die Jahre über hatte sie ein gefährliches Doppelspiel gespielt und ihnen damit einen unschätzbaren Dienst erwiesen. Als sie nicht mehr konnte, kam sie hierher. Und sie war immer noch hier. / Aber dann hättet ihr doch keine Dublette gebraucht? / Sie hat die Zusammenarbeit verweigert. / Verweigert? / Sie sagte, sie hätte dich in ihrem Leben schon genug gelöchert. Also ließen wir sie gehen. Wir wussten, dass wir auch ohne sie ganz gut zurechtkommen würden. / Hat sie sonst nichts gesagt? / Frag sie doch selbst!

Und dann ist sie da. Die richtige Mulla. Voller Falten. Dicker Hintern. Der es nie im Leben einfallen würde, eine Fluxumwandlung oder sonst etwas zu machen. (Das hätte ich wissen müssen!) Die ein größerer Freak und Grauling ist als alle anderen, die ich kenne. (Du Rindvieh! ruft auch das andere Schwein. Das hättest du nun wirklich wissen müssen!)

Wir umarmen einander und weinen.
    Mit der falschen Mulla habe ich gelacht.
    Mit der echten weine ich.
    Es ist, wie es sein soll.
    Wir sind beide nur Chips.

Sie lassen uns eine Weile alleine. Oder: Sie tun so – und wir tun so. Denn niemand kann richtig alleine sein. Ich weiß, dass sie uns gestern hätte zusehen können. Wenn sie gewollt hätte.

(Hier bei SEM gibt es keine Geheimnisse, sagt das Schwein. Und Lügen verkleiden sich als Träume. Merk dir das! / Traurig, grunze ich zurück. Denn die Absicht war bestimmt einmal gut …)

Mulla sieht, dass ich Selbstgespräche führe. Sie nimmt mein Gesicht in beide Hände. Du bist krank, P, sagt sie. Das bist du schon seit vielen Jahren. Und trotzdem liebe ich dich.

Sie fragt, wen ich diesmal im Kopf habe. Nur ein Schwein, sage ich. Ein armes, kleines Schwein, genau wie du und ich.

Wir sitzen in ihrem Zimmer. (Denn das hier gehört wirklich ihr. SEM lügt nie mehr als notwendig. Sie selbst sind sogar der Ansicht, dass sie überhaupt nicht lügen. Sie möblieren die Wahrheit einfach um.)

Mulla, sage ich ernst. Du glaubst weder an Zik-Zaks noch an entlaufene Schweine, oder? Nein, P, sagt sie. Das habe ich nie. Aber ich habe dich immer gerne davon erzählen hören.

Wir sitzen auf dem Fußboden – auf weichen Kissen. Arm in Arm. Blättern durch die alten Prints. Wie kann man erwarten, hier etwas zu finden? sage ich. (Und beschließe, souverän darüber hinwegzusehen, dass ich die gleiche fixe Idee gehabt hatte.) / Wegen mir brauchen wir uns die Bilder nicht anzusehen, sagt Mulla und lehnt ihren Kopf an meine Schulter. / Aber sie erwarten von mir, dass ich ihnen irgendetwas liefere, sage ich. *Einen Hasen, dem man hinterherjagen kann.* (Meine eigene Wortschöpfung, auf die ich ehrlich gesagt ein wenig stolz bin. Ich pflege sie in historischen Handlungsentwürfen rustikalen Zuschnitts zu verwenden.) / P, sagt sie. Dein Leben ist schon seltsam. / Ja, sage ich. Aber alles, was ich mir wünsche, ist, in Ruhe gelassen zu werden. / Ich weiß, sagt sie, streckt sich und gibt mir einen Kuss auf die Wange.

Mein Aussehen verstört mich. Es macht mich ganz verlegen. (Besonders die ganzen Haare auf dem Kopf.) Ich glaube, ich sehe hoffnungslos aus. Und ich mag es nicht, dass ich zu der Kopie geworden bin, die ich im Grunde bin. Weiß sie, dass ich ein Klon bin? / Das weiß ich schon seit Jahren, sagt sie. / Und es macht dir nichts aus? / Gar nichts, sagt Mulla.

Sie zeigt mir das Poster, an dem sie gerade arbeitet. Es ist ein großes, grün schimmerndes Hologramm: ein Labyrinth von oben – fast wie eines dieser antiken Videospiele. Eine Menge verwirrter Menschen läuft auf grauen Schotterwegen zwischen dichten Hecken herum, und keiner findet den Weg nach draußen. Hinter den Blättern und Zweigen sitzen allerlei Tiere (viele erinnern an Sullik) und betrachten sie. Ruhig, wartend. Nicht bedrohlich oder gefährlich, lediglich verwundert. So, als ob sie sagen wollten: Warum rennt ihr denn so herum? / Eine Dornenhecke! sage ich überrascht, und erzähle ihr von meinem Schauspiel, das ich immer noch nicht zu Ende gedacht habe. (Weil zwischendrin noch etwas fehlt, nicht wahr?) Und dann träumen wir ein wenig davon, eines Tages (zum Beispiel, wenn die Welt auf den Kopf gestellt wird) etwas gemeinsam zu machen – vielleicht ganze Hologrammserien in Verbindung mit allen möglichen Erlebnissen in Realtime, etwa wie eine Wanderung durch einen magischen Ozean, in dem alle Dinge auf mindestens zwei verschiedene Weisen betrachtet werden können. Vielleicht. So sitzen wir da und reden Unsinn. Lange. So wärmen wir einander wieder. So finden wir zurück zu den Krabbenbutterbroten. Ich weiß, dass sie mich fragen wird, ob ich ihr verzeihen kann. Und ich weiß, dass sie weiß, dass ich es tue.

Es ist gar nicht so schlimm, wie du glaubst, sagt sie nach einer Weile. Ich meine SEM.

Kannst du jederzeit von hier weg, wenn du willst?
Wieso sollte ich?

Würdest du nicht lieber … irgendwoanders sein?

Können wir unseren eigenen Augen dort draußen mehr trauen als hier? Ist die Welt nicht voll von Illusionen, Fälschungen und Chipkontrollen? Was ist denn so toll dort draußen?

Nelkenwurz, sage ich. (Und nachdem ich noch eine Weile überlegt habe:) Nelkenwurz und Apfelbeeren.

Silly old fool, sagt Mulla zärtlich.

(Aber jetzt hat es meine Hand endlich geschafft, sich zu ihrer linken Brust vorzutasten. Und nun habe ich keinen Kopf mehr für etwas anderes. Ich bin … beinahe hätte ich gesagt: glücklich.)

Wohin sollen wir denn gehen? (Viele Küsse und ein missglückter Beischlaf später.)

Irgendwohin, wo noch niemand von uns gewesen ist, sage ich. Ich kenne JAFET. Du kennst SEM. Aber wie ist es bei HAM?

Kalt, sagt sie. Ich habe gehört, dass es dort immer kalt ist. (Und Mulla verträgt keine Kälte. Wegen ihres Asthmas, natürlich. Ich vergesse immer, dass sie keine eingebauten Filter hat wie wir anderen.)

Aber wir wären ohnehin nie dorthin gekommen. Und wieder war es das Schwein, das eingriff. Mal gesetzt den Fall, dass du dich gar nicht auf die Bilder konzentrieren solltest, grunzte es nachdenklich. Gesetzt den Fall, dass es nicht die Prints sind, sondern das Sofa? / Was ist mit dem Sofa? sagte ich laut. (Und ich merkte, wie Mulla zusammmenzuckte.) / Das alte, blaugestreifte Sofa, auf dem du mit deiner Quasi-Mutter sitzt, sagte das Schwein. / Was ist damit? rief ich. (Mulla legte mir einen Finger auf den Mund. Aber ich schob ihn beiseite.) Mal gesetzt den Fall, dass die Streifen eine Art Strichcode sind? flüsterte das Schwein. So einer, wie er überall aufgedruckt ist? / Mit einem Ruck stand ich auf.) Von allen Schweinen bist du mit Abstand das genialste! sagte ich abwesend. / Mulla fasste mich am Arm und versuchte, mich wieder zu sich hinunterzuziehen. Aber als ich ihr erzählte, was das Schwein eben gesagt hatte, wurde sie genauso aufgeregt wie ich. (Und ich wage gar nicht erst an die Reaktion der anderen zu denken, die uns gerade zuhörten.)

DAS ALTE, GESTREIFTE SOFA

»Plot is the meat the burglar throws the dog to get over the fence.«

EDWARD ZWICK

Fünf Stunden später hatten wir uns eine niegelnagelneue Kopie meines alten Digis besorgt. (Fragt mich bitte nicht, woher. Aber wozu hat man schließlich Hacker.) Das Bild ist ein wenig flackerig und verzerrt, zoomt leicht schräg von der Seite hinein – und piece of cake! Die Streifen auf dem Sofa sind eindeutig (für den, der sich mit so etwas auskennt). Sie bilden eine Zahlenreihe, die bedeutet – und hier gingen die Meinungen eine Weile auseinander, aber nach und nach einigte man sich darauf, dass es sich bei dem Code um Längen- und Breitengrade handeln musste, die uns die genauen Koordinaten, einen exakten geographischen Punkt lieferten. Der Karte zufolge genau dort, wo früher einmal der Abelhaug gelegen hatte. (Als ALTE ZEITEN gebaut wurde, musste man den Hügel fast hundert Meter nach Osten verlagern, um Platz für den Info-turm und das große Digi-Zentrum zu schaffen.)

Ob das eine Falle ist? Wir wissen es nicht. Ist es ein Zufall, dass das Rätsel genau jetzt gelöst wurde – und nicht früher? Auch das wissen wir nicht. Vielleicht glaubt er, dass es endlich an der Zeit ist, uns irgendetwas … zu zeigen?

SEM will sogleich ein Team dorthin entsenden. Und Mulla und ich sollen mitkommen. Sie müssten mich unbedingt dabei haben, sagen sie. (Immer noch besessen von dem Gedanken, dass ich eine Art Medium bin.) Aber ich habe klargestellt, dass ich ohne Mulla nicht kooperieren werde. Wir haben uns gerade erst wiedergefunden. Ich möchte mich nicht mehr von ihr trennen. Entweder gehen wir beide oder keiner. (Das Wort »gehen« ist in meinem Fall nicht ganz zutreffend. »Humpeln« trifft es schon eher. Jedenfalls brauche ich keinen Rollstuhl mehr.)

Es wird wahrscheinlich nicht ganz ungefährlich, aber ich freue mich darauf, rauszukommen. Und bei dem Gedanken an ALTE ZEITEN fängt es in mir an zu kribbeln. (Dieser Schwäche werde ich mich wohl nie entledigen können.)

Ich sitze ganz still und lasse Mulla meinen kompletten Kopf rasieren. Danach nimmt sie sich den Rücken vor. Brust, Intimbereich und Beine habe ich selbst geschafft. Nach der Dusche (ein gutes Gefühl, endlich wieder glatt und sauber zu sein) cremt sie mich ein (genau wie früher). Ich liege auf dem Bauch und schnurre wie eine Katze. Spüre, wie ihre starken Hände all die innere Anspannung wegstreicheln. Wenn ich zur Seite blinzle, kann ich sehen, wie ihre Oberschenkel schwabbeln.

Wir unterhalten uns über Politik. Das haben wir früher eigentlich nie gemacht. Was wollen die Freaks? sage ich. Was wollen die eigentlich? Und die Gesellschaft … wofür steht die? Was hat das alles zu bedeuten? (Früher fand ich es immer langweilig, über solche Dinge zu reden. Ich schloss die Augen, schaute woandershin oder wechselte einfach die Spur. Aber nun ist alles nur noch ein einziger Morast – und ich sinke immer tiefer und tiefer ein.) Mulla, sage ich. Gibt es denn für gar nichts eine einfache Erklärung? Nein, sagt sie. Nur, wenn du dich mit den kollektiven Lügen abfinden möchtest. Und von denen gibt es ja genug – auf beiden Seiten.

In acht Stunden ist Abmarsch. Wir wurden gebeten, ausgeruht zu erscheinen.

Verrate ich meinen eigenen Vater? Das habe ich immer im Hinterkopf. Ich kann mir nicht helfen. Der Gedanke rumort die ganze Zeit in mir. / Er ist nicht dein Vater, sagt Mulla. Und du schuldest ihm nicht das Geringste. / Ich weiß, antworte ich. Aber ich kann einfach nicht aufhören, darüber nachzudenken.

Mulla hat es gut. Sie weiß, woran sie glaubt. Wie jeder gute Freak ist sie davon überzeugt, dass die Gesellschaft – ja, die ganze Welt – völlig im Arsch ist. Und sie macht Sasch und SOFTCOM sowie all die anderen internationalen Globalisierungsbanditen dafür verantwortlich. Sie kann ihre Behauptung auch ohne zu zögern (und völlig unaufgefordert) mit klaren Beispielen belegen – eines nach dem anderen –, als würde sie Scheibe für Scheibe von einem großen Käse schneiden. Mir wird vom Zuhören ganz schwindelig.

Aber wie passt Theophil in dieses Bild?

Wir haben uns über mein schlechtes Gedächtnis unterhalten. (Das immer schlechter und schlechter wird.) Auch wenn Mulla gut darin ist, mich an verschiedene Dinge zu erinnern – so dass es auch mir wieder einfällt. Aber mal gesetzt den Fall, dass viele dieser schwarzen Löcher einfach nur schwarze Löcher sind? Vielleicht waren sie nie etwas anderes? (Sie sträubt sich zu sagen, dass ich die ersten 16 Jahre in Frostschutzmittel gelegen habe.) Auch das Schwein versucht mich (anscheinend) zu trösten: Es ist nicht wichtig, sich daran zu erinnern, ob man nun einem Löwen oder einem Tiger gegenübersteht, sagt es. Das Wichtigste ist, dass du daran denkst, auf einen Baum zu klettern! / Du verwendest altmodische Bilder? / Ja, sagt das Schwein. Aber ich bin ja auch ein ziemlich altmodisches Schwein! / (Es ist groß geworden. Ein dermaßen großer Eber, dass dort drinnen bald kein Platz mehr für mich selbst ist!)

Aber eigentlich ist strange nur der Vorname. Ich meine: Ich schreibe ja, um mich an etwas festhalten zu können, um Ordnung in meine Gedanken zu bringen, um – ja, im Großen und Ganzen ... aber warum muss ich es dann immer wieder in Stücke reißen? (Ich meine: Wenn mich niemand daran hindern will oder mein Leben bedroht – wie zum Beispiel hier bei SEM.) Ich könnte Tausende von Seiten haben. Mulla sieht mich an. Sagt nichts. Sie hat mich schon früher so gesehen. Viele Male. Ich lehne mich über ihren kleinen Müllschlucker. Endlich darf ich wieder tun und lassen, was ich will. Alles in klitzekleine Stückchen reißen. Die Finger arbeiten automatisch. Ich schließe die Augen. Höre, wie der Müllschlucker schreddert und rattert. Und ich versuche, mich zu erinnern – weil es mir gerade so in den Sinn kommt –, wie ich genannt wurde, bevor ich P hieß. Aber ich schaffe es nicht. And so what? Ich bin es gewohnt, mich nicht zu erinnern. Und Mulla weiß es bestimmt. Ich muss nur fragen. Aber mein innerster Name? Mein eigener ... allerinnerster ... Name? Dabei kann mir weder sie noch irgendjemand sonst helfen.

Nun liegen wir im Bett und halten Händchen. Wie in alten Zeiten. Fehlen nur noch die Krabben.

Und jetzt müssen wir wieder einen Zeitsprung machen. Zum nächsten Abend. Es ist nämlich nicht alles so gelaufen, wie geplant. Hier eine kurze Zusammenfassung:

Die Reise nach Oslo überspringen wir einfach. Sie verlief problemlos (mal davon abgesehen, dass die Störsender, die die ganze Zeit über auf voller Pulle liefen, uns ganz schön crazy machten). Sicherheitshalber hatten wir ein Luftkissen mit Schrankfreaks dabei (Freaks, die noch nicht aktenkundig waren). Ihre Aufgabe war es, im Falle einer Verkehrskontrolle für genügend Verwirrung zu sorgen, damit unser Wagen unbemerkt durchschlüpfen konnte.

Das Auto war proppenvoll, und draußen wurde die Luft immer dicker und saurer, je mehr wir uns dem Target näherten. (Ich erinnere mich, dass ich Mulla das erste Mal durch ein Rohr atmen sah. Selbstverständlich fasste ich das völlig falsch auf. Es wäre mir nicht im Traum eingefallen ... nicht in unserer Zeit ... ich meine: Wieso setzt sie keine Alveolenkapseln ein wie jeder andere auch?)

Es war leichter, nach ALTE ZEITEN hineinzukommen, als ich gedacht hatte. Wir benutzten ganz einfach eines der üblichen Portale (in der Nähe von Sinsenkryss). Die Wachen gehörten zu uns (auch sie waren Schrankfreaks). Sie ließen die Sensoren ein paar Sekunden rauschen und uns vorbeischlüpfen.

Es war fast wie wieder nach Hause zu kommen! So fühlte es sich an. Ich sah hinauf in den blauen Himmel. Blinzelte in die Sonne. Ließ sie mein Gesicht wärmen. Zog die Jacke aus. Hängte sie an zwei Fingern über die linke Schulter. Merkte, wie sehr ich es vermisst hatte, hier zu sein, fühlte, wie sich die große Leere in mir wieder öffnete und füllte – und spürte gleichzeitig Mullas Hand im Rücken, die mich weiterschob.

Die Stelle, die wir suchten, war ebenfalls nicht schwer zu finden. Es war ein Fahrradverleih – sehr beliebt bei den jüngeren Besuchern von ALTE ZEITEN, ich selbst hätte mich nie auf so ein Ding raufgetraut. (Ich habe vergessen, unser Team zu erwähnen: sieben Leute insgesamt. Abgesehen von Mulla und mir zwei SEM [männlich, von der theoretischen Sorte] und drei weibliche Krieger der nächstgelegenen HAM-Gruppe. So ergänzen sich also die drei Söhne NOAHS: SEM die Künstler und Wissenschaftler [Slash

-innen, natürlich]. HAM die Aktivisten und Umweltkämpfer. JAFET die Erdverbundenen und Friedliebenden [und meiner Meinung nach diejenigen, die den gemeinsamen Idealen aller Freaks am nächsten kommen]. Aber genug davon.) Wir okkupierten den Fahrradverleih, betäubten die beiden rehabilitierten Verkäufer (die nicht den geringsten Widerstand leisteten), schlossen die Tür ab, ließen die Rolläden herunter und hängten das Geschlossen-Schild ins Schaufenster. Und dann ließen wir die kleinen Suchroboter im Keller los – der einzige Ort, an dem es Sinn machte, zu suchen, weil es das Haus selbst zu Theophils Zeit noch gar nicht gab (wie jemand ausgerechnet hatte). Sie brauchten nur ein paar Minuten, markierten eine Stelle, bohrten sich durch den Zementboden und förderten ... eine kleine, verrostete Metallkiste zutage. Doch dann ging alles schief.

Oder vielleicht nicht sofort. Denn jedenfalls schafften wir es noch, die Kiste zu öffnen. Heraus sprang einer dieser altmodischen Kugelbriefe – ein flackerndes Hologramm voller Bildschnee. (Ab und zu verlor es seine Farbe sogar vollständig.) Aber es war unverkennbar, um wen es sich handelte. Eine gleichaltrige, wenn auch behaartere Ausgabe meiner selbst. Und doppelt so groß. Ich sah den, nach dessen Bilde ich geschaffen war. Theophil stand da mit den Händen in den Hosentaschen. Wippte mit den Schuhspitzen auf und ab. Eine Zeit lang stand er einfach nur da und starrte uns an. Wortlos. Dann schnipste er einmal und zauberte aus dem Nichts ein Sofa hervor (das gute, alte digitale Möbel meiner Kindheit). Er setzte sich. Die Bewegungen waren ruckartig. Stumm lachte er uns an. Und dann fing er an zu reden. Seine Stimme war ein Stakkato, und einige seiner Worte gingen in den Störgeräuschen unter. Er hieß uns willkommen. Er wusste zwar nicht, wer wir waren, hoffte aber, dass wir nicht allzu sehr mit dummem Geschwätz und üblen Nachreden eingesoßt waren. Hundert Jahre sind eine lange Zeit, sagte Theophil. Lange genug, dass jeder, der das möchte, die Chips drehen und wenden und unterschiedlich anordnen kann. Weiter kam er nicht. Das heißt: Er redete weiter. Genauso ruhig und relaxt wie zuvor. Nur war es unmöglich, ihn zu verstehen. Seine Worte gingen in Lärm und Kommandorufen unter. Denn plötzlich wimmelte es von Kontrolleuren. Eine Spezialzüchtung von Polizisten, die das Recht haben, jederzeit alles und jeden zu flashen und schockzufrosten. Normalerweise treten sie in Zivil auf. (Um die Menschen nicht zu beunruhigen.) Aber diese hier trugen schwarze Uniformen und weiße Totenmasken. (Offensichtlich hatten sie die Absicht, uns zu Tode zu erschrecken. Wahrscheinlich führten sie sich deshalb auch so auf und brüllten herum.) Unsere drei HAM-Krieger leisteten tapfer Widerstand, hatten gegen die Übermacht aber keine Chance. Die Kontrolleure nagelten sie wie Eiszapfen an die Decke. Die ganze Zeit über saß die überdimensionierte Gestalt Theophils auf dem Sofa und lächelte freundlich nach rechts und nach links. Und die beiden SEM? Das Letzte, was ich von ihnen sah, war feuchter Glibber, der sich über die halbe Wand verteilte.

Wie Mulla und ich entkommen sind? Keine Ahnung. Mein Kopf ist wie leergefegt. Ich erinnere mich an nichts. / Gar nichts? (Es ist Mulla, die fragt.) / Ich schüttle den Kopf. / Erinnerst du dich nicht, dass wir an der Hintertür standen und du mich einfach vor dir her – raus auf die Straße geschoben hast? Du warst so unglaublich schnell! / Nein, sage ich. (Aber das erklärt, warum mein verletztes Bein wehtut und geschwollen ist!) / Und erinnerst du dich nicht, dass du – / Nein, sage ich. Ich habe doch gesagt, dass ich mich nicht an das Geringste erinnern kann. / Dann sind wir ins nächste Haus gelaufen, sagt Mulla (ihre Augen glänzen, wenn sie mich ansieht) – kreuz und quer durch Wohnungen und Korridore – und es war, als würdest du den Weg und jede einzelne Treppe kennen! Und auf dem Innenhof haben wir ein Benzinauto geklaut! Ich habe überhaupt nicht gewusst, dass du so etwas fahren kannst. / Kann ich auch nicht, sage ich leise. / Mulla gestikuliert wild mit den Händen. Jedenfalls haben sie uns deshalb nicht gekriegt, sagt sie. Auch wenn sie es versucht haben – und wie, darauf kannst du wetten! / Und wo sind wir jetzt? frage ich. (Ich gehe zum Fenster und versuche mich zu orientieren, kenne mich aber nicht aus. Jedenfalls sind wir in keiner der Straßen des Zentrums.) / P! ruft sie und nimmt meinen Kopf in beide Hände. Es war doch deine Idee, hierher zu kommen! Du wusstest von dieser Adresse! Du hast gesagt, dass sie sicher ist und dass niemand auf die Idee kommen würde, uns hier zu suchen. Dir haben wir es doch zu verdanken, dass wir noch leben! / Ich antworte nicht. Ein Gedanke, strange und creepy, durchzuckt mich. Und ich weiß, was ich gerne sagen würde. Aber es ist, als ob jemand die Kontrolle über meinen Mund übernommen hätte, so dass ich es nicht über die Lippen bringe. Danke lieber dem Schwein, hätte ich sagen können. Danke lieber dem Schwein!

HIMMLISCHE KNOCHEN UND GEBEIN

»I am the master of my fate / I am the captain of my soul.«

W. E. HENLEY (einbeiniger Poet, Freund von Robert Louis Stevenson und Vorbild für Long John Silver in Die Schatzinsel)

Wir haben die Wohnung natürlich gecheckt, uns im Hinterhof umgesehen und auch einen kurzen Blick auf die Straße riskiert. Wir befinden uns in der Platous-Gate, einem Teil von ALTE ZEITEN, der Klein-Asien genannt wird. Ein Viertel für Jugendliche, die exotisches Essen, alte Tänze und Flachfilme mögen. Aber wir haben eine gemütliche Einzimmerwohnung: die Küchenbank auf der einen und das Schrankbett auf der anderen Seite, dazwischen Tisch und Stühle. In der schmalen Diele gibt es einen Kleiderschrank und eine Toilette mit einem kleinen Waschbecken.

(Und ich bin hier of course noch nie zuvor gewesen.) Wir haben das Bett aufgeklappt. Mulla hat sich hingelegt und die Decke über den Kopf gezogen. Wir haben uns darauf geeinigt, abwechselnd zu schlafen. Um für morgen fit zu sein. (Um was zu tun? Das wissen wir nicht.) Jeder vier Stunden. Das hört sich vernünftig an. Aber wir wissen beide, dass es unmöglich sein wird, zu schlafen. Ich habe mir einen Stuhl ans Fenster gezogen, um die Straße im Blick behalten zu können. Jedes Mal, wenn Mulla versucht etwas zu sagen, mache ich pst!

Die Öffnungszeit ist vorbei. Alle Besucher sind nach Hause gegangen. Die Sirene ging vor über einer Stunde. Trotzdem brennt die Straßenbeleuchtung noch. Wegen uns, nehme ich an. Sie werden die ganze Nacht suchen. Und wir können nichts anderes tun als warten. Hoffen, dass die kleinen Störsender nicht den Geist aufgeben. Auf das Tageslicht warten und darauf, dass die Straßen wieder voller Menschen sind. Ich habe Mulla von dem Kanalisationsausgang am Holbergs-Plass erzählt.

Ich denke, dass ich sie liebe. Auf eine völlig andere Art als … ja, als all die anderen. (Auch als den, mit dem ich ein Kind habe? Als den erst recht!) Und ich denke: Ist die Liebe nur etwas, das uns passiert? Ist sie ein angenehmes Gefühl, das man erleben darf, wenn es der Zufall will? So dachte ich zumindest bislang. So habe ich gelebt (und unzählige Handlungsskizzen entworfen). Nun aber weiß ich: Die Liebe ist eine Möglichkeit, für die sich der Einzelne anstrengen muss. Sie verlangt aktiven Einsatz. Denn es geht nicht darum, geliebt zu werden, vom Richtigen geliebt zu werden (was die meisten unserer Leser gerne glauben mögen)! Nein, in der Liebe geht es darum, lieben zu können, also um eine Fähigkeit unserer selbst – eine Fähigkeit, die wir mit Geduld und Konzentration entwickeln müssen. Aber so werden natürlich keine Bestseller gemacht, und ich weiß, dass mir mein Rechner so etwas nie durchgehen lassen würde. Doch wenn ich Mulla ansehe – mir ihren Rücken ansehe (den sie mir zugewendet hat) – weiß ich, dass es so ist. Ich weiß, dass wir beide einen weiten Weg zurückgelegt haben – und ich weiß, dass wir einander verdienen.

Auf dem Fensterbrett fand ich einen kleinen Bleistiftstummel, und in einer der Schubladen in der Küche lagen ein paar lose Blätter eines altmodischen Papierblocks. (Als ob ich sie selbst dort hingelegt hätte!) Nun habe ich dies hier geschrieben.

Bald werde ich es in Stücke reißen.

Ob es klug ist, hier einfach herumzusitzen? Keine Ahnung, schreibt der Bleistift. Aber was könnten wir sonst tun? flüstert das Papier. Hör mal, sagt das Fensterbrett, jetzt haben die das Regenwasser wieder angestellt. Sie waschen nur die Straßen hier in der Gegend, sage ich. Das machen sie jede Nacht. Was schreibst du? frage ich den Bleistift. Alles Mögliche, antwortet er. Alles Mögliche.

Aber da irrt der Bleistift. Denn das, was wir schreiben … sind Schatten unseres Innenlebens. So ist das. Deshalb ist es auch notwendig – weil ich so bin, wie ich bin –, Worte und Sätze zu formen. So oft wie möglich. Alle Schrift ist Erinnerung. Ich schreibe: Alle Schrift ist Erinnerung.

Ob wir überhaupt eine Chance haben zu entkommen? Wohl kaum. / Oh doch, durchaus, sagt das Schwein. (Jetzt kommt es vorsichtig wieder hervor.) Wenn du genau das tust, was ich dir sage! / Halt's Maul! flüstere ich (um Mulla nicht zu wecken). / Suit yourself, antwortet das Schwein und dreht mir den Hintern zu. / Aber mir schwant, dass der alte Eber noch etwas mehr über die Geschehnisse des heutigen Abends wissen muss. Also gehe ich um ihn herum. Will endlich ein ordentliches Gespräch von Schwein zu Schwein führen. Aber das geht nicht so ohne weiteres – ich muss es ihm sprichwörtlich aus der Nase ziehen. Sasch war da, grunzt es endlich. / Sasch? sage ich. Was hatte sie dort zu suchen? / Hattest du etwas anderes erwartet? sagt das Schwein. / Und woher kennst du sie? / Du hast doch wohl nicht ernsthaft geglaubt, dass sie dich einfach vergessen würde? schnaubte das Schwein (noch immer ohne zu antworten). / Ich habe sie aber nicht gesehen, sage ich. / Klar hast du das, sagt der Eber. (Und dann zeigt er mir, dass ich sie gesehen hatte. Ein schwaches, graues Bild. Das ich vergessen oder verdrängt habe, an das ich mich aber sofort wieder erinnern kann, als er es langsam an meinem inneren Auge vorübergleiten lässt. Sasch in einem grauen Kostüm und mit einem schwarzen, breitkrempigen Hut. Sie steht direkt hinter dem flimmernden Hologramm. Ich sehe sie durch Theophil hindurch. Ich spüre, wie sie auf mich deutet. Es fühlt sich an, als träfe mich ihr Finger mit einem kalten Knall zwischen die Augen.) / Sie weiß nicht, dass du das bist, sagt das Schwein. Sie weiß nicht, dass sie dich einer Fluxumwandlung unterzogen haben. / Sie glaubt, dass ich Er bin! flüstere ich. / Und sie ist stark, sagt das Schwein. Sie ist die Stärkste … / Du sprichst von ihr, als würdest du viele von ihrer Sorte kennen? sage ich. / Oh ja, sagt das Schwein. Viele. (Und dann versucht es, wieder tiefer in meinen Kopf hineinzuwatscheln.) / (Aber ich packe es am Schwanz und halte es fest!) Habe ich noch mehr vergessen? rufe ich. / Nichts, was du wissen müsstest, antwortet das Schwein. / Aber das warst doch du, der uns hierher geführt hat? sage ich. Du warst es und nicht ich? / Ich habe nur getan, was ich tun musste, antwortet das Schwein. (Und reißt sich mit einem kräftigen Ruck los!)

Mulla stützt sich auf die Ellbogen, schüttelt verwirrt den Kopf, aber ich bitte sie, sich wieder hinzulegen. (Ich bin's nur …)

Wir müssen leiser sprechen, sage ich zu dem Schwein. Ich bin ihm so tief in den Kopf hinein gefolgt wie noch nie zuvor. Es stinkt nach Pisse und feuchtem Stroh. Das Schwein kratzt mit dem einen Vorderhuf, blinzelt mich mit schmalen Augen verschmitzt an. Hier habe ich meinen Stall, sagt es. Ich habe darauf gewartet, dass du den Weg hierher finden würdest ... / Wer bist du? sage ich (denn das frage ich mich wirklich). / Ich bin der Teil von dir, den du nicht brauchst, antwortet das Schwein, und legt sich faul auf die Seite.

Der Bleistift hat aufgehört zu schreiben. Jetzt malt er Schnörkel an den Rand. Das ist alles, was ich aus ihm rausbekomme. An wen sollen wir uns denn jetzt halten? sagt das Papier. Wer will was und warum? Um was geht's hier überhaupt? Und wer kann eigentlich die Zeit verstehen, in der er selbst lebt?

Fair enough, sage ich. Dumme Fragen verdienen dumme Antworten. Aber wenn du etwas weißt, das ich auch wissen sollte – / Dann ist das too bad, sagt der rosa Riese und schließt die Augen. / (Ich gebe ihm ordentlich eins auf die Schnauze.) Ich bestimme selbst über meinen eigenen Kopf, sage ich. / Versuch mich doch rauszuschmeißen! grunzt das Schwein. / Ich brauche dich nicht, sage ich. Das hast du ja eben selbst festgestellt! / Fail again, quiekt das Schwein. Ich bin es, der *dich* bald nicht mehr braucht.

Nicht gerade das, was man zu hören wünscht. Und dennoch muss ich lachen. Ich lache über meinen eigenwilligen Kopf. Ich lache über die eigene Verrücktheit. Die sich Tag für Tag mehr und immer absonderlicher auswächst.

Sie wollen das Gleiche, schreibt der Bleistift – langsam und in schnörkeliger Schrift. Sie wollen ihren Willen haben. Alle wollen ihren Willen haben.

Und dann habe ich sie trotzdem aufgeweckt. Sie ist über den Fußboden getappt und steht direkt hinter mir. Reibt ihre Stirn an meinem Nacken. Beißt mich vorsichtig ins Ohr. Alle haben sich dir gegenüber immer beschissen aufgeführt, sagt sie. Weißt du das? / Ni hao, antworte ich – drehe mich um und küsse sie.

Sie fragt mich, ob sie lesen darf, was ich geschrieben habe. Aber das darf sie nicht. Ich spüre, wie meine Finger sofort damit beginnen, das Papier in kleine Schnipsel zu zerreißen. Ganz von alleine. Ich habe das so satt, sage ich. Kann nichts dagegen machen. Aber so geht es mir schon lange. (Und es wird schlimmer und schlimmer.) Aber Mulla streichelt mir über den glatten Scheitel. Macht doch nichts, sagt sie. Das macht doch nichts, P. (Und sie streichelt mir über den Kopf, bis ich jede noch so kleine Zeile in Stücke gerissen habe.)

Kurz darauf gelangen wir zu der Einsicht, dass wir uns genauso gut auch gemeinsam hinlegen können. Nur das Schwein protestiert. Und während wir herausfinden, was man sonst noch so alles machen kann, grunzt es immer verärgerter in meinem Kopf. Es grunzt so penetrant, dass ich keinen hochbekomme und Mulla mir helfen muss. So grunzt es.

Ob ich mir schon einmal überlegt hätte, warum ich so viel Freude an Kugelschreibern, Papier und Bleistiften habe? Ob ich mich selbst nicht schon einmal gefragt hätte, warum ich nicht lieber mit einem Zombiestick hinter dem Ohr herumlaufe oder mir einen Transformator zwischen die Augen pfropfe? Es ist Mulla, die fragt. Sie sagt, dass sie mich das früher schon einmal gefragt habe. Vor ziemlich langer Zeit. Aber sie habe nie eine Antwort bekommen. (Wir liegen völlig still da und ich halte ihre welke Brust in der Hand.) Vielleicht mag ich, dass es so langsam geht? sage ich. Wenn ich mit dem Rechner arbeite – wir gemeinsam Handlungen skizzieren –, ich Worte und Redewendungen vorschlage, mit neuen Einfällen komme, Wörter zähle und Kommata platziere, fast noch bevor ich richtig darüber nachdenken kann. Doch … ich mag es, wenn es langsam geht. Es kann ja so schon kompliziert genug sein, zu folgen. / Ich finde ja auch, dass es nichts ausmacht, wenn etwas ab und zu mal langsam geht, sagt Mulla – und macht sich wieder an meinem Unterleib zu schaffen. / Selbst in einer Nacht wie dieser können wir zusammen lachen.

Am nächsten Morgen ist es Winter.

Wir stehen hinter der Gardine und blicken vorsichtig hinaus. (Habe ich vergessen zu sagen, dass wir uns im Erdgeschoss befinden?) Es schneit. Große, weiße Flocken. (Wie es sie nur in ALTE ZEITEN geben kann.)

Tut dein Bein immer noch weh? fragt sie. Nein, sage ich (und beginne den Tag mit einer Notlüge). Und du bist dir sicher, dass es dir nichts ausmacht, dass ich … wie Er aussehe? Mulla schüttelt den Kopf und schlingt ihre Arme um mich. Das bist ja trotzdem du, sagt sie. Ja, sage ich. Das bin ich wohl.

KOPIEN FÜR ALLE

*»Und da erkannte er, dass der Himmel
Knochen und Gebeine bekommen hatte.«*

BUNDAHISHN (alte persische Schöpfungsgeschichte)

Ich hatte beschlossen, Mulla alles zu erzählen, was ich über mein Schwein wusste. Alles, was ich daran nicht verstand. (Und wovor ich fast schon ein wenig Angst hatte.) Aber ich schaffte es nicht. Denn als wir da so am Fenster standen, explodierte plötzlich der Himmel. Es hatte aufgehört zu schneien. Es hagelte! (Eine Form von Wetter, die eigentlich schon vor über 50 Jahren wegredigiert worden war – weil es viel zu sehr an das Wetter erinnerte, das wir in Realtime haben und deshalb nie so gut beim Publikum angekommen ist.)

Aber wir sollten bald merken, dass es sich nicht um einen gewöhnlichen Systemfehler handelte. Eines der Hagelkörner – von der Größe einer Frühstückskapsel – fiel direkt vor unserem Fenster zu Boden. Und wir kapierten, dass der Hagelschauer nicht nur aus Eisklumpen bestand (oder was auch immer das war), sondern auch Tausende – vielleicht sogar Zehntausende! – Kugelbriefe enthielt: einfache Hologramme – von der Sorte, wie wir es gestern gesehen hatten. Theophil wollte sichergehen, dass er auch wirklich gelesen würde!

Sie haben dort über hundert Jahre als Briefbomben mit Zeitzünder gelegen! sagte Mulla beeindruckt. Und indem wir die eine öffneten, lösten wir den Countdown für die anderen aus! / Clever Bastard! dachte ich. (Vielleicht sagte es auch das Schwein.)

Und da war es wieder – das gute, alte, blaugestreifte Sofa. Nicht nur hier in der Platous-Gate, sondern in ganz ALTE ZEITEN blieben die Leute verwundert stehen und betrachteten das flackernde Feuerwerk. (Die meisten glaubten sicher, dass es sich um einen Bonus handelte.)

Das Sofa stand dicht neben unserem Fenster. Aber die große, grisselige Gestalt Theophils saß mit dem Rücken zu uns da. Der Ton war diesmal besser. Obwohl wir von all den unsynchronen »Echos« abgelenkt wurden.

Was er uns zu sagen hatte? Den üblichen Crap. Aber er sagte es mit einfachen, ruhigen Worten – ganz ohne die Fakten und Grimassen, die sich viele der Freaks zugelegt hatten. (Denn das hier war Greenspeak und alles andere als königinnentreu.) Ebenso wie sie, sah er die Schuld bei den großen multinationalen Kraken, den wirtschaftlichen Verschwörungen über alle Ländergrenzen hinweg. Die zwar immer weniger und weniger, aber dafür umso größer wurden – und die keine Regierung in den Griff bekommen kann. Die die ganze Welt in ein Spielcasino verwandelt haben. Die uns in Kriege verstrickten, deren Sinn niemand verstand. Die dafür sorgten, dass alle internationalen Klimaabkommen wertlos wurden. Die unser Wasser und unsere Luft verpesteten und glaubten, dass man für die Schäden nur zu bezahlen brauchte. Er verglich die Erde mit einem Tier. Einem Tier, auf dem und von dem wir lebten. Er sagte, dass wir es langsam umbrächten. (Altes Klischee, das die Freaks schon so lange benutzen, wie ich mich erinnern kann.) Und erst jetzt erzählte er, wer er war – erst jetzt nannte er seinen Namen – und dass er einst selbst einer von jenen gewesen sei, von denen er sich nun distanzierte. Er sagte, dass SOFTCOM die Schlimmsten von allen seien. Und die größten. Und dass er selbst dort in der Führungsetage gesessen habe … Er erzählte von seiner Arbeit mit Gentechnologie, Nanostudien – und dem Chip natürlich. Der uns steuert und uns hilft (– feixte er). Und dessen Existenz wir am liebsten vergessen sollten … Er erzählte, wie stolz er auf alles war, was sie damals erfunden hatten. Er erzählte von ALTE ZEITEN. Wie das Projekt erdacht und realisiert worden war. (Und da bemerkte ich, wie er sich trotz allem dazu hinreißen ließ, ein wenig zu prahlen! Sogar Sasch gibt schließlich zu, dass ALTE ZEITEN zu einem großen Teil Theophils Werk ist. Was auch erklärt, dass er god knows wie viele Hologramme von der Sorte, wie wir sie jetzt angestrengt betrachteten, einbauen und verstecken konnte. Aber er wurde auf die Dauer auch ziemlich boring, und es wunderte mich, dass Mulla – die ansonsten ein eher kritisches Wesen ist – alles, was er von sich gab, mit offenem Mund schluckte.) Wir haben euch zu Schlafwandlern gemacht, sagte Theophil. Wer von euch interessiert sich schon für etwas anderes als sich selbst? Wir haben euch schön gemacht. Wir haben euch ein langes Leben gegeben. Und das ist alles, was ihr euch gewünscht habt? Das ist alles, von dem SOFT-COM möchte, dass ihr es euch wünscht ... Und endlich kam er zu dem Tag, als er den großen U-Turn machte. Als er herausfand, wie er den Chip nicht nur dazu bringen konnte, die Latte für unser biologisches Leben noch um einiges höher zu legen, sondern uns sogar annähernd Unsterblichkeit bescheren konnte. Aber verdienen wir das auch? sagte Theophil. Verdient die Menschheit ewiges Leben? Er erzählte, dass er plötzlich Gewissensbisse bekommen hätte. Die Formel war gefunden, aber er wollte die Lösung nicht verraten. Noch nicht. Er musste es sich erst noch überlegen. Und dann kam die Drohung im Klartext: Er beschloss, uns einhundert Jahre zu geben, um unser verfahrenes Dasein zu ordnen. Wenn er dann zurückkäme ... und die Welt bis dahin auf dem Wege der Vernunft und der Besserung sei – so fair enough! Und falls nicht? Wir beten das Leben an, sagte Theophil. Unser eigenes Leben! Das menschliche Leben! Wir möchten, dass es weitergeht. Lange. Und auf Kosten von was auch immer. Wem auch immer. Aber weshalb glauben wir, selbst so wertvoll zu sein? Welcher geisteskranke Gott hat uns solche Lügenmärchen erzählt? Die Welt kommt ohne uns klar! Viel besser sogar! Allen anderen würde es besser gehen, wenn die Menschheit verschwände! Theophil stand auf und verbeugte sich. Das alte, gestreifte Sofa verwandelte sich in rotgoldene Flammenbuchstaben. DEADLINE – prasselte es vor unseren Augen – SECHS MONATE VON HEUTE AN. Und dann stoppte das Hologramm. Thank god!)

Draußen auf der Straße war es zunächst mucksmäuschenstill. Dann brach ein Mordsspektakel los. Einige lachten, andere riefen Parolen. In der Ferne hörten wir Sirenen.

Ich sah zu Mulla. Sie stand immer noch da und starrte begeistert dorthin, wo sich das Sofa soeben aufgelöst hatte. Jetzt fängt es an, flüsterte sie. Jetzt fängt es endlich an! / Er will die gesamte Menschheit ausrotten, sagte ich (so vorsichtig, wie ich konnte, denn hier bewegte ich mich offensichtlich in einem Minenfeld). / Nein, rief Mulla, und ihre Augen leuchteten. Er möchte uns zwingen, uns aufzulehnen! / Ich halte nichts von Zwang, sagte ich. Davon hab ich schon genug gehabt. / Und was für eine Art von Gesellschaft verteidigst du da? fragte Mulla hitzig. / Ich verteidige gar nichts, sagte ich. Ich halte es nur für keine gute Idee, uns alle miteinander umzubringen. (Und dann zog ich mich in eine Ecke zurück, um mich mit dem Schwein zu beratschlagen.)

Während der ganzen Séance hält der Eber konsequent die Schnauze. Etwas, was ihm überhaupt nicht ähnlich sieht. Glaubst du, er meint das wörtlich? sage ich. Und ist er dazu imstande? / Du hörst dich an wie Sasch, sagt das Schwein. / Ich möchte zurückschnappen, aber Mulla unterbricht uns. Jetzt haben wir eine Chance, sagt sie. Der ganze Aufruhr macht es uns leichter, in der Menge unterzutauchen. Also, wenn wir heute noch zum Holbergs-Plass wollen, sollten wir nicht länger warten. / In der Menge untertauchen? sage ich, und klatsche mir selbst auf die Wangen. Nach der Performance? So wie ich aussehe? / Und dann müssen wir zum Glück beide lachen. (Denn auch wenn ich nicht dieselbe Frisur habe, kann man uns unmöglich verwechseln. Oder genauer gesagt: genau das wird man.)

Es ist einleuchtend, dass ich nach der Nummer ebenso schwer zu verstecken bin wie ein Elefant im Porzellanladen (ein alter Ausdruck aus der Zeit, als noch nicht alles aus Plastik war und es noch große Säugetiere gab). Eine Wanderung durch die Stadt ist, was mich anbelangt, also nahezu undenkbar. Auf der anderen Seite wäre es vielleicht nicht gerade unklug, wenn sich Mulla ein wenig nach Hilfe für uns umsehen würde. Sie glaubt von einem Checkpoint für Freaks irgendwo auf der Storgata gehört zu haben. Vielleicht kann dort jemand eine passende Verkleidung organisieren. Oder sogar einen Transport? Also zieht sie los.

Aber wir beide bleiben hier, sagt das Schwein zufrieden. Genau, was ich vorschlagen wollte. Du und ich bleiben hübsch hier in Sicherheit.

Es hat sich Hosen zugelegt und geht jetzt auf zwei Beinen. Aber ich tue so, als hätte ich nichts bemerkt. (Es will ja nur Aufmerksamkeit.)

HEADACHE

»Der Hausstaub mit seinen Abertausenden von Milben besteht zu einem großen Teil aus abgestoßenen Hautzellen, also tragen wir mit dem Staublappen zu unserem eigenen Untergang bei.«

WEEKENDAVISEN vom 16. Juni 2000

Ich verkürze mir die Wartezeit, indem ich in alle Schubladen und Fächer schaue. (Habe ich natürlich vorher schon gemacht. Diesmal aber viel genauer.) Um etwas zu essen brauchen wir uns wenigstens schon mal keine Sorgen zu machen. Hier gibt es Dosenfutter für mehrere Wochen. (Und reichlich Erbsenkaffee.)

Einer der Schränke ist verschlossen. Ich versuche, ihn mit einem Messer zu öffnen. Aber das Schwein hält mich zurück. Vergiss nicht, dass du hier nur Gast bist, sagt es. (Jetzt hat es sogar einen Pulli an und ähnelt fast schon einem Menschen.)

Lass uns über Theophil reden, sage ich. Glaubst du – / Er meint es ernst, nickt das Schwein und kratzt sich mit der einen Pfote am Rüssel. Er ist ganz einfach der Meinung, es sei an der Zeit, dass die Tiere das Kommando übernehmen. / Und die Frist von sechs Monaten? / Wird natürlich nicht im Mindesten ausreichen. / Aber? / Wenn man es in hundert Jahren nicht geschafft hat? Be reasonable! (Das Schwein hört auf, sich zu kratzen.) / Aber was ist mit uns Menschen? sage ich. / Eine sinnlose Verschwendung von Biomasse, antwortet das Schwein und grinst schadenfroh. / Und dennoch versuchst du, uns nachzuahmen? sage ich (und zupfe an seiner Hose und dem Pulli herum). / Ich ahme niemanden nach, sagt das Schwein streng. Ich versuche nur, meine ursprüngliche Form wiederzugewinnen. Was nicht so einfach ist – nachdem dieser Kopf so lange missbraucht worden ist! / Was weißt du schon davon? lache ich. / Mehr, als dir lieb ist, grunzt das Schwein.

(Und damit hatte es Recht. Vielleicht nutzte es deshalb in den nächsten Stunden jede Gelegenheit.)

Aber genau hier wurden wir von einem Lärm draußen auf der Straße unterbrochen. Eine Gruppe Jugendlicher versuchte unter lautem Gejohle, ein Kissen mit Kontrolleuren umzustürzen. Weiter die Straße hinunter sahen wir, wie ihnen ein altmodisches Benzinauto mit Blaulicht zu Hilfe kommen wollte. Aber jemand hatte eine Barrikade aus Mülltonnen und Möbeln errichtet. Es flogen Steine, Schneebälle und (echte) Glasflaschen.

So sieht's im Moment wohl in ganz ALTE ZEITEN aus, sagte das Schwein zufrieden. / Mulla – sagte ich – sie ist dort draußen! God knows, was da alles passieren kann! / Sie kommt schon alleine klar, sagte das Schwein.

Aber plötzlich wusste ich, wo sie war, und es lief mir eiskalt den Rücken hinunter (eine Floskel, die ich nur ungern benutze, aber an dieser Stelle bitte ich darum, mich zu entschuldigen), weil sie garantiert nicht nur einen kleinen Spaziergang in die Storgata gemacht hatte. Nein, wenn ich sie richtig einschätzte (noch so eine Floskel), war sie auf direktem Wege zur – / Ich fühle ganz deutlich, dass du *Karl-Johan* denkst? sagte das Schwein. Mitten ins Zentrum? Da ist bestimmt die Hölle los! / Ich denke an ein Geschäft, das HENNES & HERBERTH heißt, sagte ich. Und ich denke an einen kleinen, widerlichen Köter namens Sullik!

Draußen auf der Straße hatten es die Jugendlichen geschafft, das Kissen in Brand zu stecken. Zwei Kontrolleure schwankten heraus und wurden mit Schlägen und Tritten empfangen. Gleichzeitig kletterte weiter unten in der Straße eine Gruppe von Kontrolleuren über die Barrikaden. Und ich wusste, dass es nicht lange dauern würde, bis sie anfingen zu flashen.

Glaubst du wirklich, dass sie dumm genug ist, nur deswegen dorthin zu laufen? grunzte das Schwein überrascht. / Bist du hier nicht der Tierfreund? sagte ich, während ich mich nach etwas umsah, was ich mir ins Gesicht schmieren konnte. / Wieso suchst du denn nach so was? rief das Schwein (und nun konnte ich einen Anflug von Furcht bei ihm spüren). / Weil wir da draußen eine kleine Runde drehen werden, sagte ich. Das müssen wir einfach riskieren. Sie braucht vielleicht Hilfe. Und ohne Haare auf dem Kopf und mit Tomatensoße im ganzen Gesicht, ist es vielleicht – / Bad! quiekte das Schwein. Bad! Bad! / Wenn Mulla etwas passiert, dann ist »bad« nur der Vorname! sagte ich.

Und dann gingen wir. (Unter wildem Protest.)

Sie hatte natürlich einen soliden Vorsprung. Auf der anderen Seite kenne ich mich hier aber besser aus als sie. (Mulla hat sich nie etwas aus ALTE ZEITEN gemacht.) Ich rechnete damit, dass sie bestimmt ein paar Mal nach dem Weg fragen und dass sie sich einen Weg durch den Schnee und andere Unannehmlichkeiten bahnen musste, wohingegen ich sowohl die Straßen- als auch die Wetterkarte nahezu auswendig kannte. Ich weiß jederzeit, wo

Winter oder Sommer ist, und kann deshalb leicht eine Route mit trockenen Gehsteigen wählen.

Eigentlich war es draußen gar nicht so crazy, wie ich zunächst befürchtet hatte. Und es sah so aus, als hätten die Kontrolleure das Meiste schon wieder im Griff (jedenfalls in der Schweigaards-Gate, wo ich an den Häuserfassaden entlanghumpelte).

Wie es das Schwein aufnahm? Die ersten hundert Meter jammerte es herum. Dann fing es an mich zu belehren. So wie es mir angedroht worden war. (Aber nicht minder, um sich selbst zu beruhigen, glaube ich.) Sobald wir morgens aufwachen, wird unser Gehirn mit elf Millionen Informationen in der Sekunde bombardiert, winselte es mit zittriger Stimme (und in beiden Ohren gleichzeitig). Sogenannte Bits. Elektronische Impulse unserer Sinnesorgane – von den Geschmacksknospen der Zunge bis hin zu den Sehzellen …

Ich hörte Explosionen und sah an mehreren Stellen Rauch aufsteigen. (Aber es war weiter nördlich und nordöstlich – nicht hier in der Nähe des Zentrums.)

… in den Augen. Wir sind die Summe unserer Sinne. Ja, eigentlich ist die Welt um uns herum nicht viel mehr als das Bild, das wir uns von ihr …

Ob ich nicht daran gedacht hätte, Mulla zunächst in der Storgata zu suchen (so wie wir es besprochen hatten)? Nein. Ich kenne Mulla. Ich weiß, wenn sie etwas reitet.

… über unsere Sinne machen. Vieles von dem, was wir tagtäglich für unsere Umgebung halten, ist in Wirklichkeit etwas, das unser Gehirn selbst erzeugt. Tatsächlich gelangen nur relativ wenige Sinneseindrücke von außen …

Einige von denen, die mir begegneten, sahen mich verwundert an. (Ich meine: Man sieht schließlich nicht jeden Tag jemanden, der freiwillig mit Ketchup im Gesicht und zwei weiteren Flaschen in der Hand durch die Gegend rennt, für den Fall, dass die Soße sich zu schnell wieder verflüchtigt.) Aber ich winkte und lachte ihnen zu. Spielte die Rolle des harmlosen Spinners.

… ins Bewusstsein, nur jene, die das Gehirn für wichtig genug erachtet, sich damit zu beschäftigen – und damit etwas zu erzeugen. Den größten Teil unserer Sinneseindrücke vermögen wir jedoch gar nicht zu verarbeiten. Sie landen irgendwo im Unterbewusstsein. Denn …

Vor dem Hauptbahnhof hatten die Kontrolleure etwa hundert Menschen – jungen wie alten – befohlen, sich flach auf den Boden zu legen, das Kinn aufs Brustbein gedrückt – alle Neuankömmlinge wurden brüsk vorbeigewunken.

… von den elf Millionen Informationsbits, die pro Sekunde auf uns einströmen, kann das Bewusstsein nur etwas in der Größenordnung zwischen 18 und 40 verarbeiten. Dennoch gehen die anderen uns nicht verloren. Aber das Gehirn ist faul. Viele Eindrücke …

(Hier hätte Beo bestimmt auch gelegen, dachte ich. Armer, verwirrter Junge.)

… werden schlichtweg ignoriert. Denn das Gehirn redigiert die Wirklichkeit. Und nur die Informationen, die es zu verwerten beschließt, können das Weltbild verändern, das bereits fest auf der menschlichen Festplatte installiert ist. Das Gehirn erzeugt also ein Bild unserer Umwelt …

Auf der Karl-Johans-Gate strömten die Leute vor und zurück. Die Stimmung war allenfalls ein wenig hektischer als anderswo. Ansonsten wirkte alles überraschend normal.

… das es nur dann verändert, wenn es absolut notwendig ist. Und nach diesem Bild leben wir. / Aber was ist mit unseren Gefühlen? sagte ich (denn nun hatte ich das starke Bedürfnis, seinen Redeschwall zu unterbrechen). / Dazu kommen wir gleich, sagte der Wichtigtuer. Vergiss du nur nicht, dir Ketchup ins Gesicht zu schmieren! (Und dann ging es weiter, god help me, fast ohne Atem zu holen:) Das Gefühlszentrum liegt in einer bestimmten Zellgruppe im Limbischen System. Diese Zellen …

Erst jetzt ging mir auf, wie impulsiv und gedankenlos ich eigentlich reagierte. Mal angenommen, Mulla ist tatsächlich wie verabredet zum Checkpoint in der Storgata gegangen? Mal angenommen, sie kommt gerade nach Hause und findet die Wohnung leer vor? Wieso hatte ich plötzlich geglaubt, dass sie in so akuter Gefahr war? Weshalb war ich plötzlich so bombensicher, dass sie ausgerechnet hierher gegangen war? Und selbst wenn dem so sein sollte – wie in aller Welt hatte ich mir vorgestellt, sie in dieser gewaltigen Menschenmasse zu finden?

… befinden sich in einem mandelförmigen Bereich, der Amygdala genannt wird. Die chemischen Botenstoffe, die für das Weiterleiten der Signale von einer Nervenzelle zur nächsten verantwortlich sind, werden Neurotransmitter genannt und …

Aber manchmal muss es auch erlaubt sein, das Glück auf seiner Seite zu haben. (Auch wenn ich weiß, dass mein Rechner geknurrt hätte. Er mag es nicht, wenn in unseren Handlungsentwürfen zu viele Zufälle auf einmal vorkommen.) Nichtsdestotrotz: Da war sie. Mitten in der Menge. Meine Mulla. Saß ganz einfach auf dem Bürgersteig. Mit einem sich wild und ausgelassen gebärdenden

Dalmatinerwelpen auf dem Schoß, auf den Schultern, um den Hals und wieder zurück. Ich hörte das dünne, schrille Kläffen und ihr vergnügtes Lachen. Was ich fühlte? In erster Linie Erleichterung. Und eine große Zärtlichkeit.

... zwei Neurotransmitter, die einen entscheidenden Einfluss auf Gefühle wie Freude und Glück haben, sind Serotonin und Dopamin.

Was hast du denn mit deinem Gesicht gemacht? rief sie erschrocken. Bist du verletzt? / Probieren ist umsonst, sagte ich – und umarmte sie. Ni hao!

Und dann fing er an von Insulin und Zucker zu reden.

Ich wusste gar nicht, dass Sullik noch lebt, bis du es erzählt hast, jubelte sie. Sonst hätte ich ihn natürlich schon längst abgeholt! Aber in den letzten Tagen – und ganz besonders gestern – war ja überhaupt keine Zeit –, doch heute dachte ich plötzlich, dass ich – bevor ich zum Checkpoint gehe, würde ich doch zu gerne – und da stand er! – genau wie du gesagt hast! Und dann habe ich ihn einfach mitgenommen – und hier sind wir!

Sie wedelte mit den Armen und ein Lachen zog sich über ihr ganzes wunderschönes, faltiges Gesicht. / Ist sein Verfallsdatum nicht bald abgelaufen? sagte ich. / Dalmatiner halten länger als die meisten anderen Rassen, sagte Mulla.

Der Welpe schleckte mir hingebungsvoll das Gesicht ab. (Schwer zu sagen, ob er sich nun an mich erinnerte oder einfach nur unheimlich gerne Tomaten mochte.)

Ob sie Fredri im Laden gesehen hat? Danach frage ich nicht. Wenn sie will, wird sie schon darüber sprechen.

Ich merke wohl, dass du nicht mehr zuhörst, sagt das Schwein gereizt. Aber ich möchte dennoch mit Nachdruck darauf hinweisen, dass ein klarer Zusammenhang zwischen der Menge an Dopamin und ungezügelter Lebensfreude besteht. Je mehr Dopamin das Gehirn produziert, desto eher haben wir die Fähigkeit, glücklich zu sein.

Der Aufruhr ist noch nicht vorbei, flüstert Mulla, als wir zurück nach Hause in die Platous-Gate humpeln. Er hat noch nicht einmal begonnen. Was wir heute gesehen haben, war lediglich ein Vorgeschmack. / Ich möchte antworten, fürchte aber, damit etwas kaputt zu machen, jetzt, wo wir Hand in Hand gehen und (fast) alles wieder in Ordnung ist.

O ja. Wir haben uns auch in der Storgata umgesehen. Aber falls es hier jemals einen Checkpoint gegeben hatte, war davon nicht mehr das Geringste übrig. Und je länger ich über das Kanalisationslabyrinth unter dem Holbergs-Plass nachdachte, desto sicherer war ich mir, dass die Idee ziemlich stupid war, dort ohne einen Ortskundigen hinunterzusteigen. Mulla widersprach nicht. Sie spürte, dass sie dort war, wo etwas passierte, sie war glücklich darüber, Sullik wiederzuhaben, sie vertraute darauf, dass unsere Störsender noch ein paar Tage durchhielten, sie fühlte sich in der Platous-Gate wohl – wenn es nach ihr ging, konnten wir also genauso gut bleiben, wo wir waren (und hatte ich nicht schon erwähnt, dass wir auch mehr als genug zu essen hatten?) – und eigentlich war sie der Meinung, dass das alles wahnsinnig romantisch war (über die Zahl der Verletzten und Inhaftierten sah sie großzügig hinweg), und sie fühlte sich freakiger als je zuvor.

Ich selbst hatte (wie wohl deutlich geworden ist) weitaus größere Bedenken. Aber in erster Linie war ich in Mulla verliebt.

Jedes Mal, wenn uns jemand entgegenkam, verbarg ich mein Gesicht an ihrer Schulter. Und so wanderten wir durch die Brugata und Grønland, während mir der letzte Rest Camouflage über Brust, Bauch und Beine hinablief – und Sullik eifrig um uns herumtanzte und versuchte, alles aufzuschlecken.

Und was haben wir heute über das Gehirn und unsere Umgebung gelernt? schnaubte das Schwein. Was haben wir über unsere Gefühle gelernt?

Und hier – genau vor der alten Basarhalle in der Tøyengata – fiel mir auf, dass ich inzwischen (fast) konsequent »er« statt »es« sagte. Ich bin dein Geschwätz allmählich leid, sagte ich. Kannst du mich nicht einfach in Ruhe lassen? / Ich versuche nur, dir den Übergang zu erleichtern, sagte das Schwein. Damit du verstehst, warum es passiert ... das, was bald mit uns geschehen wird.

Du sprichst schon wieder mit dir selbst, sagte Mulla. Aber wieso mit zwei verschiedenen Stimmen? Und fast genau gleich? (God in heaven, dachte ich. Jetzt hört sie ihn auch!)

RUF2T

(Are you free to talk?)

»Chuang Tzu träumte, dass er ein Schmetterling war, und als er aufwachte, wusste er nicht, ob er ein Mensch war, der geträumt hatte, ein Schmetterling zu sein, oder ob er ein Schmetterling war, der geträumt hatte, ein Mensch zu sein.«

DAOISTISCHE LEGENDE

Es gab Pulveressen und Erbsenkaffee. Es ist später Nachmittag. Luftkissen mit lärmenden Lautsprechern und großen Bildern der Königin cruisen langsam durch die Straßen. Sobald es dunkel genug ist, werden sie kurze, beruhigende Trailer am Himmel abspielen. (Die Innenseite der Kuppel ist wie gemacht für so einen Kitsch.) Die würden Werbestrahler auf dem Mond kaufen, wenn sie könnten, sagt Mulla sauer.

Das ist ihre Art, zurückzuschlagen, sage ich. Sie versuchen nur, ihr Weltbild zu verteidigen. (Richtig, nickt das Schwein. Das Weltbild. Nicht schlecht!)

Dennoch würde ich mir wünschen, wir könnten den Lärm draußen halten, sagt Mulla. Und das da (sie deutet auf eine schmutzig gelbe Hauswand auf der anderen Straßenseite) – trägt auch nicht gerade dazu bei, sich abzuregen. (Sie ist unruhig. Gestern oder heute Morgen wollte sie einfach, dass die Gardinen zugezogen werden.) Wieso musst du eigentlich die ganze Zeit schreiben?

Ich lege den Bleistift zur Seite. Sehe sie an. (Nein, denke ich. Diese Aussicht ist wirklich nicht mit der zu vergleichen, die wir normalerweise am Kiosk um die Ecke kaufen. Mulla zum Beispiel … konnte immer mit nur einem Tastendruck zwischen der Skyline von Manhattan und der Glühbirnensammlung von Hong Kong hin- und herswitchen.) Und wie kannst du nur immer so ruhig sein? stöhnt sie. (Die gute Stimmung von heute Vormittag ist passé. Sullik läuft zwischen uns hin und her und fordert uns verzweifelt zum Spielen auf.) Wir können doch nicht nur hier herumsitzen! ruft Mulla. (Auch wenn wir genau das bis vor ein paar Stunden durchaus noch konnten.) Aber was sollen wir denn sonst machen? sage ich müde. Hier sind wir zumindest sicher. (Richtig, sagt das Schwein. Sehr richtig. Hier sind wir sicher.) Du musst das nicht drei Mal sagen, faucht Mulla und verschwindet auf der Toilette (dem einzigen Ort, an dem wir uns nicht ständig sehen).

Ich weiß sehr wohl, dass ich zum großen Teil Schuld daran trage. Aber es war mir unmöglich, etwas Positives darüber zu sagen, was gerade um uns herum passierte. Ich fürchte, dass »der große Aufstand«, von dem Mulla (und sicherlich viele andere Freaks auch) träumen, nichts weiter als ein sinnloses Massaker werden würde (ungefähr so wie ein neuer Fernkrieg). Bislang war das Ganze einfach nur eine Art perverses Spiel. Unsanft mitunter, sehr wohl, aber dennoch nur ein Game. Die Freaks waren schon immer ein nützliches Unruheelement – um dem großen Publikum den Eindruck zu vermitteln, dass wir in einer freien Gesellschaft lebten. Wären die Freaks nicht gewesen, hätte sich die Königin ein anderes »Feindbild« ausdenken müssen. / Deine Mulla glaubt, dass es möglich ist, die Welt zu verändern, sagt das Schwein in mein linkes Ohr. / Tut sie wohl, antworte ich. / Aber das schafft niemand, flüstert er zufrieden in das andere. Es ist zu spät. Die Ära der Menschen ist abgelaufen. / Wer glaubt schon an diesen Crap? sage ich. / Was er versprochen hat, wird er auch halten, sagt das Schwein. Er weiß nur noch nicht, wie er – / Dann ist es also doch, wie Sasch sagt – dann ist er fucking nuts! / Alle Genies sind ein wenig verrückt, antwortet das Schwein beleidigt. Das weißt du doch? / Und was ist mit der Frist, die er uns gerade gegeben hat? / Ist nur schmückendes Beiwerk für den Untergang, sagt das Schwein. Ein halbes Jahr wildes Chaos wäre doch ein angemessen feierlicher letzter Akt vor dem großen Finale. / Woher weißt du das alles? rufe ich (und presse mir beide Hände an die Stirn). / Sichere Quellen, sagt das Schwein. / Genau in diesem Moment kommt Mulla wieder aus der Toilette. Was in aller Welt ist mit dir los? sagt sie. (Und sie hat allen Grund zu fragen, denn nun sitze ich da und schlage meinen Kopf mit voller Wucht auf die Tischplatte – immer und immer wieder. Und so haben selbstverständlich weder sie noch irgendjemand anderes mich je gesehen.) P! ruft sie ängstlich und hält mich fest. / Aber das Schwein denkt nicht daran, stillzuhalten. Ich sehe sie hilflos an. Möchte ihr erzählen, dass das nicht ich bin, sondern er, der aus meinem Mund spricht, aber meine Gedanken stolpern, und die Schweinestimme lässt sich nicht stoppen. Ganz egal, wer Recht hat! ruft er. Alle müssen weg. Damit das Leben weitergehen kann! / Aber die Freaks? rufe ich zurück. Sie glauben doch, dass sie überleben? Sie glauben auserwählt zu sein! / Hier gibt es keine Ausnahmen! schreit das Schwein. / Also ist die ARCHE völlig sinnlos? / Nein, lacht er boshaft. Das hat ihrer Wartezeit einen Sinn gegeben. Und das ist doch immerhin etwas? / Nicht viel! antworte ich. / Aber etwas, sagt das Schwein und feixt mit meinem Mund. (Und dann gehen mir die Lichter aus. Thank god!)

Wir werden uns nie wieder streiten, sagt sie. / Ich liege auf dem Fußboden, meinen Kopf in ihrem Schoß, und es ist das Erste, was ich höre.) Das bin nicht ich, der so etwas sagt, versuche ich ihr zu erklären. Das war nicht ich, den du gehört hast. / Ich weiß, sagt Mulla und streichelt mir über die Glatze. Wir sagen alle ab und zu Dinge, die wir nicht so meinen. / Ich meine das aber buchstäblich, sage ich. Das war nicht ich! / Ich weiß nur, dass du Hilfe brauchst, sagt Mulla. Wir müssen zurück zu SEM, so schnell es geht. (Und da kann ich ihr nicht widersprechen.)

Mulla sagt, dass sie von einer großen Demo gehört hat, als sie auf der Karl-Johans-Gate war. Sie weiß zwar nicht, wann und wo, glaubt aber, dass es eine gute Möglichkeit wäre, um in Kontakt zu kommen. / Und eine noch größere Chance, eingebuchtet zu werden, sage ich. / Wenn wir nur genug sind, wagen sie es nicht, uns anzurühren, sagt Mulla. So war es schon immer. / Aber jetzt nicht mehr, sage ich und schüttle den Kopf. / Mulla sieht mich an. Hast du einen besseren Vorschlag? sagt sie. (Aber den habe ich nicht.) Und du sollst selbstverständlich nicht mitkommen, sagt sie. / Du bist es, um die ich mir Sorgen mache, antworte ich. / Ich weiß, dass wir gesucht werden, und ich habe auch nicht die Absicht, an der Demonstration teilzunehmen, sagt Mulla (langsam und geduldig, als spräche sie mit einem Kind). Ich werde einfach versuchen, jemanden zu finden, von dem ich glaube, dass wir ihm vertrauen können. Egal, welchem Stamm sie auch angehören, sie werden uns mit Sicherheit gerne helfen. Und ich werde s-e-h-r vorsichtig sein. / Aber du weißt doch absolutely nothing, sage ich. Weder wann noch wo – und schon gar nicht, was für eine Demo! / Deshalb will ich heute Abend ja eine kleine Runde drehen, sagt sie und macht ihren Overall am Hals zu. Mal sehen, ob ich das ein oder andere Gerücht aufschnappen kann. Vielleicht gibt es ja sogar Aushänge! / Mulla, sage ich. (Aber sie hat bereits die Tür hinter sich geschlossen.)

Ich stehe auf und gehe zum Fenster. Auch heute Abend schneit es. Sehe, wie sie aus der Tür kommt und die Straße hinunterschlendert. Ich möchte ihr winken, aber sie dreht sich nicht um. Ich lege die Wange an die Scheibe, um ihr länger folgen zu können. Sehe, dass sie in Richtung Grønland verschwindet. Und dann sind da nur noch verwitterte Hauswände und falsch geparkte Autos, auf denen meine Augen ruhen können.

(Eigentlich ist es schon merkwürdig, denke ich … so wenig, wie wir uns für das interessieren, was in anderen Teilen der Welt vor sich geht … aber jedes Mal, sobald wir unsere Aussicht verändern wollen … sind es sofort Wüsten und Urwälder, ferne Palmenstrände oder exotische Metropolen, die uns einfallen. Was hat eine enge Seitenstraße dagegen schon groß zu bieten? / Wobei das hier ja nicht Realtime ist, flüstert das Schwein. Du vergisst doch wohl hoffentlich nicht, dass wir uns hier in ALTE ZEITEN befinden?)

Sullik hat sich an die Tür gelegt und winselt ihr nach. Der Welpe hat sicher Angst, sie wieder zu verlieren. Ich hebe ihn hoch und versuche, ihn zu trösten. Habe fast schon eine Art Zuneigung zu dem kleinen Kerlchen entwickelt. / Einmal vor langer Zeit haben wir uns über kosmische Putzteufel aus dem Sternbild Lyra unterhalten, sagt das Schwein. Die hätten die Menschheit auch am liebs-ten weggefegt … / Aber die Hunde haben uns gerettet, sage ich (und kraule Sullik unter dem Kinn). / Wollte nur checken, ob du dich erinnerst, sagt das Schwein. Aber der Grund, weshalb ich das jetzt erwähne, ist natürlich, um zu zeigen, dass wir bereits früher vor einer solchen Lösung des Problems gestanden haben, wie wir es auch heute wieder tun … und nicht nur ein Mal, sondern gleich zwei Mal! In dem Schauspiel, das du niemals – / Das war nicht so gemeint, wie du vielleicht glauben magst, sage ich. Das war nur ein Bild, damn it! / Aber schön beschrieben, sagt das Schwein. Die Kinder, die all die schlafenden Eltern hinter der Dornenhecke finden … und sie umbringen, alle miteinander – sie verbrennen, wenn ich mich recht entsinne? Weil die Welt ohne sie besser dran ist. (Und nun spüre ich, wie es Luft holt und sich beinahe zu doppelter Größe aufbläst:) Also komm mir nicht so und mach einen auf alte Jungfer! brüllt es.

Im gleichen Augenblick klingelt es draußen an der Tür. Aber das erschreckt mich nicht. Denn ich bin mir natürlich sicher, dass es nur Mulla ist, die zurückkommt und etwas vergessen hat. Und das ist Sullik auch. Also eilen wir beide zur Tür. Ich drehe den Schlüssel in dem altmodischen Schloss. Öffne. Bereit, sie zu umarmen.

Aber es ist nicht Mulla. Das Gesicht, das mir begegnet, ist ungefähr das Letzte, das ich erwartet hätte. Es ist Fro (die ich immer noch am liebsten Leda nennen würde). Sie steht auf dem Treppenabsatz und lächelt. Gekleidet in ein Schildkrötenmuster mit grüner Körperbemalung an Armen und Beinen. Aber ihr Hals ist immer noch so lang und biegsam wie früher. Und ihr Haar genauso feuerrot.

Komme ich etwa zu früh? sagt sie und legt den Kopf schräg.

ERWACHEN

»As well-known, God the Father
is not anterior to God the Son.
When the Son was created, the Father asked him:
›Do you know how I went about creating you?‹
The Son answered: ›By imitating me.‹«

JOHANNES CAMBRENCIS: Animadversiones (Lichfield, 1709)

Nun sehe ich auch, dass sie eine Katze auf dem Arm trägt. Sie hält sie dicht an die Brust gedrückt. Plötzlich beginnt sie zu zappeln. Fro/Leda lässt die Katze herunter – und sie springt mir direkt auf die Schulter. Reibt ihren Kopf an meiner Wange und schnurrt. (Keine Ahnung, was Sullik macht.)

Und dann verschwindet die Welt wieder. (Fast bin ich versucht zu sagen: wie üblich.)

Als ich wieder zu mir komme (falls ein solcher Satz immer noch Sinn macht?), sind wir alleine. Das Schwein und ich. Ich frage, ob das ein Traum gewesen ist – ob ich mir das nur eingebildet habe. Aber er schüttelt den Kopf. Du weißt genau, dass du viele schwarze Löcher hast, sagt er. Lange Zeiträume, von denen du nicht das Geringste weißt. Ich dachte, dass es gewiss nichts ausmacht, wenn ich ein paar von ihnen in Anspruch nehme ... / Aber Fro? / Ein gutes und treues kleines Geschöpf, sagt das Schwein zufrieden. Es war kein Zufall, dass du so in sie vernarrt warst. Und glaub mir: Das waren wir beide! / Dir glauben? rufe ich. / Warum sollte ich jemandem wie dir glauben? / Weil du ich bist, sagt das Schwein ruhig. Weil wir beide schlicht und ergreifend einander sind! Und dann zeigt er mir einen Spiegel. Und ich fühle mich plötzlich nackt. Ich stehe vor dem Spiegel, hebe den einen Arm und rupfe mir büschelweise Haare aus der Achsel.

Ich sehe mich selbst an.
Sehe den Körper und das Gesicht meines Vaters.
Plötzlich öffnet das Spiegelbild den Mund.
Mein eigener Mund ist geschlossen.
Der Spiegel glotzt mich mit aufgerissenem Mund an.
Ich kneife die Lippen zusammen.

Der Spiegel wird zu einem Nebel. Aber aus dem Nebel heraus kommt jemand auf mich zu. Er hat immer noch hellrote Borsten im Nacken. Aber er ist kein Schwein mehr. Er ist auch kein Buster oder Zik-Zak. Es ist Theophil.

Wir müssen uns über vieles unterhalten, sagt er. / (Ich weiche ein Stück vor ihm zurück – die Arme ausgestreckt und die Hände angewinkelt.) Das hier ist immer noch mein Kopf! rufe ich erschrocken. / Ja, antwortet er (und folgt mir langsam). Also genieß es, solange du noch kannst! Ich brauche ihn nämlich bald zurück!

Bald? / Sobald ich stark genug geworden bin, sagt er. Der Übergang ist nicht nur für dich anstrengend.

Er versteht, dass es mir schwerfällt, zu begreifen, was er sagt. Lass mich dir lieber ein paar meiner alten Erinnerungen zeigen, sagt er. Etwas von dem, was passiert ist, bevor ich dich geschaffen habe.

Zunächst zeigt er mir seine eigene Wut. Schwarz und rot. Sie packten uns mit der einen Hand an der Gurgel und kraulten uns mit der anderen die Eier, grunzt er (denn er hat gewiss immer noch etwas von einem Schwein in sich). Sie sagten, dass sie sich um uns sorgten. Dass die Königin eine gute Mutter sei. Aber das ist sie nicht. Sie ist eine Ameisenkönigin – eine Wespenkönigin. Und wir sind die Arbeiter. Die nur wegen ihr existieren, und die man opfern kann, wenn es sich lohnt. Das ist die Wahrheit. Und er zeigt mir, dass es so ist. Er reißt ihr das beruhigende Lächeln aus dem Gesicht und zeigt sie mir als eine giftige Kreuzung aus Ameise und Wespe – und mit Tentakeln wie ein grausamer Zik-Zak. Er deutet auf den gewaltigen Hügel, das gefräßige Nest.

Dann zeigt er mir einen Ort, den er Tschernobyl nennt. Er sagt, dass er weit im Osten liege und dass sich dort vor ca. 170 Jahren ein Reaktorunfall ereignete – das bis heute schlimmste radioaktive Unglück (und wir hatten bekanntermaßen eine ganze Menge!). Die 150.000 Einwohner wurden evakuiert, und es war verboten, sich dem Katastrophengebiet auf mehr als 30 km zu nähern. Aber als er mir die verbotene Zone zeigt, ist sie keineswegs eine Einöde mit zweiköpfigen Fröschen, gigantischen Regenwürmern und Geschöpfen wie Godzilla. Bereits um das Jahr 2000 war es ein wunderschöner Ort, sagt Theophil, mit einem üppigen Tier- und Pflanzenleben. Ohne Geigerzähler konnte man unmöglich wissen, dass man sich in kontaminiertem Gebiet aufhielt ... Zwar gab es kleinere genetische Veränderungen in Pflanzen und Tieren – zum Beispiel hinsichtlich der Symmetrie von Fichtennadeln –, aber so gut wie keine Hinweise auf ernsthafte Schäden. Ganz im Gegenteil – obwohl die Radioaktivität (mehr als zehn Mal so hoch wie normal) die Pflanzen und Tiere einem höheren Risiko für Krebs und Deformierungen aussetzte, wirkte es vielmehr so, als ob dies durch den Vorteil, dass es in der Umgebung keine Menschen mehr gab, mehr als aufgewogen würde! Auf die meisten Arten hatte die Abwesenheit jeglicher menschlicher Aktivität einen enorm positiven Effekt, sagt Theophil (der das Gebiet als junger Umweltforscher besucht hatte). Die einzigen Tiere, von denen es weniger gab, waren die, die zumeist mit dem Menschen (und den menschlichen Abfallstoffen) assoziiert werden, zum Beispiel Ratten …

Danach zeigt er mir Jesus. Einen Jesus, der sagt: Was hülfe es dem Menschen, wenn er die ganze Welt gewönne und er nähme doch Schaden an seiner Seele?

Und zum Schluss setzt er die drei Sequenzen zusammen. Lässt sie in Schleife laufen. Schneller und schneller. Mit Doppelbelichtungen und Morphing. Bis alle geflügelten Ameisen Jesusköpfe auf den Flügeln haben und die Königin in einem Feuchtgebiet in der Ukraine liegt und herumzappelt.

Und da habe ich verstanden, dass ich ein Engel bin, sagt Theophil. Dass es meine Aufgabe war, die Welt zu befreien. Und dann lacht er. Genauso wahnsinnig wie der Madman, der er augenscheinlich auch ist.

Erzähl mir lieber, wieso du einen Klon von dir befreit und ihn glauben gemacht hast, er sei ein gewöhnlicher Mensch, sage ich bitter. Theophil schaut mich überrascht an. Hast du es immer noch nicht kapiert? sagt er.

Er nimmt mich mit in sein kaltes Halbdunkel. Wir haben einen altmodischen Raumanzug an und betrachten zwei gefrorene Entwürfe unserer selbst. Beide sind geschlechtslos mit nahezu glatten

Gesichtern. Wer von denen bin ich? flüstere ich. Theophil antwortet nicht. Plötzlich reißt er die Leitungen ab, die den uns am nächsten liegenden Körper mit der großen, pulsierenden Mutter-Maschine und den blauen Häuten unter dem Dach verbinden. Was machst du denn da? rufe ich. Willst du ihn umbringen? Theophil fasst ihm unter den Rücken und lacht. Hebt den Klon frei aus dem Bett. Schleppt ihn mit sich. Ich kann sehen, wie die nackte Gestalt die Augen öffnet und nach Luft schnappt. Er spuckt Wasser und Schleim. Achte bitte darauf, dass das Lager ziemlich klein ist, sagt Theophil. Aber denk auch daran, dass das hier vor fast hundert Jahren passiert ist. Klone waren damals ziemlich selten. Wir gehen langsam an einer Fünfer-sechser-Reihe lebender Toter vorbei. An der kurzen Seite befindet sich eine Luke. Theophil versucht, den Klon hindurchzuschieben. Ist das nicht ein Müllschlucker? sage ich. Aber die Gestalt ist zu breit. Dann müssen wir ihn eben aufteilen, sagt Theophil ruhig. Und genau das macht er auch. Mit einer kleinen Motorsäge. Ich kneife wieder die Augen zusammen. Höre Knorpel und Knochen knirschen. Merke, wie es gegen den Anzug und das Visier des Helmes spritzt.

Du hattest zwei, sage ich matt. Der eine liegt immer noch im Lager – den habe ich nämlich gesehen. Und jetzt zeigst du mir, dass du den anderen umgebracht hast? Aber ich – wer bin dann ich?

Theophil lacht sein hohes, kurzes Lachen. Ich habe euch zum Narren gehalten – fast einhundert Jahre lang, lacht er schallend. Ich habe mich nämlich direkt vor eurer Nase versteckt. Völlig offensichtlich. Und trotzdem habt ihr mich nicht gefunden! / Antworte! rufe ich und packe ihn am Arm. / Aber, aber, mein Lieber, sagt Theophil und entwindet sich mir spielerisch. Du bist doch ich! Du bist überhaupt kein Klon – wie du und alle anderen glauben! Dein Körper ist schlicht und ergreifend mein eigener! (Und nun lacht er, bis er beinahe keine Luft mehr bekommt.)

Wir stehen in einem strahlend weißen Raum. Voller blinkender Lichter und Maschinen, die ich nicht kenne. Das ist nur deshalb, weil das ganze Zeug hier so alt ist, flüstert Theophil, während wir uns ausziehen, auf eine Bank kriechen und uns auf den Rücken legen. Zwei Männer in weißen Kitteln kommen herein. / Sind das Ärzte? Sind wir gerade dabei, eine Fluxumwandlung zu machen? / Theophil geht es blendend. Du bist gerade dabei, deine eigene Geburt mitzuerleben, sagt er.

Wir durchlaufen in rascher Folge pain und noch mehr pain. Unsicherheit und Dunkelheit. Bis wir unsere Augen wieder öffnen können und uns jemand einen Spiegel reicht. Und ich sehe, dass wir ein junges Mädchen von 16 Jahren sind. / Das bin ja ich! rufe ich. / Noch nicht, antwortet Theophil. Vorläufig ist sie nur eine von uns. Vorläufig ist sie lediglich ich. Aber bald wird sie auch du sein. Ich lasse dich alles sehen und erleben, was damals geschehen ist, aber just hier bin ich noch alleine … / Du hast gesagt, ich würde meine eigene Geburt sehen? / Hab Geduld, sagt Theophil. Was wir jetzt sehen, ist nur mit den Wehen vergleichbar … Aber wenn du so ungeduldig bist – (Er spult vor, und einer der Ärzte kommt herein und zeigt uns einen kleinen Chip.) – Schau dort! sagt Theophil. Da haben wir ja unser kleines Schmuckstück. Du hast doch keine Ahnung, wie viele Stunden ich mich abgerackert habe und wie viele Assembler ich verwerfen musste. Das ist ein ganz besonderer Sportszweig unter uns, die Nano betreiben: Moleküle zu greifen, die vorüberfliegen oder -fließen, und sie an Stellen zu setzen, an denen sie sitzen bleiben! (Während er weiter von Dingen spricht, von denen ich keine Ahnung habe, sehe ich, wie die Ärzte das Operationsbesteck vorbereiten. Einer von ihnen hält uns den Chip genau vor die Nase, und unser Kopf nickt.) Heute wissen wir ja, dass alles geklappt hat, sagt Theophil, aber damals waren wir ein wenig aufgeregt. Kannst du fühlen, wie aufgeregt wir sind? / Und jetzt, da er es sagt, fühle ich, wie der Mund trocken wird und das Herz schneller schlägt.) Aber das ist doch nur ein ganz gewöhnlicher Chip? sage ich. / Nicht ganz, sagt Theophil. / So einer, wie wir ihn alle eingepflanzt haben? / Aber auch noch ein wenig mehr als das, sagt Theophil. Schau genau hin, mein Kind! Das ist das erste und letzte Mal, dass du dich selbst sehen wirst! Denn der Chip bist du – zumindest ein wesentlicher Teil davon! / Aber hattest du nicht schon einen Chip? / (Das war eine dumme Frage, aber ich war derart verwirrt, dass mir nichts Besseres einfiel.) / Den nehmen wir heraus, sagt Theophil ruhig. Und alle notwendigen Angaben (natürlich gefälscht) werden auch auf dem neuen stehen – so dass keine Chipkontrolle auch nur den geringsten Unterschied bemerken wird. Aber das Einzige, was sie lesen können, wird der »Schädel« sein – zum eigentlichen »Kern« werden sie niemals vordringen … denn dort wirst du – sobald du erst einmal in unserem hübschen Mädchenkopf sitzt – gepriesen seien alle Replikatoren! –, fast schon wie ein normaler Mensch zu leben beginnen …

Dann spult er wieder. Wir sind im selben Raum. Die beiden Ärzte stehen dicht aneinandergedrängt und blicken uns erschrocken an. Wir haben eine Waffe in der Hand. Schwer. Unbekannt und altmodisch. Offensichtlich eine Art Laser.

Das bedeutet nicht, dass ich das, was ihr getan habt, nicht zu schätzen wüsste, sagt Theophil. Und dann tötet er sie.

Der weiche Knall klatscht zwischen meinen Ohren hin und her. Und ich schreie – so weh tut es.

Ich – wir – (die Worte geraten durcheinander.) / Nicht du, sondern ich, sagt Theophil (und nun lacht er nicht mehr). Du warst noch nicht aktiviert, Kind. Ich habe dir bloß gezeigt, was passiert ist. / Ich höre, was er sagt. Trotzdem tut es immer noch weh. / Es ist ganz natürlich, dass du so reagierst, wie du reagierst, sagt Theophil. Du bist ein Anti-Gewaltprogramm. Du kannst niemandem etwas zuleide tun, selbst wenn du noch so gerne wolltest. / Doch, denke ich. Einmal … einmal habe ich es geschafft, jemanden zu ohrfeigen. – Ich weiß, sagt Theophil. Das war ein Fehler, aber du standest auch unter immens großer Belastung. Außerdem hätte ich, was sie anbelangt, eine Ausnahme einprogrammieren sollen! Und dann ist da wieder dieses schreckliche Lachen, gleichzeitig zeigt er mir ein Bild von Sasch, das er zusammenknüllt und in eine Ratte verwandelt.)

Wir machen die große Rundtour in ALTE ZEITEN. Wir sitzen im Speisewagen. Draußen ist Sommer und glückliche Kinder laufen die Karl-Johans-Gate entlang. Hier wurdest du geboren, flüstert Theophil. Hier habe ich dich aktiviert. Das erklärt vielleicht, warum du immer wieder hierher zurückgekommen bist …

Wir bestellen braunes Labskaus. (So, wie ich es immer mache.) Und nun ist es an der Zeit, gute Nacht zu sagen, sagt Theophil. Abgesehen von gewissen kleineren Steuermechanismen bist du von nun an auf dich selbst gestellt – und kannst mit diesem Körper machen, was du willst. Ich ziehe mich zurück. Begebe mich unter deinen Schaltkreisen in Winterschlaf. Wir sehen uns dann in hundert Jahren.

Ob ich den Unterschied merke? Ja. Ich spüre, wie sich der Kopf leert – und sich gleich darauf mit einer großen Unsicherheit füllt. Ich spüre, wie ich in mir nach Dingen suche, die es sich zu erinnern, zu können, zu wissen lohnt –

Zum Labskaus empfehlen wir den Roten, sagt der Kellner.

Vielleicht war das das Erste, was ich auf eigene Faust lernte.

Endlich sind wir wieder zurück in der Platous-Gate. Im Hier und Jetzt. Ich stehe verwirrt am Fenster und zähle parkende Autos.

Es fühlt sich an, als wäre ich von einem fahrenden Karussell gefallen. Dennoch bin ich überraschend ruhig. / Das hast du einem dieser kleinen Steuermechanismen zu verdanken, die ich erwähnt habe, sagt Theophil. (Auch er wirkt erschöpft.) Aber ist das wahr … das alles? sage ich. Woher weiß ich, dass du nicht einfach nur – / Das kannst du nicht wissen, antwortet Theophil. Und um ganz ehrlich zu sein, habe ich dir auch ein klitzekleines Trugbild untergejubelt – fast schon einen Wunschtraum … / Jedenfalls nicht dass ich wüsste! / Ich rede von Fro, sagt Theophil. Ich habe sie dir lediglich eingebildet. Fast hätte ich leider gesagt. Denn ich verstehe einfach nicht, was du an dieser fetten, alten Runzelkuh findest, mit der du sonst immer rumhängst! / Also war Fro gar nicht da? / Aber du musst zugeben, dass dir das gefallen hätte! ruft Theophil. (Er wendet sich von mir ab und zieht sich weiter in den Kopf zurück – offensichtlich muss er sich ausruhen.) Gib es schon zu, du würdest ihren langen Hals doch nur zu gerne über dir hin- und herschwingen sehen und dein Gesicht in ihren roten Haaren vergraben! / (Aber so leicht will ich ihn nicht davonkommen lassen.) Du hast ja keine Ahnung, was es heißt, jemanden zu lieben! rufe ich ihm hinterher. / Ach nein? (Die Stimme geht über in ein Quieken, und er sieht allmählich wieder aus wie ein Schwein.) / Und was ist mit meinen schwarzen Löchern? sage ich. Von denen du behauptet hast, du würdest dich ihrer bedienen … / Hab ich nur so dahingesagt, flüstert das undefinierbare Wesen in meinem Kopf. Außerdem sind die Löcher absolut notwendig, damit du funktionierst. Sie sind Teil eines Prozesses, der das menschliche Träumen imitiert. Bekanntermaßen programmiert das Gehirn dann seine Zellen um, um damit seine ziemlich begrenzten Eigenschaften zu kompensieren, sich zu erneuern. Genau das bedeutet es nämlich, zu träumen – umzuprogrammieren … (Er erzählt zwar noch weiter, aber die Worte werden schwächer und schwächer. Und zum Schluss kann ich ihn weder hören noch sehen. Ich weiß genau, dass er da ist. Ich weiß nur nicht, wo.)

Es klingelt wieder an der Tür. Und diesmal ist es Mulla. Wir umarmen einander. Ich drücke sie ganz fest – so fest, dass sie sich schließlich losreißen muss. Wo ist Sullik? fragt sie. (Das ist das Erste, was sie sagt.) / Er muss wohl irgendwie entwischt sein … als ich geglaubt habe, dass es an der Tür geläutet hat, sage ich. / Mulla sieht mich an. / Ich schüttle den Kopf.

Wir finden ihn im Hinterhof. Genauso glücklich und zufrieden wie immer. Der Welpe hat es sogar geschafft, eine Katze auf einen Baum zu jagen. Oder vielleicht hat sie auch schon vorher dort gesessen.

BY THE RIVERS OF BABBEL-ON

»The future will be better tomorrow.«

GEORGE W. BUSH, JR.

Der Aufstand ist immer noch nicht niedergeschlagen. (Und er wird es auch nicht! sagt Mulla.) In ganz ALTE ZEITEN gab es Zusammenstöße zwischen Kontrolleuren und Demonstranten. Und Gerüchte besagen, dass in Realtime auf beiden Seiten Waffen zum Einsatz kommen. Ich habe die ganzen Jahre geglaubt, dass Freaks gegen jedwede Form von Gewalt seien, überhaupt und sowieso. Das war es wahrscheinlich auch, was sie mir – unbewusst und weil ich (wenn ich dem Schwein glauben darf) so programmiert worden war – sympathisch gemacht hatte (geht mir jetzt auf). Unabhängig davon, was sie sich sonst alles haben einfallen lassen. (Deshalb habe ich wahrscheinlich auch nie ein böses Wort über sie geschrieben, auch wenn die meisten Handlungsskizzen Freaks als komische Figuren benutzen, weil die Marketingabteilung behauptet, dass alle Statistiken belegen, dass das Publikum solche Personen gerne öffentlich bloßgestellt sehen möchte.) Aber ich habe natürlich auch HAM getroffen, deshalb weiß ich, dass sie zu jeder Zeit eine gewisse Form der Selbstverteidigung geübt haben. Außerdem versucht mir Mulla zu erklären, dass das hier ein Freiheitskampf sei – und da gelten offensichtlich ganz andere Regeln.

Ich schreibe dies, während das Schwein schläft und Mulla erzählt. Es tut gut, den Kopf eine Weile ganz für mich zu haben. Und es tut gut zu schreiben. Wenn ich schreibe, bin ich immer ganz ich selbst … denn ich habe nie bemerkt, dass sich der andere von uns in die Worte oder Sätze eingemischt hätte. Vielleicht erscheint es mir deshalb auch immer wichtiger, so dazusitzen … ganz einfach deshalb, weil die Hand stets ganz mir allein gehört? (Ich höre Mulla immer noch, aber ihre Stimme ist mehr wie ein Soundclip mit Meeresrauschen.) Ergibt es einen Sinn, was das Schwein sagt? (Ich genieße es, ihn so zu nennen, solange ich es noch kann.) Ja. Jetzt habe ich die vier Eckstücke dieses Puzzles – und auch alle Seitenstücke. Der Rest wird sich nach und nach ebenfalls fügen. Zum Beispiel erklärt es meine fast schon paranoide Furcht, dass jemand mehr als nötig an meinem Chip herumfummeln könnte. Und es erklärt, warum ich in aller Seelenruhe dasitzen und über das alles nachdenken kann. Über diese Eigenschaft hatten sich Mulla und ich – wie bereits mehrfach erwähnt – ja schon immer gewundert. Wir haben nicht verstanden, wie ich all das, was mir passiert ist, so merkwürdig cool hinnehmen konnte (jetzt mal ganz von meiner Chip-Panik abgesehen). Jetzt kennt zumindest einer von uns die Antwort. Es verdankt sich ganz einfach einer Programmsteuerung. Ob es mir etwas ausmacht, zu wissen, dass ich kein Klon, sondern Software bin? Ja. Es belastet mich. Wie es mich auch belastet hat, als mir gesagt wurde, dass ich kein gewöhnlicher Mensch, sondern eine Kopie meines Vaters sei. Natürlich belastet mich das. Aber auch nicht so, dass ich nach draußen rennen und den Vollmond anheulen würde (der in dieser

Ecke von ALTE ZEITEN in etwa einer Stunde oder so aufgehen müsste). Ob ich nie die Beherrschung verloren habe? Doch. Aber mit kleinen, kurzfristigen Abweichungen muss man wohl immer rechnen (erinnere ich mich, ihn deutlich sagen zu hören). Und dennoch: Gab es in letzter Zeit nicht mehrere solcher Abweichungen? Doch. Vielleicht.

Du hörst mir überhaupt nicht zu, brüllt Mulla und reißt mir das Blatt aus der Hand. Du hast lange genug in deiner eigenen Welt gelebt – wird Zeit, dass du auch ein wenig Verantwortung für Realtime übernimmst – und was zum Geier schreibst du da eigentlich die ganze Zeit? / Du kannst es gerne lesen, sage ich ruhig. (Zum ersten Mal macht es mir nichts aus, es zu zeigen. Aber ich spüre, dass das ganz und gar nicht die Reaktion ist, die sie erwartet hat.)

Ich gehe zum Fenster, während sie liest. Der Himmel ist voller Slogans. Ich versuche, den Vollmond zu finden. Aber der ist anscheinend nicht weiter gekommen als bis nach Etterstad und Ensjø.

Sie möchte es am liebsten gar nicht glauben. Und wer könnte es ihr auch verdenken? Also lasse ich sie weiter über den Aufstand reden. Und jetzt versuche ich, so gut zuzuhören, wie ich kann. Um ihretwillen. (Gleichzeitig bemerke ich, dass sie mich mit neuen Augen betrachtet – und mit einem Blick, den ich ganz und gar nicht mag.)

Wie die Lage ist? Die Freaks marschieren. Sie wollen die Menschen aufrütteln. Okay soweit, sage ich. Aber was, wenn die Menschen nicht wollen? / Dann wird der Kampf umso härter für uns alle, sagt Mulla. / Und die Motivation? / Die Gesellschaft auf Kurs zu bringen – damit wir verhindern können, dass Theophil … (sie zögert und sieht mich forschend an) in einem halben Jahr sein Jüngstes Gericht abhält. / Wenn ich dich fragen würde, ob es angebracht ist, dass ein einzelner Mensch über das Schicksal der ganzen Welt bestimmen kann? / Würde ich antworten, dass das überhaupt nichts Neues ist, sagt sie. Während der gesamten nuklearen Periode waren es einzelne Personen, die zu jeder Zeit die souveräne Macht hatten, auf rote Knöpfe zu drücken. Und kaum jemand fand diese Regelung damals unangebracht. / Aber jetzt werden die Freaks doch überhaupt nicht bedroht? sage ich. Fühlen sie sich nicht vielmehr als Auserwählte – als die neue Generation – ARARAT – die ARCHE – und das ganze Zeug? / Was wir jetzt tun, den Aufstand, den wir anzetteln – machen wir nicht unseretwegen, sagt Mulla. Die anderen sollen auch alle die Chance haben, zu überleben. / Alle anderen? sage ich. Dann bist du dir klar darüber, dass die Welt aus mehr als nur unserer nächsten Umgebung besteht? / (Sie beschließt, die Ironie zu überhören.) Irgendwo muss es ja anfangen, antwortet sie. Und wir haben in allen Ländern Geschwister. / Und wenn die Übermacht trotz allem zu groß ist? / Dann werden wir warten. Und es wieder versuchen. / Bis niemand mehr von euch übrig ist? / Wir werden gewinnen, sagt Mulla. / Ich sehe sie an. Und das glaubst du wirklich? sage ich. / Das glaube ich, antwortet Mulla – und ihre Augen zucken nicht eine Sekunde. / Und wenn ich dir sage, dass Theophil trotz allem keine lebende Seele wird? Wenn ich dir sage, dass ihm Freaks und Graulinge scheißegal sind und er sich in Chaos und Elend wohlfühlt? Wenn ich dir sage, dass er raving mad ist? / Dann glaube ich nicht, dass das seine Stimme ist, die ich da höre, sagt Mulla. Und schaut mich wieder mit einem Blick an, den ich ganz und gar nicht mag. Sie senkt den Kopf. Habe ich die Prüfung bestanden? sagt sie leise.

FREUDLOSES WIEDERSEHEN

»We are always acting on what has just finished happening. It happened at least 1/30 of a second ago. We think we're in the present, but we aren't. The present we know is only a movie of the past.«

UNBEKANNTER MITREISENDER

Was mich verletzt, ist, dass sie so offenkundig zeigt, was sie sich erhofft. Denn das hatte sie ziemlich gut versteckt gehalten (– sogar über mehrere Wochen).

Aber das Schwein schläft immer noch. Thank god.

Mulla, sage ich. Ich bin es. Im Moment nur ich allein. Ich bin's, P! Ich dachte, wir lieben uns? Aber sie sitzt einfach kerzengerade da und sieht mich an. Ihre Augen leuchten. Etwas Verzaubertes liegt in ihrem Blick – als ob sie wan an (gute Nacht) zu allem anderen als dem Gedanken daran gesagt hätte, dass hier, direkt vor ihr, in dieser einfachen Wohnung, der – Kommt er bald? flüstert sie.

Mulla, sage ich (und hätte ich gekonnt, hätte ich sie geschüttelt). Theophil war zunächst nichts weiter als eine merkwürdige Geschichte. Viele waren sich sogar nicht einmal sicher, ob sie stimmte. Und das war schon immer der beste Ausgangspunkt für Legenden. Denn dann kann die Geschichte auf unterschiedlichste Weise nacherzählt werden. Und sich entwickeln. Damit kenne ich mich schließlich aus! (Aber sie dreht sich weg und lächelt mitleidig.) Und dann – nach etwa fünfzig, sechzig Jahren – ist er nicht mehr der exzentrische Theophil, sage ich (und packe sie am Arm). Denn dann hat auch der allerletzte wildlebende Freak die Geschichte verinnerlicht. Und für ihn ist er dann der neue NOAH, der, auf den er wartet. Über den er Lieder singt. Der die Welt endlich verändern wird. (Lass mich los! sagt sie.) Aber was ist das für ein Held, nach dem ihr ruft? sage ich (und will sie alles andere als loslassen). Denn der neue NOAH ist ja nicht nur der, der die Flut überleben wird, sondern der, der sie überhaupt erst auslöst! Was soll das denn für ein Held sein? Wie kommt ihr dazu, ihm eine derart mächtige und edle Erscheinung anzudichten? (Nun gelingt es mir nicht länger, sie festzuhalten. Und auch Sullik fängt an, uns anzukläffen.)

Ob ich merke, dass er in mir erwacht?

Dennoch unternehme ich einen letzten Versuch. Vergiss nicht, dass auch das Rehabilitierungsprogramm auf seinem Mist gewachsen ist, sage ich. Wie willst du das denn bitte gutheißen? / (Jetzt lächelt sie wieder mitleidig. Sie hat Sullik hochgehoben. Hält sich den Welpen vors Gesicht und küsst ihn.) Das Rehabilitierungsprogramm heißt niemand gut, sagt sie. Es ist abscheulich. Aber vergiss nicht, dass er das eingeführt hat, lange bevor er zu NOAH wurde! Also versuch mir hier nichts über Sozialkunde zu erzählen, P. Das steht dir schlecht!

Ich könnte genauso gut mit der Wand reden (eine alte Redewendung, die einen Großteil ihrer Bedeutung eingebüßt hat, als die interaktive VR die bis dahin gebräuchliche Tapete ablöste). Sie lebt schon zu lange mit ihrer Überzeugung. Und in gewisser Weise hat sie ja auch Recht: Politik war noch nie mein Ding. Zum Beispiel war mir das ganze Zeug mit NOAH und seinen Söhnen noch bis vor ein paar Jahren überhaupt nicht bewusst gewesen. Bis Beo wieder in mein Leben getrampelt kam … Und der Zusammenhang mit Theophil ging mir auch erst auf, als – genug davon.

Außerdem fühle ich jetzt, wie er die Arme streckt, die Schultern hebt und die Handgelenke sanft massiert. Ich fürchte, dass er diesmal noch stärker sein wird. Wie lange es dort drinnen wohl noch genügend Raum für mich geben wird?

Aber merkt Mulla es auch? Sie folgt mir aufmerksam mit den Augen, während ich hinüber zur Anrichte gehe, ein Glas recyceltes Wasser durch einen doppelten Kohlefilter laufen lasse und gurgle. Kann sie meinem Gesicht etwas ansehen? Neue Grimassen etwa, neue Zuckungen?

Dann ist er da. Hellwach. Und jetzt versucht er auch – zum ersten Mal – die Kontrolle über sämtliche Bewegungen zu übernehmen. Er möchte seinen Körper zurückhaben. Und just in diesem Augenblick sehe ich keine Veranlassung, mich ihm zu widersetzen. Ich beantworte den Angriff nicht. Ich bin der Busch, der sich dem Wind beugt. (Wie er es mich selbst gelehrt hat.)

Theophil sieht hinüber zu Mulla. Lächelt sie an. Sie macht einen Knicks vor ihm. Vor uns.

Dein Freund, sagt Theophil (wobei er das Wort »Freund« wie etwas richtig Ekliges klingen lässt) … ist lediglich ein Programm. Es schmeichelt mir, dass du ihm gegenüber so starke Gefühle entwickelt hast. (Ich spüre deutlich, wie er die Augenbrauen ein paar Mal hebt.)

Ich sehe, dass sich Mulla unsicher ist, was von ihr erwartet wird. Asber Theophil hebt beschwichtigend die Hand. Das Verhältnis ist vorbei, sagt er. Mitunter hat es uns eine gewisse Zerstreuung bereitet … uns allen dreien. Nun aber – (an dieser Stelle lacht er sein idiotisches Lachen) – suche ich nach einer ganz anderen Form der Zusammenarbeit. Mein Plan ist der – (wieder ein paar kleine Gluckser) – den Countdown – (ich spüre unsere Nasenflügel zittern) – schon jetzt beginnen zu lassen!

Mulla schaut uns überrascht an. Aber was ist mit der Sechsmonatsfrist? / Wir reden hier von einem langsamen und gründlichen Countdown, sagt Theophil souverän (und lässt seine Augenbrauen wieder ein wenig tanzen).

Mulla, möchte ich sagen. Hörst du nicht, dass er Bullshit redet? Aber ich weiß nicht, ob ich die Worte über die Lippen bringe. Besser noch warten. Besser direkt hinter der Zunge auf der Lauer liegen. Ohne dass er es bemerkt? Er ist von den eigenen Fähigkeiten viel zu berauscht, um auch nur das Geringste mitzubekommen.

Was möchtest du, das ich tue? sagt sie leise – und streichelt Sullik noch schneller.

Ich werde dir – (immer noch mit dem Glas in der Hand) – das Kommando über das Wasser geben, sagt er ernst. Denn wir werden viele Landplagen schicken. Und deine Aufgabe wird es sein (– hier legen wir die andere Hand auf ihre Schulter –) dem Trinkwasser VIRUS 5 zuzusetzen – ein ausgezeichnetes Virus, das ich selbst entwickelt habe und zu dem wir daher bald unbegrenzten Zugang haben werden. (Immer noch in vollem Ernst.) V 5 wird bald eine tödliche Allergie hervorrufen, sagt er (– sein Blick huscht durch den Raum wie ein Falke und landet auf Sullik). Eine tödliche Hunde-Allergie!

Mulla, rufe ich. Hör nicht auf ihn! Hör nicht auf ihn! Ich strenge mich richtig an, fülle die Lunge und spüre, wie sich der ganze Körper krümmt. Und ich schaffe es! Die Worte dringen nach draußen – klar und deutlich!

Theophil schreit plötzlich laut und schrill auf und beginnt im Kreis herumzulaufen, während er unseren Kopf von einer Seite auf die andere wirft. Und jetzt erhasche ich endlich einen Blick auf den Schweineschwanz! Ich greife zu. Er weicht aus. Ich packe erneut zu. Er macht kleine Hüpfer zur Seite. Noch kann ich meine Kräfte mit ihm messen! Wir heulen und schreien, alle beide. Unsere Arme fegen die Sachen vom Tisch und aus den Regalen. Die Beine schlagen nach links und rechts aus.

Mulla lässt den Welpen los und verbirgt ihr Gesicht in den Händen.

In dem Moment hämmert es gegen die Tür.

Wir bleiben stehen – wie auf Kommando. Mulla sieht uns erschrocken an. Theophil nutzt die Gelegenheit, tief in seinem vermoderten Schweinestall zu verschwinden – und überlässt mir wieder den Köper mit all seinen Säften. Es klopft noch einmal. Kräftig und bestimmt. Aber ich kann nicht anders, als zu lachen. Wie dämlich ist das denn, denke ich. Der gleiche Trick gleich zweimal? Das Neue daran ist allerdings, dass ich nicht der Einzige bin, der ihn erlebt …

Und du bist dir ganz sicher, dass du es auch hörst? frage ich Mulla. (Denn eigentlich sollte sie ja keinen Mucks hören.) Sie nickt. Und greift nach Sullik. (Beeindruckend, denke ich. Das muss man ihm schon lassen! Und god knows, wie er das fertigbringt!) Ich gehe hinaus in den Flur. Keine Angst, sage ich zu Mulla. Das bilden wir uns bloß ein. Das hat er das letzte Mal auch gemacht. Schau her!

Ich reiße die Tür auf. Mulla schreit.

Dort steht nämlich Sasch. Mit Schnee in den Haaren. Die ist doch nicht echt, versuche ich Mulla zu erklären. Wir glauben nur, dass wir sie sehen. In Wirklichkeit – / In Wirklichkeit habe ich Jerks wie euch so was von fucking satt, dass ich nicht übel Lust hätte, euch auf der Stelle zu flashen! sagt Sasch – und als ich sie anfassen will, um zu beweisen, dass sie gar nicht existiert, schlägt sie meine

Hand zur Seite und stapft auf eine Art und Weise in die Wohnung, wie es Leute, die nicht existieren, niemals tun würden.

Wo ist er? sagt Sasch und blickt uns streng an. Ich weiß, dass er hier ist! / Ja, search *me!* antworte ich (wahrheitsgemäß). Und Mulla bricht augenblicklich in hysterisches Gelächter aus.

GETEILTE MEINUNGEN

»You can be in my dreams if I can be in yours.«

BOB DYLAN

Sasch war straight mit uns. (Nachdem sie sich zunächst versichert hatte, dass sich Theophil nicht etwa im Schrank oder unter dem Bett versteckt und dass Mulla und ich – für sie war ich immer noch ein unbedeutender, wenngleich ziemlich lästiger Klon – allein im Raum waren. Und sie verriet mit keiner Miene, wie enttäuscht sie war.) Sie erklärte uns, wie naiv wir seien, wenn wir tatsächlich glaubten, dass (a) selbst gebastelte Störsender länger als ein paar glückliche Augenblicke funktionierten, wir (b) nicht kapiert hätten, dass Sullik von seinem ersten Tag in ALTE ZEITEN an verwanzt gewesen sei, und wir (c) glaubten, dass es so etwas wie sichere Adressen gäbe. Immerhin gab sie zu, dass es sie doch ein wenig Mühe gekostet hatte, Letztere herauszufinden. Weil das Haus in keiner Karte oder Datenbank verzeichnet war, sagte sie. Und wenn man aus der Luft scannte (d. h. mit den Millionen von Kameras, mit denen der Himmel gesegnet war), war das Haus entweder unscharf oder aber der Rechner sprang zum nächsten Frame. (Was bewies, dass Theophil irgendwann einmal daran herumgefummelt haben musste, sagte Sasch.) Das kleine dreigeschossige Mietshaus taucht also erst dann auf, wenn man persönlich – und das heißt physisch – die Platous-Gate entlangging. Und als eine völlig natürliche Reaktion auf den oben beschriebenen Sachverhalt (ein ganz besonderer Dank an Sullik) – hatte sie genau das getan. Außerdem sei sie, of course, nicht alleine gekommen. Das Viertel sei umstellt, sagte sie. Aber sie würde uns eine halbe Stunde geben – nicht mehr und nicht weniger –, damit wir auf ihren Deal eingehen könnten ... / Was für einen Deal, fragte Mulla, die nun langsam wieder halbwegs normal aus der Wäsche guckte (alte Redewendung, die wahrscheinlich noch aus einer Zeit stammt, in der Damenwäsche radikal anders war, als wir es heutzutage gewohnt sind. Genug davon.) / Was für einen Deal? wiederholte ich. / Und dann erklärte sie es uns. Theophil ist ein Symbol, sagte Sasch. Und du bist sein Klon – sein absolutes Ebenbild – keiner würde den Unterschied bemerken. Kurz gesagt: Sie würde mich gerne als eine Art Bremse benutzen – um die Gemüter wieder zu beruhigen. Sie meinte, dass viele ihre Waffen niederlegen würden, ganz einfach, weil ich sie darum bäte. / Und was erreichst du damit? sagte ich. / Ruhe und Ordnung, sagte Sasch kalt. Denn Ruhe und Ordnung sind das Einzige, was ich möchte. / Und was springt bei deinem Deal für uns raus? fragte Mulla misstrauisch. / Volle Amnestie, sagte Sasch. Sowohl für euch beide als auch für die, die im Gefängnis sitzen und noch nicht durch das Rehabilitationsprogramm gelaufen sind. / Sieht ganz so aus, als stünden die Dinge nicht so gut für dich, oder? sagte Mulla. Ich meine: Wenn du schon so viel anzubieten hast? / Glaub mir, sagte Sasch, das, was ihr einen Aufstand nennt – was im Grunde nicht mehr als vereinzelte Krawalle ohne Sinn und Verstand sind –, könnten wir jederzeit niederschlagen. Der Grund, weshalb wir das noch nicht getan haben, ist natürlich der, dass wir so wenige Opfer wie möglich wollen. Aber die Meinungen sind geteilt. Viele sind der Ansicht, wir hätten lange genug gewartet. Sie würden gerne Resultate sehen. Und die, glaube ich, kannst du uns liefern – (dabei sieht sie mir direkt in die Augen) – einfach, indem du dich ein paar Mal auf 3v zeigst und beispielsweise fragst: Was haben wir davon, wenn sich Nachbarn und Freunde gegenseitig umbringen? / Und im Hintergrund spielen wir dazu Pastoralmusik und zeigen spielende Kinder, sagte ich./ Zum Beispiel! sagte Sasch. Ganz genau, Pi! (Es war strange, sie meinen alten Namen aussprechen zu hören.) / Damit alle wieder brav in den Schlaf geschaukelt werden können? rief Mulla. Wo wir doch gerade versuchen, sie zu wecken! / Wenn du einen Schuss abfeuerst, nur um jemanden zu wecken, ist es ziemlich dämlich, gleichzeitig auf den Betreffenden zu zielen, sagte Sasch trocken. (Ich konnte nicht anders, als die alte Kuh zu bewundern. Stramm wie ein Soldat. Den Kopf aufrecht. Und komplettes Abend-Make-up. In Diskussionen wie diesen ist sie so gut wie unbeatable. Aber deshalb braucht sie noch lange nicht Recht zu haben.) / Vielleicht könnten die Kinder mit Tieren spielen? sagte ich vorsichtig. / (Die beiden sahen mich an.) Welche Kinder? fragte Sasch verwirrt. / Die Kinder im Hintergrund, sagte ich geduldig. An die ich hier nämlich die ganze Zeit denken muss …

(Aber das war nur die halbe Wahrheit. Denn während des Gesprächs [lasst es uns mal so nennen:] rasten, flatterten mir ein paar schlimme Gedanken [vielleicht kann ich mich auch gleich daran gewöhnen, zu sagen:] durch die Schaltkreise. Ich sah Sasch eifrig über ein weißes Bett gebeugt, mit lauter Fragen auf den Lippen, die ich niemals beantworten konnte, und ich dachte an all die Male, die Mulla bei diesen langwierigen und schmerzhaften Untersuchungen dabei gewesen sein musste [von denen – praise the Lord – nur das letzte Mal gespeichert ist]. Niemand sonst hat mich je derart zum Narren gehalten – und mit niemandem war ich je derart verbandelt wie mit ausgerechnet diesen beiden. Mulla habe ich vergeben, sagte ich zu mir selbst. Aber ich musste es mehrmals sagen. Denn es war hart und creepy, sie wieder zusammen zu sehen. Jetzt, da ich es wusste.)

Und dann spürte ich plötzlich, wie er sich wieder zu rühren begann.

Diesmal musste sich mein Gesicht komplett verändert haben, weil sowohl Mulla als auch Sasch vor Schreck zusammenzuckten, als er kam. Besonders Sasch natürlich, die so etwas ja noch nie zuvor erlebt hatte. Und es brauchte seine Zeit, bis sie den richtigen Ton traf (– wenn wir das so sagen können. Aber das können wir. Wir können alles sagen, was wir wollen. Papier und Bleistift seien gepriesen!) Aber kaum, dass sie einmal in Fahrt war, wirkte es, als nähme sie den Satz mit der größten Selbstverständlichkeit.

Sie habe natürlich sofort verstanden, dass einige der acht Prints ein persönlicher Gruß an sie gewesen seien, schnappte sie. Aber nachdem er sich selbst nicht zu erkennen gegeben habe und weil sie gehofft habe, sachdienliche Hinweise von seinem (wie sie zu diesem Zeitpunkt glaubte) Klon bekommen zu können, habe sie sich nichts anmerken lassen. Und dann ratterte sie es herunter: Die Katze auf dem Autodach habe schließlich ihnen gehört (Josef, wie sie sie nannte), und die Brücke sei eine Reminiszenz an London (wo sie einander in jugendlichem Leichtsinn ewige Treue geschworen hatten, feixte sie). Die Bilder mit »Vater« und »Tochter« (sowie »Mutter« und »Tochter«) sollten dem Klon Slash Programm natürlich das Gefühl vermitteln, gewissermaßen Wurzeln zu haben. (Vielleicht tauchte deshalb auch der Rosenbusch immer wieder auf?) Das Bild mit der Badewanne und den Gummitieren (Ente, Bär, Nilpferd und Elefant) war zudem eine deutliche Warnung, sagte Sasch. Sie sollten uns an NOAH erinnern – und daran, dass er die Erde den Tieren zurückgeben würde. Und was ist mit dem T-Shirt und der 709? Pillepalle, schnaubte Sasch. Sieben plus neun ist sechzehn. Genau das Alter, in dem der Klon Slash das Programm geboren wurde. Nur ein einziges Bild habe sie nie geschafft zu lösen, gab sie zu. Das mit den vier verkleideten Kindern, drei als kleine Schweinchen und eines als der big bad wolf.

Der Korb mit den Äpfeln könnte möglicherweise den Weg zurück zur Natur weisen, schlug sie vor. Aber wenn der Wolf die Gesellschaft symbolisierte (womit sie sich ziemlich sicher war), wieso habe er sich selbst dann als das kleinste der Schweinchen (das mit dem Haus aus Stroh) abgebildet und nicht als das größte (das sein Haus so baut, dass es stehen bleibt und das Untier am Ende besiegt)?

Theophil hatte die ganze Zeit mit geschlossenen Augen dagesessen – so, als ob er genau zugehört hätte. Jetzt öffnete er sie. Aber anstatt zu antworten, ging er gleich zum Angriff über. Er nannte sie gesetzestreu und gewissenhaft, jemanden, der immer seine Pflicht tat und gemäß den bestehenden Gesetzen handelte. Was aber, wenn wir in einem kriminellen Staat lebten? fauchte er – und erinnerte sie daran, dass totalitäre Regime keineswegs von schlechten Menschen abhängig sind. Alles, was es dazu braucht, sind Menschen, die ihre eigenen Handlungen nicht reflektieren. Einfache und gewöhnliche Menschen, die nichts anderes als einen guten Job machen wollen! Er sei selbst so gewesen, sagte Theophil – und sie sei seiner Ansicht nach noch immer so. / Sasch ihrerseits war der Meinung, dass sie es nicht nötig hatte, die Gesellschaft zu verteidigen, die sie schließlich selbst (alle beide, ganz recht) mit aufgebaut hatten, insbesondere da es der Markt ist, der bestimmt – und der Markt (unabhängigen Meinungsumfragen zufolge, betonte sie) alles in allem offensichtlich zufrieden war. Es ist also ganz im Gegenteil vielmehr so, dass du das Problem bist! sagte Sasch. (Und dann hielt sie ihm die bekannte Predigt, die ich ihm an und für sich ja auch schon einmal gehalten hatte, nur dass Sasch sie natürlich um einiges besser formulierte.)

Und nun sollte man meinen, dass Theophil (entschuldigt den Ausdruck) erst recht widerborstig werden würde. Wurde er aber nicht. Er fing stattdessen an, von Liebe zu sprechen. (Mit großen Buchstaben, mind you! Und zärtlichen Pinselstrichen.) Und Sasch stieg merkwürdigerweise darauf ein! (Mit warmer und heiserer Stimme.) Sie redeten davon, wie viel sie einander bedeutet hatten (– damals, vor einhundert Jahren). Aber dass sie sich auseinandergelebt hätten. Einander fremd geworden wären. Ohne es zu wollen. Ohne dass sie überhaupt verstanden hätten, weshalb. Um es kurz zu machen: den ganzen Crap, den sich Menschen erzählen, wenn etwas vorbei ist. (Nur dass sie es mit Stil taten. Deshalb war es auch so faszinierend, ihnen zuzuhören. Denn das war auch schon alles, was wir anderen tun konnten. Denn jetzt und hier war in diesem Raum weder für Mulla noch für mich Platz. [Noch für Sullik, um genau zu sein.] Wir konnten nur still zusehen und lauschen.)

Was mich aber am meisten surpriste, war, dass so, wie sie sich ausdrückten – und wie sie sich ansahen! –, es geradezu auf der Hand lag zu glauben, dass die Gefühle noch genauso hot waren wie damals. Zu Beginn des Gesprächsstanden sie noch ein gutes Stück voneinander entfernt. Jetzt kommen sie sich allmählich näher – Schritt für Schritt – und abwechselnd. Ich fühle Zärtlichkeit in mir Slash Theophil aufwallen. Spüre, wie er sich danach sehnt, sie zu umarmen. Ich höre seine Worte, noch bevor er sie sagt. Und empfinde ihre Antworten wie Liebkosungen in meinen Ohren.

Alles andere ist bedeutungslos.

Wir stehen jetzt dicht beieinander. Beide Hände seitlich am Körper. Ich sehe in ihren Augen ein erwartungsvolles Lächeln heranwachsen. Jetzt beugen wir uns zu ihr hinüber. Sie neigt den Kopf. Damit wir sie besser küssen können.

Auch Theophil lächelt. Er legt ihr unsere eine Hand in den Nacken. Und mit der anderen reißt er ihr den Mund auf. Steckt die Finger hinein. Greift die Zunge und dreht sie herum.

Sasch gibt einen hohen, knirschenden Laut von sich. Und ist nicht mehr.

Theophil dreht sich zu Mulla um. Sie hat sich nicht getraut, selbst zu kommen, sagt er. Hat stattdessen einen Cyborg geschickt. Aber da bist du wahrscheinlich selbst schon drauf gekommen?

Einen Augenblick bewahrt er noch Ruhe, dann werfen wir den Kopf zurück und lachen sein hicksendes Lachen. Ich spüre deutlich, wie Wut und rasender Zorn in ihm toben. Er ist jetzt gefährlich. Und stark.

Vor dem Fenster sehen wir Schatten von Männern mit Helmen.

Ist die halbe Stunde nicht bald vorbei?

SULLIK

»The greatness of a nation and its moral progress can be judged by the way its animals are treated.«

MAHATMA GANDHI

Den gesamten Häuserblock zu sprengen, wäre natürlich maßlos übertrieben gewesen. Und völlig unnötig. Ich meine: Wo es doch Automatikvernichter und wärmegesteuerte Gasgranaten gibt.

Aber so weit kam es erst gar nicht.

Denn die Kontrolleure waren (verständlicherweise) nicht die Einzigen, die nach uns suchten. Eine Einheit HAM-Krieger sorgte für ein plötzliches – wenn auch nur vorübergehendes – Gleichgewicht. Und helfende Hände zogen uns schnell (sowie ziemlich grob) hinaus in den Hinterhof und hinunter in die Überreste der alten Kanalisation. (Dilldoggen ahoi!)

Das hört sich alles banal und einfach an. In einem Handlungsentwurf hätte ich es gewiss anders formuliert. Aber Realtime ist mitunter einfach so: Überraschend viel läuft hier in Grau und Schwarz-Weiß ab.

Wie unschwer zu erraten ist, haben wir wieder einen Zeitsprung gemacht. Diesmal nicht nur eine halbe Stunde, sondern viele halbe Stunden. Und ich schreibe an einem völlig anderen – und um einiges kälteren – Ort. (Mulla hatte Recht: HAM mag es wirklich nicht allzu warm. Wir anderen, die eine normale Tagestemperatur von 35°C gewohnt sind – drinnen wie draußen – bekommen in dieser Umgebung fast schon Zähneklappern. Ich habe ein Wohnzimmerthermometer gesehen, das lediglich 20°C angezeigt hat! Genug davon.)

Die Zelle, in der ich sitze (auch wenn die Türe offen steht, zögere ich keinen Moment, es eine Zelle zu nennen) hat weiß gekalkte Wände. Durch ein kleines, ovales Fenster sehe ich hinaus auf ein östliches Meer. Feine Linien kräuseln sich auf dem nassen Sand und schlagen weiche Ringe um große, hohe Lavafelsen. (Ich habe immer noch keine Ahnung, ob die Aussicht real ist oder ob sie ausgetauscht werden kann.)

Ich weiß nicht, wo Mulla ist. Das belastet mich. Wenn ich frage, legen sie einfach einen Finger auf die Lippen. (Überhaupt ist es hier unheimlich still.)

Dass ich auch nichts von Theophil spüre, belastet mich weniger. Seit wir hier sind (eine Nacht und einen Vormittag), hat er geschlafen wie ein Stein. So habe ich glücklicherweise etwas Zeit für mich allein. Zeit, die Gedanken zu sammeln – und in Striche und Punkte auf weißem Papier zu verwandeln (von dem viel zu wenig übrig ist).

Mulla ... als wir dort durch die Unterwelt liefen ... und wir uns beide sicher waren, dass uns das Schwein nicht mehr hören konnte ... zupfte mich am Overall (sie lief direkt hinter mir) ... und sagte: Ich hab's nicht so gemeint. Niemals. Du weißt doch, dass ich's nicht so gemeint habe? Ich antwortete nicht. Denn ich war mir nicht sicher, wie ich das auffassen sollte. Ob es das war, was ich hoffte, ob sie etwas völlig anderes meinte oder ob sie mir direkt in den Nacken log. HAM trieb uns zur Eile an. Mehr konnten wir nicht zueinander sagen. Und kaum, dass wir nach oben kamen, wurden wir in verschiedene Richtungen geschickt.

Wieso ich mir nicht sicher war – und weshalb ich mir auch jetzt nicht sicher bin? Wegen dem, was passiert ist, kurz bevor HAM uns rettete. Ich wünschte mir, sie hätte sich gegen ihn entschieden – auch wenn das, was passiert ist, nicht passiert wäre – und nicht nur, weil es passiert ist. (Ungeschickt formuliert. Aber to the point.)

Hier eine kurze erhellende Zusammenfassung:

Als Theophil begriff, dass die Kontrolleure kurz davor standen, die Tür einzutreten und durchs Fenster zu kommen (denn das war es ja, was wir alle einen kurzen und schlimmen Augenblick lang glaubten), wollte er plötzlich nicht mehr mitmachen. Er war ein brodelnder Kessel. Mit festgebundenem Deckel. Aber irgendwohin musste er schließlich Dampf ablassen. In unserem Fall durch das rechte Bein.

In der Zwischenzeit war Sullik mit freudigem Gekläff um das herumgetollt, was nicht Sasch war. In den Augen des Welpen war es aber ein gewöhnlicher Mensch, der dort am Boden lag. Und wenn sich Menschen auf den Boden legen, dann um zu spielen. Der kleine Dalmatiner war, mit anderen Worten, strahlender Laune (auch ganz buchstäblich – denn es war schon längere Zeit niemand mehr mit ihm draußen gewesen, und was muss, das muss).

Als Sullik so mit der Dame am Boden spielte, wusste Theophil nicht mehr, auf welchem Bein er eigentlich stehen sollte. (Ein Ausdruck, der normalerweise in Verbindung mit Freude gebraucht wird, hier aber auf Stress und mentale Verwirrung hindeutet.) Und dann passierte das Fürchterliche. Ich spürte lediglich, dass wir das Bein schwangen. Spürte, dass es an etwas Leichtes und Weiches rührte. Ich hörte uns brüllen. Und ein brutaler Tritt schickte Sullik mit einem widerlichen Klatschen an die Wand.

Mulla schrie und stürzte sich mit ausgefahrenen Krallen auf uns. Aber auch sie schickten wir auf die Bretter. Mit einem einfachen Hüftschwung und einem kräftigen Ellenbogenhieb.

Und dann verschwand er – und überließ es mir, den ganzen Saustall wieder aufzuräumen.

Ich schaute zuerst nach Mulla. Sie versuchte gerade, wieder auf die Beine kommen. Ich bin es, sagte ich. P! (Ich musste ihr beide Hände festhalten, damit sie nicht wieder auf mich losging.)

Schließlich dämmerte es ihr. Aber du hättest ihn aufhalten können, rief sie. Du warst da. Du hättest ihn aufhalten können! Dann hörten wir ein schwaches Winseln von dem Welpen und liefen zu ihm hinüber. Gingen in die Hocke – und Mulla legte vorsichtig die Hand auf seinen Kopf. Der kleine Mund zitterte und bebte. Machte leise fiepsende Geräusche. Ansonsten lag Sullik völlig still, merkwürdig verdreht, und Blut lief ihm aus den Ohren.

Du hättest in aufhalten können, sagte Mulla wieder. Leise diesmal. Ich hörte, dass sie gleich anfangen würde zu weinen.

Aber anstatt dass sie mir einfach nur leid tat, fühlte ich mich plötzlich … gekränkt, ja, gekränkt ist das richtige Wort. Glaubst du immer noch, dass er der ist, auf den du gewartet hast? sagte ich hart. Denn so traurig das mit Sullik auch war, fand ich doch, dass sie mir jetzt durchaus mal ein kleines Zugeständnis machen konnte. (Wir hatten schließlich beide eine heftige Abreibung bekommen, nicht wahr.)

Und genau da also wimmelte es plötzlich vor grün gekleideten HAM-Kriegern mit Taubenfedern im Haar.

Genug davon. Ob ich mich verändert habe? Ja. Vor allem innerhalb dieser letzten paar Jahre. Heute kann ich mir kaum noch vorstellen, wie es war … jeden Tag zu SYMPOSIUM und wieder zurück zu fahren, anonym in einem Hochhaus in Brandstad zu wohnen und mich abends damit zu trösten, mir ein Digi aus einer Kindheit anzusehen, die ich niemals gehabt habe.

Aber nicht nur Mama ist im Cyberspace zuhause. Ich bin ein Programm, sage ich mir. Dieser Gedanke ist so neu, dass er noch gar nicht richtig Wurzeln schlagen konnte. Aber allein die Tatsache, dass er mich nicht vom ersten Augenblick an völlig zu Tode erschreckt hat, zeigt mit logischer Eindeutigkeit, dass dem wohl so ist. (Correction: dass es ganz sicher so ist.)

Ob diese hundert Jahre für ihn nicht einsam gewesen seien? fragte ich ihn. / Nein, antwortete er. Ich hatte ja dich. Wir hatten einander.

Kann ein Programm auf eigene Faust handeln? Kann ein Programm zwischen Gut und Böse unterscheiden?

In all den Jahren hat er still dagelegen und geschlummert. Direkt unter meinen Schaltkreisen. Ließ mich gewähren. Sah sich das Meiste mit an. Ließ mich aber selbst bestimmen. Auch als ich Beo empfing. War er zur Stelle. Aber ließ mir meinen Willen. Ließ mich seinen eigenen Körper besitzen.

Du bist ein autodidaktisches Programm, sagte er einmal. Und ich bin stolz auf dich. Denn in gewisser Weise bin ich ja tatsächlich dein Vater … (Näher sind wir einem persönlichen Gespräch nie gekommen.)

Trotzdem muss einer von uns weichen. Für zwei ist kein Platz mehr. Und Körper samt Kopf gehören ihm. Also bin ich es, der entfernt wird. Wenn er sich erst mal sicher ist, dass er den Übergang verkraften wird.

Er hat versucht, mir das mit dem Norepinephrin und dem Serotonin zu erklären – zwei wichtige Botenstoffe, die die Nervenzellen aussenden. Ein Mangel an diesen beiden Stoffen setzt die Konzentration und die Denkfähigkeit des Gehirns herab, sagt er. (Er sagt, dass es diese beiden Stoffe sind, von denen er noch zu wenig hat.)

Ich bin ein autodidaktisches Programm – das vielleicht noch viele Levels hat.

Und die schwarzen Löcher, wie ich sie nenne? Er sagt, dass dafür das Acetylcholin verantwortlich sei – ein Stoff, den das Gehirn in großen Mengen ausschüttet, während wir träumen. Eine Art Entspannungsmittel, das uns von zielgerichteten Gedanken befreit. Es ruft einen brainstormartigen Zustand hervor, währenddessen das Gehirn frei phantasieren kann. Ein Zustand, der uns, wenn wir wach wären, zu Fällen für die Psychiatrie machen würde, weil er viel mit dem Delirium gemein habe – sagt er –, unter anderem

Halluzinationen, mangelndes Orientierungsvermögen und Gedächtnisverlust.

Die schwarzen Löcher sind also darauf zurückzuführen, dass wir träumen? sage ich. / Dass ich träume, sagt Theophil. Deine simulierten Traumphasen sind auf ganz andere Weise integriert.

Und so ist die Situation.

Das ist nicht leicht, sagt er, für keinen von uns.

Genug davon.

Ein wenig später: Er schläft immer noch. Mulla ist hier gewesen. (Wer von euch bist du jetzt? fragte sie – und ich machte ein P mit den Fingern.) Sie hatte Sullik dabei (dessen Verfallsdatum eigentlich schon längst hätte abgelaufen sein müssen, der aber offensichtlich alles überlebt). Er hatte beide Hinterläufe gebrochen und gewiss auch einige innere Schäden davongetragen, aber er war am Leben!

Einige Augenblicke lang schien es fast so, als wären wir zwei Fremde. Dann fielen wir uns in die Arme. Sie sagte, dass sie mich brauchte. / Du bist die eine für mich, antwortete ich. (Ein Satz, der plötzlich mehr als die Summe seiner Worte bedeutet.)

Da standen wir. Umarmten uns – und streichelten Sullik. Und der arme Welpe versuchte, mit dem Schwanz zu wedeln. Was die strammen Bandagen aber verhinderten.

Glaubst du, es gibt hier Krabbenbutterbrote? rutschte es mir plötzlich heraus. Und dann lachten wir. Nicht weil es so schrecklich lustig gewesen wäre. Sondern weil wir uns beide danach sehnten, wieder zusammen zu lachen.

Sie sagte, dass sie niemals ... dass es nur ein Spiel gewesen sei – das verstünde ich doch? – weil sie geglaubt hatte, dass sie mir Slash uns beiden am besten damit helfen konnte, wenn sie so tat, also ob sie – / Ich wollte nichts mehr hören. Also habe ich sie einfach geküsst. Ich weiß nicht, ob sie lügt oder die Wahrheit sagt. Aber das macht mir nichts mehr aus. Mich haben so viele angelogen. Und ich weiß nur, dass sich mit ihr alles viel besser anfühlt als ohne sie.

Aber wir wissen nicht, wie lange wir einander noch haben. Denn er ist stark. Er ist stark, der andere.

Was hast du ihnen erzählt? sagte ich. / Alles, antwortete Mulla. Ich habe ihnen alles erzählt, genauso wie es ist. / Ich nickte. Das ist das Beste, sagte ich. Aber haben sie dir geglaubt?

Er schläft immer noch. Aber Gott steh uns bei, wenn er erwacht.

Ich streichelte dem Welpen vorsichtig über die Schnauze. Du bist ein guter Hund, Sullik, sagte ich. Sullik sah mich mit großen, strahlenden Augen an. Und fing an, mir eifrig die Finger zu lecken. (So sind die Hunde, dachte ich. Genauso gedankenlos ergeben, wie die lyrischen Putzteufel sagen. Bald fange ich noch an, ihn zu mögen.) Wuff, sagte Sullik. (Ein sehr schwaches, aber dennoch deutliches Wuff.)

THEOPHIL

»The trouble about always trying to preserve the health of the body is that it is so difficult to do without destroying the health of the mind.«

G. K. CHESTERTON: Come to Think of It

Später – viel später: Wir sind eine Wahrheit, die nicht nach draußen dringen darf. Und wieder einmal habe ich die Rolle des Patienten. Sie haben uns mit festen Riemen an ein Bett gefesselt. Zu unserem eigenen Besten. Ich glaube, alle sind von uns enttäuscht. God in heaven, ist das kalt hier.

HAM hat sich hoch oben in den Bergen eine Festung gebaut. Durch große, runde Fenster (ich habe ein neues Zimmer bekommen) kann ich über eine schwindelerregende Schlucht und ein langes, schmales Tal mit steilen Berghängen blicken. Meistens regnet es. Trotzdem hat man eine ziemlich gute Sicht. Aber ich bin mehr an der Fensterscheibe selbst als an der Landschaft dort draußen interessiert. Was mich daran so fasziniert, ist … dass es so scheint, als ob die Regentropfen … die in Zickzacklinien daran herunterlaufen … fast völlig schleimfrei sind. (Kein Grund zu glauben, dass das hier ein Fake wäre.)

Warum sie uns festgebunden haben? Weil niemand weiß, was er sich noch alles einfallen lassen wird. Weder was uns noch was andere betrifft.

Niemand hat auch nur den geringsten Zweifel daran, dass er mad as a hatter ist.

Und (leider) ist es Theophil, der immer öfter die Kontrolle über uns hat. Ich schaffe es nicht mehr, ihm Widerstand zu leisten. Er lacht mich einfach aus, wenn ich es versuche. Und dennoch tue ich genau das. So gut ich eben kann. Auch wenn es mich jedes Mal das Bewusstsein kostet. (Wir sind fast gar nicht mehr gleichzeitig online.) Und ich muss mir von anderen – meistens Mulla – berichten lassen, was er sagt und tut.

Woran ich merke, dass er kommt? Ich spüre, wie er den Bleistift wegwerfen möchte. Und ich muss ihn sehr, sehr fest halten. Das ist stets der erste kleine Wink, den ich bekomme. (Aber solange ich schreibe, bin ich ich selbst.)

Sullik leistet mir neuerdings Gesellschaft. Oft liegt er neben mir im Bett. Ich glaube, vor allem wegen unseres Bleistiftspiels (siehe oben). Wenn ich Slash Theophil den Bleistift quer durchs Zimmer schmeiße, flitzt der Welpe wie ein kleiner, hinkender Hüpfball hinter ihm her und bringt ihn wieder zurück. (O doch, er ist wieder gut in Form. HAM hat tüchtige Ärzte und Biotechniker. Mulla erzählt mir freudestrahlend, dass sie es sogar geschafft haben, ihm zwei weitere Jahre zu schenken – wo sie doch ohnehin schon dabei waren, dem ganzen Köter eine Generalüberholung zu spendieren. Aber das ist für so einen kleinen Knirps dann auch das Höchste der Gefühle, bevor er sich vollständig auflöst. Immerhin wird er dann fast neun Jahre lang Welpe gewesen sein.)

Der Aufruhr wurde (natürlich) niedergeschlagen. Er brach nie so richtig los. (Ich glaube, wir vergessen zu leicht, dass wir in einem kleinen Land leben. Wie viele Menschen leben hier denn schon – von Kirkenes im Norden bis Flensburg im Süden – vierzig Millionen? Fünfzig Millionen? Wohl kaum mehr als das.)

Alle hier sind enttäuscht.

Und wir, die wir ans Bett gefesselt sind, haben sie am meisten enttäuscht.

(Auch wenn einem die alten Prints mit den verkleideten Kindern jetzt wie eine Art Warnung ins Auge springen. Denn schon damals hatten wir den gleichen Rüssel wie der, der sein Haus aus Stroh baut.)

Trotzdem führen sie auch weiterhin lange Gespräche mit ihm. Gespräche, denen ich (wie oben erwähnt) nicht imstande bin zu folgen. Was ich stattdessen mache? Ich träume. Oder ich befinde mich in einer leuchtenden bilderlosen Leere. (Mulla sagt, dass sie mich ab und zu hören können – durch das, was Theophil sagt, hindurch. Leise, jammernde Rufe, sagt sie. Und dann weiß ich, dass ich wieder in der großen fucking leuchtenden und frightfullen Leere war.)

Worüber sie sprechen? Sie möchten herausfinden, wie er denkt. Sie möchten verstehen, wie er zu dem wurde, was er ist. Und wie sie selbst auf die Idee kommen konnten, ihm zu folgen. Das Ganze ist eine ziemlich lange und verworrene Geschichte.

Keiner nimmt seine Drohungen mehr ernst.

Und was ist mit seiner Formel für die Unsterblichkeit? Er hat ihnen Tausende von Zahlen und Buchstaben zugerufen. Aber nichts davon ergibt einen Sinn.

Mulla hatte die Erlaubnis, mir eine Aufnahme zu zeigen. Ich sah mich Slash uns selbst. Wir fuchtelten mit den Händen (sein Einsatz von Körpersprache übertrifft jedes normale Maß, finde ich). Und ich konnte sehen, dass wir kleine Spucketropfen in den Mundwinkeln hatten. Es war ekelhaft, und ich scherte mich einen Dreck um das, was gesprochen wurde. Ich bat sie, es auszuschalten.

Wird es Strafexpeditionen geben – wird sich die Gesellschaft an den Söhnen NOAHS rächen – wird sie Reue und Unterwerfung fordern? Wohl kaum. Als lebende Sündenböcke sind wir ihnen vermutlich viel nützlicher denn als tote Märtyrer: denn-haben-wir-es-euch-nicht-immer-gesagt? Aber in einem Punkt wird sich die Königin nicht beugen oder Gnade walten lassen: Sie verlangt die Auslieferung Theophils. Binnen drei Tagen. Falls nicht, würde sie vom Vorschlaghammer Gebrauch machen (alter Ausdruck aus einer Zeit, als es noch andere körperliche Arbeiten außer Prostitution gab). Das alles habe ich mitbekommen. Über Mulla. Bit für Bit. Aber es ist fast so, als ginge mich das gar nichts mehr an. (Denn ich weiß: Bald wird wieder alles seinen sogenannten gewohnten Gang gehen. Die Welt wird sich die Nase putzen und so weiter. Und die Freaks? Werden die Geschichte nach und nach umdichten, Wahrheiten ummöblieren – damit keiner vergebens geträumt hat, damit ARARAT weiterleben und die ARCHE weitergebaut werden kann. Und das denke ich ohne jede Bitterkeit. Weil ich weiß, dass es einfach so ist, wie es ist …)

Wovon ich träume? Einmal träumte ich von Beo. Ich träumte, dass er hier über mein Bett gebeugt stand. Mich anlächelte. Mir vorsichtig die Wange streichelte. Ich weiß, dass du da bist, Mama, flüsterte er. Ich weiß, dass du da drin bist.

Meistens bin ich nur ein oder zwei Stunden wach. Es kommt vor, dass ich nicht mehr als ein paar Zeilen schreiben kann. Auch der Bleistift ist nur noch ein Stummel … ich klemme ihn zwischen Daumen und Zeigefinger fest … aber ich kann ihn gerade so bewegen. Mulla hat versprochen, einen neuen für mich zu finden. Ihre Haare sind grau. Sie hat Tränensäcke unter den Augen. Falten auf der Stirn und eine runde Nase. Doppelkinn. Kleine, feine Linien um den Mund. Sie ist das Schönste, was ich kenne.

Die Anderen zu unterscheiden fällt mir sehr schwer. Aber sie kommen sowieso nur, um mit Theophil zu sprechen. Sie bleiben still sitzen und warten auf ihn. Übersehen mich. Als ob es mich gar nicht gäbe. Als ob ich bereits gelöscht wäre.

Wie lange wir schon hier sind? Ich weiß es nicht. Aber ich spüre, wie ich Tag für Tag schwächer werde. Und jetzt soll ich ja ohnehin bald wieder auf Reisen gehen, again.

DIE-MIT-DEN-TÜREN-SCHLÄGT

»Different things can add up in different ways whilst reaching an identical solution, just als ›eleven plus two‹ forms an anagram of ›twelve plus one‹.«

MARGOT GLEAVE: A Classical Education

Ich träume aber nicht nur von Beo. Ich träume auch von vielen anderen. Menschen, an die ich mich zu erinnern keinen Grund sehe. Erinnerungen, von denen ich nicht verstehe, warum ich sie gesavet habe. Ich träume davon, dass mir Theophil eine Fabrikhalle voller Klone zeigt. (Du weißt, dass wir sie essen? sagt er. Wie sonst sollte es genügend Nahrung auf der Welt geben?) Und ich träume, dass mir Sasch und SYMPOSIUM endlich erlauben, ein Buch zu schreiben, wie ich es möchte. Es wird ein Buch über den Tod – denn über was ließe sich besser schreiben? – und ich gebe ihm (zur Verzweiflung der Verkaufsabteilung) den Titel HINTERAUSGANG. Als Die-mit-den-Türen-schlägt also plötzlich neben mir stand, glaubte ich, dass auch sie … aber das war sie nicht – sie war Realtime und Meatspace, beugte sich über das Bett und umarmte mich. Dame-im-Sand, sagte sie. HAM hat mich um Hilfe gebeten. Ich glaube, sie wissen nicht, was sie mit dir anfangen sollen. (Gleich auf den Punkt, wie gewöhnlich.)

Sie hatte einen kleinen Apfelbeerenzweig dabei. (Denn jetzt standen sie wieder in voller Blüte – und hatte ich mich nicht so darauf gefreut, sie blühen zu sehen?)

Es tat gut, sie wiederzusehen. Ich weiß, dass sie es gut mit mir meint.

Das Erste, was sie machte, war, meinen Dopaminspiegel im Blut neu einzustellen und uns mit Chemikalien vollzupumpen. Um Theophil zu bremsen, sagte sie. Er wird es am meisten zu spüren bekommen. Sie versuchte mir etwas über ein Proteinmolekül zu erklären, das sie SLO nannte und das vermutlich als Kanal für Kalium-Ionen dient (die ihrerseits die Nebennieren dazu anregen, das Stresshormon Adrenalin auszuschütten). SLO-Moleküle gibt es in zwei Varianten, sagte Die-mit-den-Türen-schlägt (von nun an der Einfachheit halber DMDTS genannt), eine, die sich langsam öffnet (und nur einige wenige Kalium-Ionen passieren lässt), und eine, die sich schnell öffnet (und gleich einen ganzen Schwung durchlässt). Sie sagte, während Theophil massenweise schnelle Moleküle habe, sei ich darauf programmiert, an einer veritablen Unterversorgung zu leiden. Deswegen nimmst du auch alles immer so gelassen, sagte DMDTS. Und dann ging sie nahtlos dazu über, mich mit einer Kuh zu vergleichen, die ihrer Meinung nach das gechillteste Lebewesen überhaupt war – was darauf zurückzuführen sei, dass bei diesen (einst so zahlreichen) Tieren STREX – die schnelle Variante des SLO-Moleküls – nur rund acht Prozent der zellulären Kaliumschleusen ausmache. (Während Theophil hingegen mehr mit einer Ratte gemein hatte – bei denen mehr als die Hälfte der Proteinmoleküle aus der Turbovariante besteht.)

Die Hauptsache ist, dass es hilft. Ich fühle mich tatsächlich schon viel besser. (Genauer gesagt: Er fühlt sich nicht mehr ganz so dominant an.) Auch wenn ich weiß, dass die Wirkung nachlassen wird und die ganze Prozedur in regelmäßigen Abständen wiederholt werden muss (– sechs Mal pro Tag, schlägt sie vor).

Mir fiel es schon immer leicht, mich mit DMDTS zu unterhalten. Sie fragt mich, was ich von den Söhnen NOAHS halte. Ich sage … dass sie sich meiner Meinung nach verrannt haben. Sie sind zu einer spannenden und wichtigen Reise aufgebrochen. Aber ganz woanders gelandet, als sie es sich ausgemalt hatten. Sie fragt, wie das passieren konnte. Ich sage, dass … das politische Denken manchmal vielleicht dermaßen von der eigenen Vortrefflichkeit überzeugt ist, dass es schlichtweg vergisst, es nicht nur mit einer wie auch immer gearteten Menschheit zu tun zu haben, sondern mit lebenden und verletzlichen Individuen. Sie fragt, was ich anders gemacht hätte. Ich antworte: Statt sich zu verstecken und die Gesellschaft von außen anzugreifen, hätte man vielleicht eher versuchen sollen, das Salz oder der Sauerteig zu sein, auf die die Bibel und die Bäckermeister früherer Zeiten so gerne hingewiesen haben. Wie das? fragt sie. Durch Gewaltlosigkeit, antworte ich – auch wenn ich irgendwo weit hinten in meinem Kopf augenblicklich ein schallendes Gelächter höre. Denn jetzt erwacht er wieder – und ich spüre deutlich, wie er die Schleusen für mehr und mehr SLO-Moleküle von der schnellen und jähzornigen Sorte öffnet.

Aber immerhin sind wir beide anwesend. Gleichzeitig. Ich falle in kein schwarzes Loch, nur weil er mit der Zunge schnalzt. Er schafft es auch nicht, den Bleistiftstummel wegzuwerfen. (Zu Sulliks großer Enttäuschung, natürlich. Also werfe ich ihn nach ein paar angespannten Sekunden selbst!)

Freundliche Kommunikation? sagt er ironisch. / Wir denken vielleicht nicht bewusst darüber nach, antworte ich. Aber im Alltag schließen wir doch ständig Kompromisse, kommen anderen entgegen und passen uns an – ohne dass es unseren eigenen Prinzipien allzu sehr zuwiderläuft? / Und wie weit willst du das treiben? / Weit, sage ich. / Selbst wenn dich jemand schlägt? knurrt er. / Es muss möglich sein, eine positive Einstellung zu bewahren, antworte ich. So dass du dich schlagen lassen kannst, während du deine Position ruhig und beherrscht darlegst – und versuchst, dein Gegenüber zu überzeugen. / Diesen ganzen Bullshit habe ich dir doch nur einprogrammiert, damit du dich aus jeglichem Schlamassel raushältst, schnappt Theophil. Das wäre nämlich für keinen von uns beiden so günstig gewesen. / Das weiß ich wohl, antworte ich. Aber macht es das deshalb weniger wahr?

DMDTS hört uns gespannt zu. Auch Mulla ist da. Keine von ihnen unterbricht uns.

Ich versuche, die Söhne NOAHS mit den vorzeitlichen Indianern zu vergleichen. (Die der Meinung waren, niemand könne die Erde, die Luft oder das Wasser besitzen.) Ich sage, dass, vom Ausgangspunkt her betrachtet, alles schön und richtig war. Dennoch hat es eine falsche Richtung genommen. Weil du sie an den Abgrund geführt hast, sage ich. Die Richtung, die du wolltest – und vorgegeben hast. Nur dass niemand anderes den Abgrund erkannt hat und dass du vorhattest, sie alle wie die Lemminge über die Klippe zu scheuchen!

Wie lange wir so weitermachten? Bis uns die Stimme versagte. Bis uns DMDTS eine neue Injektion verabreichte. Bis es für uns an der Zeit war, auszuruhen – für jeden von uns.

Jetzt bin ich alleine. Ich liege mit offenen Augen da. Zähle die Stahlstreben an der Decke. Ich habe die Zeit und die Energie, über das nachzudenken, was er gesagt hat. Er träumt nämlich immer noch davon, die Welt völlig auf den Kopf zu stellen. Hartnäckig besteht er darauf, dass die Formel korrekt ist und er uns Unsterblichkeit verleihen kann – nur dass er es vorzöge, wenn wir alle miteinander krepierten. Er sagt, dass es niemanden mehr gebe, der noch richtig rechnen könne. Er sagt außerdem, dass er jederzeit dazu imstande sei, jedes einzelne Licht und jedes Fünkchen Verstand in ALTE ZEITEN auszuknipsen – und wäre das etwa keine gute Idee? Sie müssten ihn bloß von diesem Bett – und diesen Riemen befreien. Er ist verrückt, und er redet verrücktes Zeug. Und doch habe ich Angst, dass es noch jemanden geben könnte, der ihm glaubt, der darauf hofft, dass es vielleicht trotz allem ... Denn wenn er nicht lacht und wenn er die Hände stillhält, besitzt er immer noch eine erstaunliche Überzeugungsgabe.

O doch – er ist immer noch gefährlich.

Also ist es auch nicht weiter verwunderlich, dass ihm selbst Sasch und ihre Freunde Glauben geschenkt hatten. Ganz einfach, weil sie sich nichts anderes trauten.

Was wird HAM beschließen? Wann werden sie uns ausliefern? Die Frist läuft in zwei Tagen ab. (Ich habe mir immer noch nicht die Mühe gemacht, mir auch nur einen Namen zu merken. Die meisten HAM sind groß und durchtrainiert – mit strengen Gesichtern. Fast ausschließlich Frauen. Mulla flüstert mir zu, dass sich die meisten ihrer zweiten Brust entledigt hätten – um sich auf romantische Art mit den Amazonen früherer Zeiten zu identifizieren.)

Was Theophil will, daran besteht kein Zweifel: Er möchte abgekoppelt werden. Er möchte seinen Kopf für sich alleine. Er möchte, dass ich (der lästige Chip) herausgeschnitten und auf den Schrott geworfen werde. Er lockt sie mit allen möglichen elektronischen und gentechnischen Leckerbissen.

Was ich selbst möchte? Ich möchte das Unmögliche. (Außerdem habe ich mehrmals um einen Heizstrahler zwischen den beiden Fenstern gebeten.)

Sullik hüpft aufs Bett und legt sich neben meine Beine. Draußen ist Vollmond.

Trotzdem muss ich eingeschlafen sein. Denn ich träumte plötzlich, dass die zentrale Steuerungseinheit von ALTE ZEITEN an einem Ort verborgen war, wo niemand je auf die Idee kommen würde, danach zu suchen. Ich träumte, dass sie sich gar nicht im Kontrollturm oder einem der großen unterirdischen Bunker befand. Die zentrale Steuerungseinheit – nicht größer als eine Haselnuss – war vielmehr in einen Wolf implantiert, wie es heute gar keine mehr gibt. (Und wenn es sich um ein genetisches Modell handeln sollte, dann um eines in doppelter Lebensgröße.) Ein gewaltiger Wolf, der jede Nacht seine ruhelosen Kreise durch die gesamte Anlage zieht – wenn ALTE ZEITEN geschlossen ist und Unbefugte keinen Zutritt haben, wenn alle Lichter erloschen sind und die Rehabilitierten wie Tote in ihren Schubladen liegen – ich hörte das Geräusch der tapsenden Pfoten, fühlte den Atem aus dem stinkenden Maul. Und ich sah, wie Menschen von spitzen Zähnen und scharfen Krallen in Stücke gerissen wurden. Alle, die versuchten, ihre Nase in Dinge zu stecken, die sie nichts angingen. Ich sah, wie Sander überwältigt wurde, ich sah Ono (mit seiner Ritori um den Hals) – und ich sah Beo. Jeder von ihnen wurde auf seine Art in Stücke gerissen und verspeist – von einem Biest, das nicht nur ein Biest, sondern ALTE ZEITEN selbst war – ganz und gar: ALTE ZEITEN auf vier behaarten Beinen – und die Schlüssel dazu in einer fleischfarbenen Tasche unter dem Pelz verborgen. Aber ich sah noch mehr. Ich sah, dass jeden Morgen, wenn der Himmel wieder angeschaltet, wenn die Sonne hinter Grefsen wieder hinaufgeschickt wurde und alle Jahreszeiten nach ihrem festgelegten Schema erwachten … sah ich den Wolf sich langsam verwandeln … in etwas, das mich verdammt noch mal … an mein eigenes fucking Ebenbild erinnerte.

Es ist Mulla, die mich weckt. Ich bin verschwitzt (!) und zittere vor Kälte. Sie zieht ein paar fragende Grimassen. Dann küsst sie mich ganz wach. Sie hat Rasierer und Creme dabei. Zuerst rasiert sie mir den Kopf, dann den restlichen Körper. Jammert darüber, wie unglaublich schnell alles an mir wachse (– denn so lange ist es ja auch wieder nicht her?). Und ich lächle bei dem Gedanken, was Theophil dazu sagen wird. Er mag Haare und Bart. Ich hingegen mag die Haut am liebsten sauber und glatt. In diesem Punkt unterscheiden wir uns. Ich liege auf dem Bauch. Jemand leckt mich am Ohr. Entweder ist es Mulla … aber ich glaube fast, es ist Sullik. Theophil kann Hunde nicht ausstehen. Auch darin unterscheiden wir uns (allmählich).

Erst als sie ganz fertig ist, den letzten Rest Feuchtigkeitscreme einmassiert (und mich mit einer weißen Wärmedecke zugedeckt hat), rückt sie damit heraus, was man sie gebeten hatte, mir auszurichten. HAM hat beschlossen, dass ich aus Theophil herausgeschnitten werden soll. Dass DMDTS die Operation leiten wird. Und dass es morgen passieren soll.

Mir wird sofort speiübel. Gleich muss ich mich übergeben. Ich kann nichts dafür. Aber jedes Mal, wenn ich höre, dass vielleicht etwas mit dem Chip passieren soll, drehe ich völlig durch. Inzwischen weiß ich ja, dass der Grund dafür in meiner Programmierung liegt, was aber auch nichts nützt – mir wird trotzdem schlecht.

Ich frage, was mit Theophil geschehen wird. Sie werden ihn ausliefern, sagt Mulla. Die Behörden werden ihn übernehmen. Schwer zu sagen, was ihm blüht. Aus der Sicht von HAM (und DMDTS) ist Theophil ein Mensch, der dringend Hilfe, Betreuung und eine Gummizelle braucht. Wie ihn die Arbeiter der Königin betrachten, weiß keiner so genau. (Mal ganz davon abgesehen, dass sie wohl auch ziemlich enttäuscht sein werden.)

Aber … kann ich überhaupt ohne einen »Wirt« funktionieren? Ich glaube nicht. Ich glaube, dass ich ein Programm bin, das mit einem organischen Gehirn verbunden sein Slash ein Team mit ihm bilden muss. Auch Mulla weiß das. Sie sagt, dass DMDTS versuchen wird, mir alles zu erklären.

Hilft es dem Patienten, zu erfahren, wann und auf welche Weise sein Tod eintreten wird?

Ich liege völlig still. Betrachte den kleinen Apfelbeerenzweig. Auch Mulla schweigt – streichelt mir einfach mit dem Daumen übers Handgelenk.

Theophil? Bei ihm fließen die Kalium-Ionen langsamer denn je.

KURZER PROZESS

»Smoking kills. If you're killed,
you've lost a very important part of your life.«

BROOKE SHIELDS

Es wurde ein merkwürdiger Abend – und eine lange, kalte Nacht.

Die-mit-den-Türen-schlägt kam kurz vor Mitternacht. Sie bat darum, mit uns allein sein zu dürfen. (Mulla gab unserer Hand einen kleinen Extradrücker und ging nach draußen auf den Korridor, um zu warten. Sullik nahm sie mit.)

Theophil war jetzt ebenfalls wach.

DMDTS sprach ruhig und direkt (genau wie ich sie aus meiner Zeit bei JAFET in Erinnerung hatte).

Sie sagte, dass es eine schwierige Operation sei. Und dass sie nichts versprechen könne. / Theophil schnaubte herablassend. Nichts versprechen? sagte er (und ich spürte, wie unser Mund sie anfeixte). Muss man ihn nicht einfach nur rausschneiden? / Aber DMDTS schüttelte den Kopf. Wir müssen vorsichtig sein, um den Chip nicht zu beschädigen, sagte sie. / Wie jetzt? rief Theophil. Das ist nur ein Programm – ein bundle Software! Davon brauche ich kein einziges Giga. Und die Dateien, die für mich interessant sind, hat mein Gehirn hoffentlich schon längst kopiert. / (Es war noch immer ein wenig sad, ihn von mir selbst als »das« reden zu hören, aber was hätte ich schon groß sagen können?) DMDTS sah uns an – und runzelte die Stirn. Auch sie antwortete nicht auf diesen Ausbruch. Stattdessen fing sie (langsam und nüchtern) an, uns etwas über Schlüsselproteine und Phosphatgruppen zu erzählen. Sie sprach über das Kurzzeitgedächtnis (das von der Phosphorylase in den Synapsen abhängig war) und das Langzeitgedächtnis (für das eine Neubildung von Proteinen nötig war, damit sich die Synapsen in ihrer Form und Funktion verändern konnten). / Theophil war natürlich voll bei der Sache. Schließlich ging es hier ja um eines seiner vielen Wissensgebiete. Die beiden verwickelten sich schnell in ein Gespräch, bei dem ich keinerlei Veranlassung sah, auch nur so zu tun, als verstünde ich, worum es ging. Was machte ich also? Starrte aus dem Fenster. Auf nichts – und auf den Regen, der in Strömen vom ewig grauen Himmel fiel. Und spürte plötzlich, wie sehr ich die Zeit vermisste, als ich noch glaubte, über zwei Gedankenspuren zu verfügen … / Und deshalb, sagte DMDTS nach einer Weile (anscheinend als eine Art Fazit) – birgt die Operation für einen von euch, d. h. für den Wirt, nur ein geringes Risiko, während für den anderen jeder auch noch so kleine Fehler fatale Folgen hätte. / And so what! brüllte Theophil erneut. Vergessen wir hier nicht, dass es das, worum du dir da Sorgen machst, eigentlich gar nicht gibt? Jedenfalls nicht in Meatspace – also in Realtime! P oder Pi oder Dame-im-Sand – wie auch immer du es nennen magst – existiert schlicht und ergreifend nicht, sondern ist lediglich eine mehr oder weniger zufällige Häufung von Signalen auf einem klitzekleinen Chip! / DMDTS runzelte wieder die Stirn. Aber von euch beiden, sagte sie langsam, ist das Programm zweifellos das menschlichere. (Und dann ging sie.)

Mulla kam nicht sofort wieder herein. Ich war einige Minuten mit Theophil allein. (Heute – viel später, während ich das hier schreibe Slash diktiere – geht mir auf, dass das tatsächlich das letzte Mal gewesen ist, dass wir etwas voneinander gesehen oder gehört haben.) Er hatte hundsmiserable Laune. Und er war so stark, dass ich ihm so gut wie nichts entgegensetzen konnte. Alles, was er wollte, war, mich zu verletzen.

Als DMDTS zurückkam – gemeinsam mit Mulla und Sullik –, fanden sie uns weinend und brüllend vor Lachen zugleich. Wir müssen ein seltsamer – und entsetzlich trauriger – Anblick gewesen sein.

Und dennoch ... als DMDTS die Spritze setzte (die fünfte heute), konnte ich nicht anders, als Mitleid mit ihm zu haben. Ich weiß nicht, warum. Ich weiß auch nicht, warum ich augenscheinlich (und ganz plötzlich) so viele Kalium-Ionen schleuste. Ich weiß nur, dass ich weinte, wie ich noch nie in meinem Leben geweint hatte. Denn ich merkte, wie er schrumpfte und sich zurückzog. Und in diesem einen Moment wusste ich, dass wir nie wieder etwas miteinander zu tun haben würden. Ich glaube sogar, dass ich versucht habe, ihm nachzuwinken.

LETZTES KAPITEL

»Kapitel 37 – in welchem bewiesen wird, dass Phileas Fogg durch seine Reise um die Erde nichts gewann – außer sein häusliches Glück.«

JULES VERNE

Später – viel später: Wo soll ich anfangen? Und außerdem gilt es, sich kurzzufassen. Ich schreibe nämlich nicht mehr. Ich diktiere – über einen Apparat, den am Hals zu haben sehr ärgerlich ist (und god knows, wie das wirken mag – aber thank you so much, wenn er das wirklich tut!). Genug davon. Was passiert ist? Zunächst einmal haben sie mich herausgeschnitten, wie sie es mir erklärt hatten (äußerst vorsichtig – und ohne dass ich auch nur den geringsten Schaden davongetragen habe, glaube ich). Wie viele lose Leitungen ich hatte – wie irrsinnig viele Schaltungen? Keinen Schimmer. Aber dass ich mehr Glück als Verstand hatte (ich spreche selbstverständlich von meinem eigenen), das habe ich allein DMDTS zu verdanken (was ich auch unzählige Male getan habe). Sie hat HAM davon überzeugt – und ich glaube, auch den Rest der Bewegung (die Söhne NOAHS) –, mich als ein wertvolles humanistisches Experiment zu betrachten. Genug davon. (Könnte bitte mal jemand dafür sorgen, dass sich der verdammte Apparat nicht jedes Mal verdreht, wenn ich mich am Ohr kratze? Danke!)

Gleichzeitig war klar, dass ich ohne die Interaktion mit einem neuen Wirt nicht funktionieren würde. Aber es war eine Sache, mich aus Theophils Kopf downzuloaden – und etwas ganz anderes, mich in einen neuen einzuspeichern (ganz egal, wie genau der ganze Prozess dokumentiert war). Und überhaupt, wer würde mich wohl einfach so mir nichts, dir nichts in seinem Schädel rumoren lassen? (Könnte bitte bald mal jemand vorbeikommen und den Apparat richten? Please!) Es wurde deshalb beschlossen, dass ich (fast buchstäblich) auf Eis gelegt werden sollte, bis man genauer wusste, was und wie und warum – nur um drei der naheliegendsten Probleme zu nennen. (Danke. Das war phantastisch.)

Aber wie gesagt: Wer? Das war eine Frage, die ich mir im Grunde nicht zu stellen wagte. (Und mind you, das war vor der eigentlichen Operation.) Ich gebe gerne zu, dass ich damit gerechnet hatte, auf besagtem Eis zu liegen, bis es irgendwann schmelzen würde. (Offensichtlich habe ich immer noch Spaß an Wortspielen. Entschuldigung. Und genug davon.) Ein Klon (– egal, von wem –) war schlichtweg undenkbar. Die Freaks distanzieren sich vom Kloning. Völlig ausgeschlossen. Dabei hatte das Wunder die ganze Zeit über ziemlich ernst an meinem Bett gewacht. Es hieß Mulla.

Ich habe versprochen, mich kurzzufassen. (Wir sind eigentlich ziemlich ungeduldig.) Mulla sah mich an. Sie sagte, dass sie mich liebhätte. (Das kann leicht kitschig werden.) Und dass wir so für immer zusammen sein könnten. Jeden Tag … gemeinsam … aufwachen. (Das waren ihre Worte.) Glaubt nicht, dass ich nicht versucht hätte, es ihr auszureden. Aber Mulla ist manchmal stur wie ein … Genug davon. Wir haben uns lieb, das beruht auf Gegenseitigkeit. Und wenn sich jemand umeinander verdient gemacht hat, dann ja wohl wir beide? Außerdem hat sie ja noch eine Menge Zeit, es sich zu überlegen – in der Bedeutung von: es sich anders zu überlegen. Denn zunächst musste ich ja eine Weile auf dem fucking Eis liegen, nicht wahr? Und danach haben sie herausgefunden, dass ich noch einen kleinen Umweg machen musste, bevor ich mich endlich bei ihr einloggen konnte. (God in heaven, wie lieb ich diesen Menschen habe!) Denn auch wenn sie Dutzende von Hackern auf mich angesetzt haben, ist es ja noch lange nicht sicher, dass alle Ports richtig geöffnet sind – und ich bin ein Programm völlig ohne Gebrauchsanweisung (es gibt nicht einmal ein kleines Read-me-first).

Also hielt es DMDTS für am besten, einen letzten Test zu machen. Und da sind wir nun. In einem neuen organischen Zusammenhang (wenn auch nur übergangshalber). (Eine Möglichkeit, die ich selbst vorgeschlagen habe, genug davon.) Aber wenn wir noch eine Sekunde länger mit diesem dämlichen Apparat um den Hals herumstehen müssen, wird der andere von uns gleich völlig Amok laufen. Mein Wirt hat nämlich nicht das gleiche Mitteilungsbedürfnis wie ich. Und wir sind uns beide einig, dass es juckt und spannt. (Da gebe ich ihm völlig Recht!) Mein Problem ist nur, dass … ohne dass ich an dieses Was-auch-immer angeschlossen bin, ist es für die anderen (wie bereits erwähnt) völlig unmöglich, zu verstehen, was ich sage.

Feiner Hund, sagt Mulla. Du bist ein guter Hund, Sullik!
Und ich spüre deutlich, wie wir mit dem Schwanz wedeln.

Er ist ein einfaches Geschöpf. Mit einer warmen, kleinen Seele.
Mir ging es noch nie so gut wie jetzt.
Uns geht es gut – allen dreien.

1 AKER BRYGGE
2 AKERSHUS
3 ANKERBRUA
4 CHAT NOIR
5 DOM VON OSLO
6 GRANDHOTEL
7 GRØNLAND
8 HAUPTBAHNHOF
9 HEIMATMUSEUM
10 HOLBERGS PLASS
11 HUK
12 KARL JOHANS GATE
13 KIRKEVEIEN
14 KONZERTHAUS
15 MAJORSTUA
16 MUNKEDAMSVEI
17 NATIONALTHEATER
18 NORLIS
19 PLATOUS GATE
20 SCHLOSSPARK
21 SCHWEIGAARDS GATE
22 STORGATA
23 STORTING (PARLAMENT)
24 SVEN BRUNS GATE
25 ULLEVÅL

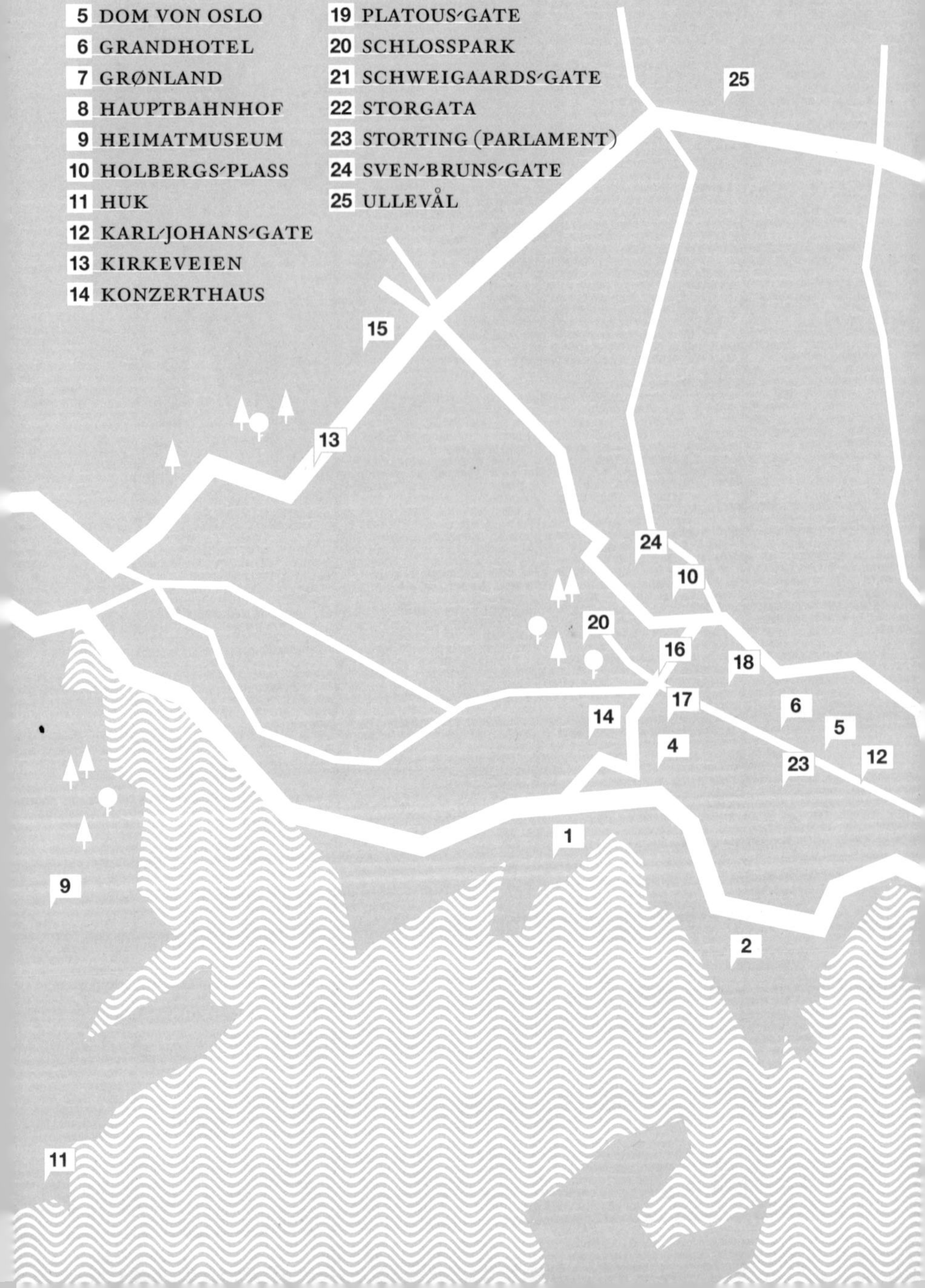